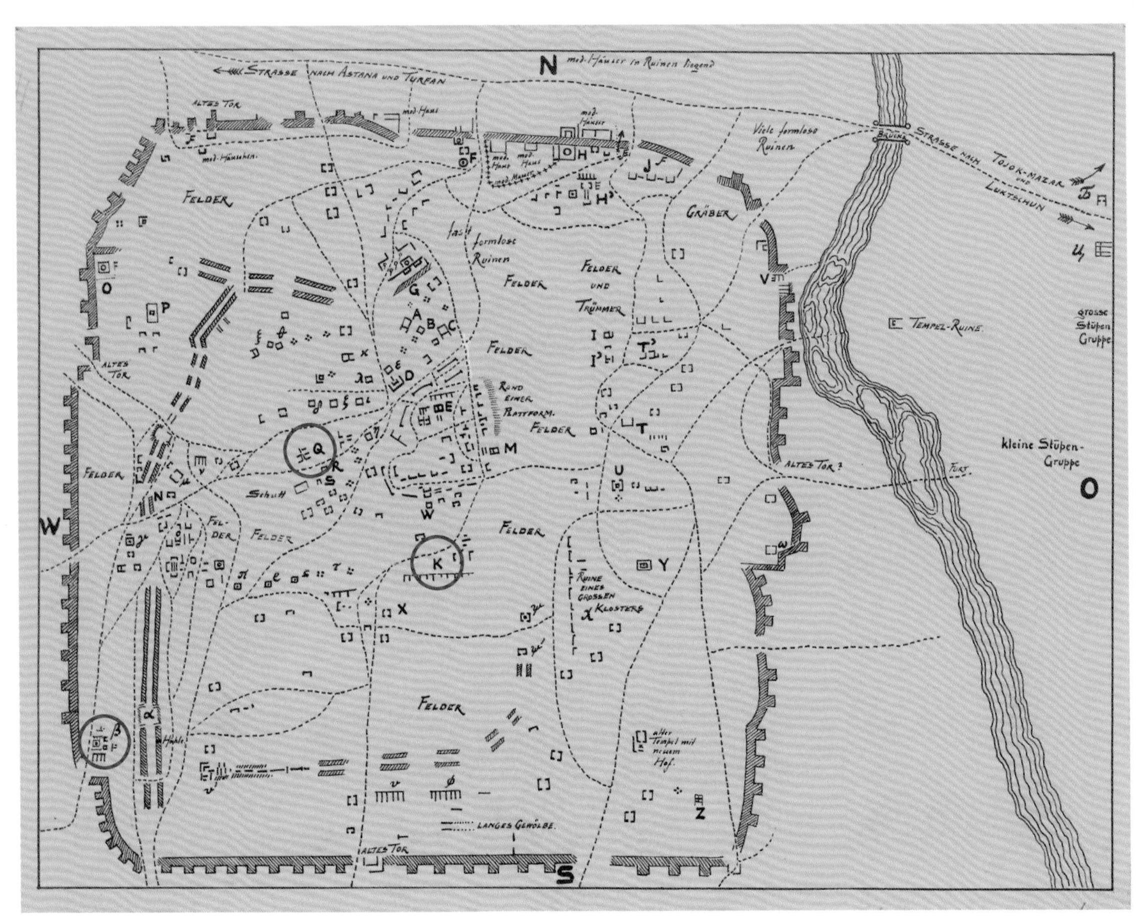


1902 年 11 月—1903 年 2 月高昌故城地图，铅笔草绘后以墨水制图，格伦威德尔约 1905 年绘制（TA 6575）© 柏林亚洲艺术博物馆。

**丛书名称**

**亚欧丛书** EurAsia Series

亚欧丛书 EurAsia Series

7

# 高昌遗珍

## 古代丝绸之路上的木构建筑寻踪

# THE RUINS OF KOCHO

## TRACES OF WOODEN ARCHITECTURE ON THE ANCIENT SILK ROAD

〔匈〕毕丽兰 〔德〕孔扎克—纳格 主编

Lilla Russell-Smith Ines Konczak-Nagel

刘韬 译 王倩 方笑天 审校

上海古籍出版社

SHANGHAI CHINESE CLASSICS PUBLISHING HOUSE

本书的出版得到

中央高校建设世界一流大学（学科）和特色发展引导专项资金

教育部哲学社会科学研究后期资助项目的资助

修复后的藏品（2014 年）© 柏林亚洲艺术博物馆 / 伦格。

## 转录说明

本书除语言学主题文章外，其他文章中以无变音符号的罗马字母转录突厥语名称和单词，梵语名称和单词以变音符号转录。

# / 序 /

德国柏林亚洲艺术博物馆收藏有种类丰富、学术价值极高的古代中亚文物，其中“吐鲁番藏品”更是名震学界。这批珍贵文物收集于1902—1914年间，事实上来自新疆多地，除吐鲁番外，还包括库车、图木舒克与哈密等地。

“吐鲁番藏品”入藏后，学者们持续展开了研究工作，然而不同类别的藏品获得的关注并不相同。属于艺术史领域的塑像与绘画以及写本文献从一开始就吸引了众多目光，成为研究的热门，而其他类别却常被忽视甚至被完全遗忘，本书研究的高昌故城出土的木制建筑构件，即是最佳例证。其在库房的藏品架上沉睡了百年之久，直到2014年才受到关注，这得益于格达·汉高基金会支持的“中古前伊斯兰时期丝绸之路北道上的高昌故城建筑”研究项目，对此我们谨致以最诚挚的谢意。当阅读本书中的一篇篇文章时，读者即会意识到，我们正在讲述一个真实的“睡美人”故事。

项目由毕丽兰发起并担任负责人。也正是由于她的努力，项目才能圆满完成。项目启动时，毕丽兰就将其定位成国际性的学术项目，召集了世界多地，尤其是新疆吐鲁番学研究院相关领域的学者加入。2015年5月，参与项目的大多数学者举办了一场圆桌会议，增进了彼此的沟通与交流。除下文提及的学者外，还有西村阳子、富艾莉、魏正中、卢湃沙、拉施曼、弗兰肯、达内和贝明等。

项目的第一部分是调查馆藏木构件与相关文物，将信息录入数据库，由孔扎克-纳格完成，布什曼在整个过程中提供了大量帮助；语言学方面的工作由拉施曼、雷克、德金—迈斯特恩斯特和贝明承担；保护工作由伦格负责；科学检测工作，由团队共同选择样品，尕普史采样，哈恩进行检测。恩斯特·瓦尔德施密特基金会为碳十四测年提供了资助。大部分照片和影像由利佩拍摄。

德雷尔负责必不可少的档案研究。孔扎克-纳格在西村阳子和富艾莉2012年的工作基础上，辨识了馆藏历史照片的精确拍摄地点。由于新疆吐鲁番学研究院曹洪勇的许可和陈爱峰的帮助，毕丽兰、孔扎克-纳格、德雷尔、魏正中和鲁克斯得以实地考察高昌故城，以核对前期成果。

2016 年 9 月 7 日—2017 年 1 月 8 日，柏林亚洲艺术博物馆举办了“高昌遗珍”展览，将项目成果展示给公众。博物馆同事蒂勒、尕普史、阿伦斯、哥特洛伯、韦尼克和哈土木以及克吕格尔和埃尔贝协助布展；韦尔克和保利奇负责设计工作。建筑构件 3D 扫描工作有幸得到了贡内拉和科尔迈尔的专业指导。

本书由毕丽兰主编，她为此付出了极大心血。琼斯和拉塞尔—史密斯校对了英文文本，李雨生将中文内容翻译成英文，付梓出版得到了柏林国家博物馆的大力资助。

“高昌遗珍”展览的举办和本书的出版，为格达 · 汉高基金会资助的这一项目画上了圆满的句号。然而，展览和本书仅仅是一个开始。除写本、绘画和建筑构件外，从高昌收集的数百件陶瓷、金属和骨制品的内涵和价值尚待挖掘。透过这些珍贵的实物资料，我们可以看到历史尘烟中曾经的丝路重镇——高昌的辉煌与荣光。我们由衷地希望此项目能够产生更多新合作，从而让我们获得有关丝路文明更全面的理解和认知。

鲁克斯

柏林亚洲艺术博物馆馆长

# / 译者序 /

本书是对尘封百年的高昌木制建筑构件进行集中且系统研究的首部著作，主要由16位作者撰写的17篇专题论文组成，涉及建筑学、考古学、美术史学、语言学和文物保护科学等诸多学科。原书语言主要以英文兼德文写作，并涉及拉丁语、梵语、吐火罗语、突厥语和回鹘语等多种文字和语言。书末附有译名对照表，读者可以进一步参照研究。

本书的译稿由我完成，随后承原书部分文章作者鲁克斯、毕丽兰、拉施曼、西村阳子、富艾莉、北本朝展、贝明、魏正中和陈爱峰等仔细核对并讨论修改，又改正了不少错误与遗漏，并补充了部分内容。王芳修改了书中德文翻译，付马校对了书中回鹘语译文，最后由王倩与方笑天审校、修订使之完善。在翻译过程中，译稿有幸得到诸多学术机构的考古学、历史学、建筑学、艺术史与印度学等领域专家学人的建议与帮助，他们是孟瑜、任思捷、刘妍、毕波、姜宛君、夏立栋、张翀、郭早早、张莉、王丹妮、徐驰与史砚忻等。谢禹帝与我在德方提供的原始图片基础上对中译本图版进行修订。本书的最终出版仰赖上海古籍出版社责任编辑缪丹的辛勤付出，在此一并致以谢忱。

新疆文物的流失已历百余年，本书讨论的高昌故城木构件仅为柏林亚洲艺术博物馆"吐鲁番藏品"中的小类，对其进行多学科的深入合作研究，已经向世人展现出高昌曾经的荣光。在本书翻译过程中，译者时刻感受到德方迫切与中国学者展开合作与交流的愿景，并希望新近的研究成果为中国学界熟知且进一步推动新的合作。希望本书的出版，能够进一步推动吐鲁番学的发展，促进新的国际化合作研究。

由于本书涉及多个学科与多种语言，译文中的错误与不妥之处在所难免，此定非原文作者本意，均由译者承担！

刘　韬

2021年4月于首都师范大学

千手千眼观音像，高昌故城，麻布重彩，约 11 世纪，215.5×125 厘米（馆藏编号 Ty-777）©
俄罗斯圣彼得堡国立艾尔米塔什博物馆。

# / 目　录 /


**序**　鲁克斯　i

**译者序**　刘　韬　iii

**高昌遗珍：古代丝绸之路上的木构建筑寻踪**　毕丽兰　i

**上编　粟特与回鹘**

粟特的木制建筑构件　卢湃沙　3

回鹘旧都哈喇巴尔哈逊：发掘新成果　弗兰肯　17

回鹘旧都哈喇巴尔哈逊：城市布局和建筑结构　达　内　26

回鹘文识读：一件木板上的草写回鹘文　拉施曼　35

**中编　高昌故城**

中国学者的调查与考古工作　陈爱峰　45

重识丝绸之路上已发掘古代建筑的新方法
西村阳子　富艾莉　北本朝展　56

β 寺院遗址　德雷尔　孔扎克-纳格　70

城市规划与建造技术　魏正中　92

K 寺院遗址　德雷尔　孔扎克-纳格　101

Q 寺院遗址及其木制建筑构件
鲁克斯（孔扎克-纳格协助；梅尔策撰写附录）　122

Q 寺院遗址出土的吐火罗 B 语题记　贝　明　154

木构件的科学分析　哈　恩　163

木构件的检查与修复　伦　格　173

遗存的重构　毕丽兰　181

**下编　高昌故城之木构件**

藏品历史：柏林亚洲艺术博物馆之木构件　孔扎克-纳格　187

藏品图录：高昌故城之木构件　189

**译名对照表**　209

**参考文献**　213

# / CONTENTS /


**Foreword** *Klaas Ruitenbeek* i
**Translator's Preface** *Liu Tao* iii
**The Ruins of Kocho: Traces of Wooden Architecture on the Ancient Silk Road-The Project** *Lilla Russell-Smith* i

Part One

**Depictions, Imprints, Charcoal and Timber Finds-Few Notes on Wooden Architectural Elements in Sogdiana** *Pavel Lurje* 3
**Excavations in the Old Uygur Capital Karabalgasun-Some New Results** *Christina Franken* 17
**Karabalgasun-City Layout and Building Structures** *Burkart Dähne* 26
**Uygur Scribbles on a Wooden Object** *Simone-Christiane Raschmann* 35

Part Two

**Gaochang Examined: Chinese Archaeological Reports and Surveys** *Chen Aifeng* 45
**A New Method for Re-identifying Ancient Excavated Structures on the Silk Road-The Case of Kocho** *Yoko Nishimura, Erika Forte and Asanobu Kitamoto* 56
**Architecture of the Great Monastery: Ruin β** *Caren Dreyer and Ines Konczak-Nagel* 70
**Kocho-Rammed Earth, Adobe and a Little Timber** *Giuseppe Vignato* 92
**Tracing the Architecture of Another Great Monastery: Ruin K** *Caren Dreyer in collaboration with Ines Konczak-Nagel* 101
**Ruin Q in Kocho and its Wooden Architectural Elements** *Klaas Ruitenbeek with contributions from Ines Konczak-Nagel and an Appendix by Gudrun Melzer* 122
**Tocharian B Inscriptions From Ruin Q in Kocho, Turfan Region** *Michaël Peyrot* 154
**Scientific Investigations in the Arts and Culture** *Oliver Hahn* 163
**Conservation Report on the Wooden Architectural Objects-Investigation and Conservation Treatment** *Martina Runge* 173
**Reconstructing from Traces: A Few Remarks About Future Projects** *Lilla Russell-Smith* 181

Part Three

**Appendix: History of the Collection of Wooden Objects from Central Asia in the Berlin Museum** *Ines Konczak-Nagel* 187
**Catalogue of Wodden Architectural Elements from Kocho** 189

**Table of Translated Terms** 209
**Bibliography** 213

# 高昌遗珍

## 古代丝绸之路上的木构建筑寻踪

毕丽兰

博物馆在未来究竟扮演何种角色？这已经成为当今的热门话题。随着虚拟现实、3D 扫描、在家观看高清网页与视频等形式的发展与普及，难免会令不少人质疑博物馆展陈实物是否已无必要。更有部分人士指出，学术研究已不再需要博物馆，大学才是适合之处。在我看来，新技术的确能够获得更好的成果，但实物依然是最核心的存在。博物馆研究人员通过近距离、长时间的观摩思考馆藏文物，能够针对特定的文物藏品提出有深度的研究问题。

“高昌遗珍：古代丝绸之路上的木构建筑寻踪”项目已经进行了数年，该项目总是与我们在博物馆中的实际工作密切交织，这也影响了其逐步发展的方式[1]。本书呈现的成果表明，紧密地关注第一手实物资料，并且与不同领域和机构的专家合作，是何等的重要。

柏林亚洲艺术博物馆收藏有一批古代丝绸之路北道上的木器，其中包括众多建筑构件，如木梁、木柱头等，如此丰富的藏品在丝绸之路诸多遗址中实属罕见。项目中考察的以及“高

1 | 第二展厅（K 寺院遗址）© 利佩。

[1] 项目全称：“中古前伊斯兰时期丝绸之路北道上的高昌故城建筑：关于柏林亚洲艺术博物馆独有的木制建筑构件藏品的建筑学、考古学、艺术史和科学的评估”（起止时间：2014 年 1 月 1 日—2015 年 12 月 31 日）。

昌遗珍：古代丝绸之路上的木构建筑寻踪”展览中展出的大多数木制建筑构件，均为首次亮相[1]。其中数件精美珍贵的文物，似乎从其百年的“沉睡”中苏醒过来，第一次焕发出耀眼的光芒。参观者惊诧于刻有代表西方古典艺术传统的莨菪叶纹之雕花柱头，竟出土于遥远的东部沙漠（图1）。通过本项目的相关研究，我们终于可以理解精美彩绘木梁的原初功能。对木梁的复原工作在洪堡论坛进一步展开[2]。而本文将简要说明为何这一重要的项目仅仅在最近几年才得以实施。

## 项目缘起

2007年12月，我初任柏林亚洲艺术博物馆中亚藏品部主任，当时装满几个金属柜、保存完好的大量木制建筑构件，给我留下了深刻的印象。通过先前的研究，我已经认识到德国吐鲁番探险队（1902—1914年）带至柏林的壁画、雕塑和绢帛、棉布、麻质上的写本与绘画的重要性，但对其他门类的藏品知之甚少[3]。很快我就发现木制藏品可以分为不同类别。雕刻精美的柱头显然受到了西方传统的影响：第一眼所见就使我想到拜占庭帝国与欧洲中世纪早期的石雕柱头。至于彩绘木构件，其保存状况和丰富多样的装饰更是出人意料。

我初步梳理了这批藏品的记录与研究，发现曾任德国吐鲁番探险队队长的格伦威德尔和勒柯克二人，对木构件的记录均寥寥可数。考虑到部分木构件巨大的尺寸，以及在运输、储存过程中占用的空间[4]，这种现象令人费解。帕塔卡娅曾以柏林藏品中的木器为博士论文的研究主题，论文中以黑白图片发表了部分木制建筑构件[5]。她的专著《中亚艺术（附丝路北道木器参考）》[6]已经绝版。帕塔卡娅的学术背景是印度佛教艺术，她仅对木制建筑构件进行了简单描述，并未展开深入研究。此外，由于部分木构件于1945年带至苏联，直到1992年才重新回到柏林，故而这些木构件未收入她的专著[7]。

[1] 雅尔蒂兹在其专著中完全未讨论木制建筑构件（Yaldiz, 1987）。相反，马雅尔在其专著中收入了来自吉美博物馆和历史照片中的例证（Maillard, 1983）。这些建筑构件也从未在关于丝绸之路的任何展览中展出。

[2] 本书中编的末篇文章将对此作出更多介绍。

[3] 藏品与文物的重要性参见 Härtel and Yaldiz, 1987; Yaldiz et al., 2000。摩尼教藏品（Gulácsi, 2001）和丝质与苎麻残片已经全部出版（Bhattacharya-Haesner, 2003）。壁画与雕塑尚未全部出版。我们与中国机构，尤其是龟兹研究院和吐鲁番学研究院展开了合作，并且正在准备第一种联合出版物（毕丽兰、赵莉，即将出版）。

[4] Grünwedel, 1906; Le Coq, 1913. 关于吐鲁番探险队的历史参见 Dreyer, 2015。关于装木制品的特殊运输盒子参见鲁克斯文章，第130页，注释[3]。

[5] Bhattacharya, 1977.

[6] 原书名：*Art of Central Asia, with Special Reference to Wooden Objects from the Northern Silk Route*。译者注：本译文使用中译本书名，参见[印]查娅·帕塔卡娅著，许建英译：《中亚艺术（附丝路北道木器参考）》，载许建英、何汉民编译：《中亚佛教艺术》，乌鲁木齐：新疆美术摄影出版社，1992年，第91—351页。

[7] 参见孔扎克-纳格文章，第187—188页。

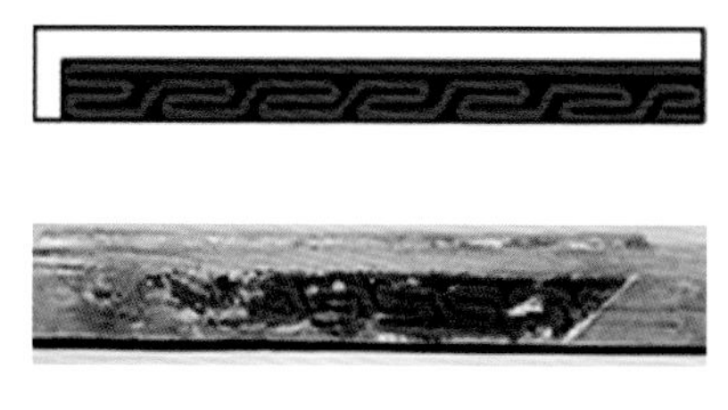

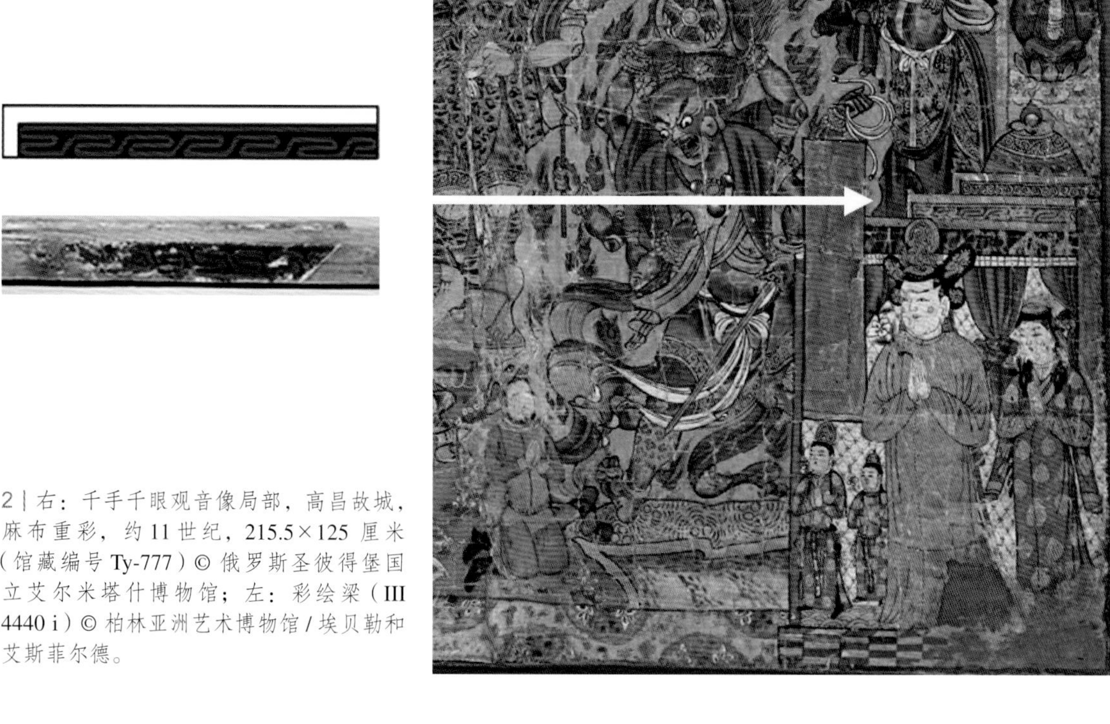

2 | 右：千手千眼观音像局部，高昌故城，麻布重彩，约 11 世纪，215.5×125 厘米（馆藏编号 Ty-777）© 俄罗斯圣彼得堡国立艾尔米塔什博物馆；左：彩绘梁（III 4440 i）© 柏林亚洲艺术博物馆 / 埃贝勒和艾斯菲尔德。

2009 年 5 月，美国宾夕法尼亚大学夏南悉教授组织的回鹘艺术与考古的学术会议上，我首次汇报了这批木构件藏品的信息和研究状况[1]。此外，还提及了 2008 年在参观圣彼得堡国立艾尔米塔什博物馆时的发现：该馆收藏的据我所知唯一保存完整的回鹘绘画中所绘木梁上的装饰，与柏林馆藏的一件木梁上的装饰完全相同，并就此和与会学者对中古时期回鹘城市的建筑和建筑学展开了有趣的探讨（图 2）[2]。夏南悉虽然认可中古回鹘建筑受到粟特和中亚的影响[3]，但她强调中国中原地区的建筑技术、风格与结构的影响是主流。艾尔米塔什博物馆收藏的回鹘绘画中的建筑与中国中原建筑明显不同，尤其是穹窿顶结构，该结构是拜马塔瓦关于中亚建筑（高昌以西）的博士论文和著作的核心部分[4]。不同区域的文化互动一直是我感兴趣的研究领域[5]。这批木构件以及它们的独特性，促使我尽快将深入研究列作优先计划。中国与欧洲的学者

[1] Russell-Smith, 2009.
[2] 劳尔森在研讨会上提交了相关主题文章“From Tent to Pavilion: Hybrid Architectural Structures of the Sogdians in China”（《从帐篷到亭阁：粟特人在中国的混合建筑结构》）。
[3] Steinhardt, 2001.
[4] Baimatowa, 2008.
[5] Russell-Smith, 2005; Russell-Smith, 2012.

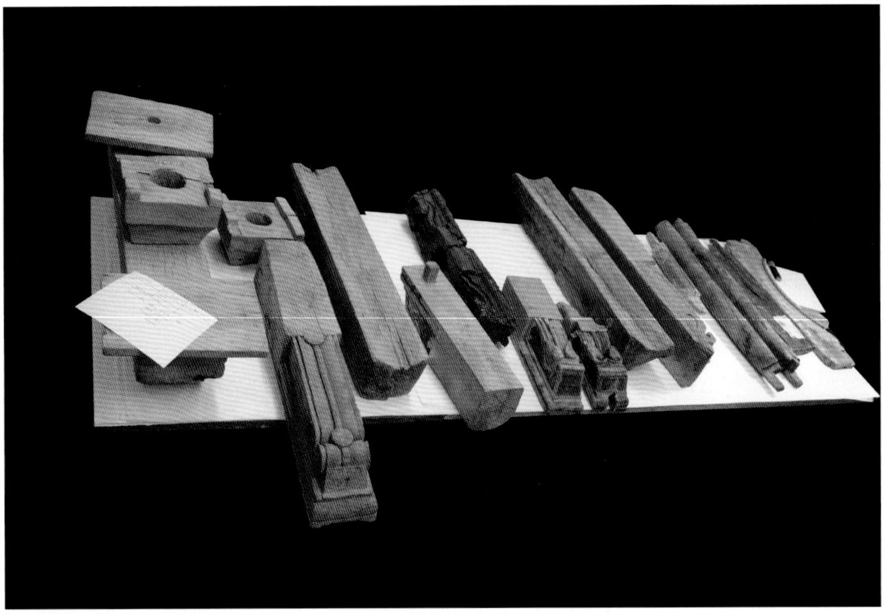

3 | 馆藏木构件 © 毕威舍。

也肯定了我最初的观点：其他藏品中均未见到此类木构件[1]。然而，当时我们忙于筹备柏林洪堡论坛的新展览，直到 2012 年，在库房管理员布什曼的帮助下才有时间将所有木构件从金属柜中取出（图 3）。鲁克斯馆长和我初步整理了这批木构件，并且厘清了其原先的组合。2010 年开始担任馆长的鲁克斯，长期致力于中国传统木构建筑研究[2]。他学习了木匠工艺，还与中国工匠在多个项目中开展合作，例如加拿大多伦多皇家安大略博物馆重建中国传统木构建筑物正立面的项目。这方面的经验使他能够在短时间内，像做拼图一般，将诸多木构件放在一起进行初步的重组。

2013 年格达·汉高基金会宣布了对中亚特别项目的最后一轮拨款，为这些初步想法的践行创造了良机。在基金会的大力支持下，我们的项目才能够逐步落实且深入开展，在此谨致以诚挚的谢意。

这批木构件中最值得关注的是一组带雕刻的构件。它们呈现出浓郁的西方风格，包括来自希腊化艺术的莨苕叶纹。通过这些巨大的柱础和柱头，我们可以设想它们最初所装饰建筑的体量。还有一组彩绘木构件，通过上面一条以婆罗谜字母书写的梵文题记下方绘制的佛陀形象，可以推测它们应来自一处佛教建筑。自 2014 年初，我们的研究工作主要围绕这两组木构件展开。

[1] 原吐鲁番市文物局局长李肖确认了这一点。科斯特（现供职于路德维希—马克西米利安—慕尼黑大学）在大英博物馆中对包括木头在内的材料进行了 3D 数字化，其保存状况（包括颜料）和众多在柏林收藏的木构件给人留下了深刻的印象。她建议我们申请这项拨款，对此深表谢意。

[2] Ruitenbeek, 1993.

# 为何追溯

这批木制建筑构件中有少量出自库车地区，绝大多数来自吐鲁番地区，尤其是高昌故城，又名哈拉和卓、亦都护城与达克雅洛斯城[1]。高昌故城曾经是一座宏伟的都城，现在是一处壮观的景点，现存外城城墙周长 5411 米：因其太大，大多数游客以步行来探寻这座城址太过吃力，故人们可以租用自行车或小型观光车。中古时期遗留的城墙现今依然耸立，从若干保存较好的遗迹和道路中可以想见曾经的繁华与壮丽。

沃尔夫曾颇有洞见地指出，考察建筑物如何融入所在景观极有意义[2]。他选取布哈拉为例，而同样的观察亦适用于高昌故城：雄壮的山脉环绕着这座城址，这里的景色随每天不同时段、一年不同季节而异。例如 2015 年 10—11 月我们进行田野工作期间，天气就经历了剧烈变化：中午晴空万里，烈日炎炎，高昌故城清晰可见（图 4）；转瞬间气温骤降，天色阴沉，建筑物的形状难以分辨（图 5）。需要提及的是，吐鲁番盆地拥有极端大陆性气候，是地球上离海洋最远的陆地地点之一，某些低洼处低于海平面 155 米[3]。即使按照丝绸之路北道的标准来看，此处的气候亦极度干燥[4]。正是得益于这种干燥的气候，吐鲁番地区才能够保存如此之多的有机物。然而大陆性气候也是造成木构件朽毁的重要因素，夏季尤其是 8 月异常炎热，最高可达 45 ℃—48 ℃；而冬季又寒冷难耐，最低可至零下 50 ℃[5]。遗址不仅遭受这种气候因素的破坏，人为破坏更为严重，当地居民一直从高昌故城采集木材用作薪柴。曾经有人拜托格伦威德尔安全保管若干木构件，否则它们会在寒冷的冬季被取火烧掉[6]。

19 世纪吐鲁番迎来了一批新移民，当地人的土地愈加稀少，可能自此高昌故城周围的土地开始用于种植高粱。虽然在 20 世纪 80 年代，这里的农业活动已被禁止，但部分区域依然可见植物的根茎。由于古代墙壁中含有矿物质和旧秸秆，它们还会被拆下用作肥料（图 6）。

由于上述自然和人为因素的破坏，如今在高昌故城内已无法找到木制品：正如魏正中所言，他不得不在见不到木构件实物的情况下研究木构建筑[7]。鉴于这些情况，对柏林亚洲艺术博物馆木构件展开研究的重要性和必要性不言而喻。

[1] Dakianusshahri 意为统治之城（City of the Ruler），音译为达克雅洛斯城（City of Dakianus）。
[2] http://www.khist.uzh.ch/de/chairs/neuzeit/res/hwl/hwlfslS.html（2016 年 11 月 8 日）。
[3] 大英百科全书在线版本：https://www.britannica.com/place/Turfan-Depression（2016 年 11 月 8 日）。
[4] 根据陈爱峰所讲，气候变化可以通过更频繁的猛烈风暴观察，这当然会使保护遗址变得更加迫切（2015 年 10 月私人谈话）。
[5] 大英百科全书在线版本：https://www.britannica.com/place/Turfan-Depression（2016 年 11 月 8 日）。
[6] Grünwedel, 1906, p. 95.
[7] 参见魏正中文章，第 92—100 页。

4 | 阳光下的高昌故城（2015 年 10 月 30 日）© 毕丽兰。

5 | 多云天气下的高昌故城（2015 年 11 月 4 日）© 孔扎克-纳格。

6 | 一人在墙址中收集材料，1906—1914 年？（A 418）© 柏林亚洲艺术博物馆。

## 上编文章与历史背景

本书上编收入 2015 年 5 月组织的国际研讨会上的四篇文章，以《回鹘文识读：一件木板上的草写回鹘文》一文作结，这篇文章讨论了一件看似平常的木板，由于上面有工匠标记的线条才被挑选出来，细看之下惊奇地发现上面写满了珍贵无比的回鹘文本[1]。

这次研讨会上发表的众多论文，均属于本项目在当时正在进行的研究和保护课题。随之展开的圆桌讨论最鼓舞人心。讨论结束后，我们对这一项目产生了更多新的想法。

首先要提到的是我们与西村阳子和富艾莉的重要合作。自 2013 年开始，我们已经注意到她们的研究方法，当时两位学人正在访问柏林亚洲艺术博物馆，并在由柏林 · 布兰登堡科学院吐鲁番研究所组织的吐鲁番学讲座上演讲。2012 年至 2013 年西村阳子和富艾莉展开了核查照片的工作[2]。她们在 2015 年 5 月的研讨会上展示了新成果，并被收入本书，这一成果促进了高昌故城已知详细研究材料间的密切交流。最为感激的是，我们能够直接利用其研究成果，并且聚焦到对本项目至关重要的三处寺院遗址，即编号 β 、K、Q 寺院遗址。

[1] 参见拉施曼文章，第 35—42 页。
[2] 亦参见德雷尔文章，第 104 页。

上编的其他三篇文章为本项目提供了可资比较的材料：近年在古代粟特人领地和位于今蒙古国的回鹘汗国首都哈喇巴尔哈逊（745—840 年）的发掘成果。下文我将简要说明为何这些材料会成为我们研究的必要参考。

吐鲁番地区是丝绸之路北道贸易线上的枢纽。早在汉代（前 220—前 206 年）这里就建立了军事据点，高昌很快便发展成为一处文化和政治中心。此后，该地历经数个政权，先是北凉（439—460 年）的统治；后来在 7 世纪时，唐朝控制了整个丝路北道，高昌成为当时显要的行政和商业中心，这可在附近的阿斯塔那墓葬中找到佐证。墓中保存完好的随葬木俑，呈现出穿着时尚、跨骑骏马、潇洒又不失优雅的汉地女性形象。即使在汉人统治之下，包括高昌在内的丝绸之路绿洲城市一直杂糅着多元文化。

粟特人是公元 4—8 世纪丝绸之路贸易的主要操控者。许多粟特商人远离故土，即今塔吉克斯坦、土库曼斯坦和乌兹别克斯坦，进入高昌等地监理贸易。这一历史背景以及木构建筑受到粟特影响的可能性，使我们产生了浓厚兴趣，因此我们特邀俄罗斯艾尔米塔什博物馆中亚与高加索部主任、粟特考古专家卢湃沙担任项目的顾问之一。他对这些问题的最初观察详见本书[1]。2016 年 8 月卢湃沙还在希索拉克地区发掘出一批新的木构件，遗憾的是未能收入本书[2]。

8 世纪下半叶可以说是西域历史上的重大转折点。公元 751 年，唐朝在与大食军队的战争中失利；之后拥有中亚血统、手握重兵的三镇节度使安禄山起兵造反，甚至迫使唐玄宗李隆基逃离首都，唐朝依靠外国军队的帮助才重新掌握政权。这场动乱持续了八年之久（755—763 年），导致唐王朝不得不放弃对丝路北道绿洲城市的控制权。

救助唐朝免于覆灭的国外军队正是回鹘人，他们曾以今蒙古的哈喇巴尔哈逊为首都，建立起辽阔的汗国。回鹘人以快马闻名，并以此与唐朝交易大量的优质丝绸。传说漠北回鹘汗国的首都异常富有，从远处就可见可汗的金帐。回鹘人也因这场协助唐朝的战斗而发生变革，统治者决定以摩尼教为国教，回鹘汗国成为世界上唯一信仰摩尼教的国家。在此之前，回鹘人一直像其他突厥部落一样信奉萨满教。摩尼教是二元论宗教，波斯人摩尼于公元 3 世纪创建此教，整合了当时主要的宗教教义。人们熟知摩尼教的诸多记载，来自希坡的奥古斯丁教父（亦作圣·奥勒留·奥古斯丁，354—430 年）的负面评论。他本是一位摩尼教徒，后来皈依为天主教徒[3]。摩尼教给大草原带来了浓厚的西方影响：粟特人被邀请至回鹘汗国，成为传教者、主簿、工匠，当时汗国的兴旺仰赖于中原王朝为平息安禄山叛乱而支付的高价赏金。此时期一种基于粟特文的新字体被发明，且仅用于图文并茂的摩尼教书籍。根据史料记载，亦有不少唐朝匠人迁入汗国，可以想见，当时的首都哈喇巴尔哈逊定是汇聚着多元文化。可惜现在几乎未发现相关的遗存，但我们满怀兴趣地去寻找与高昌故城建筑的可能关联，并邀请弗兰肯和达内展示蒙古—德国联合考古队的最新成果[4]。

---

[1] 参见卢湃沙文章，第 3—16 页。

[2] 2016 年 9 月电子邮件。

[3] 例如 Lane Fox, 2015。

[4] 参见弗兰肯文章，第 17—25 页；达内文章，第 26—34 页。

7 | 柏孜克里克第 20 窟男性供养人，吐鲁番地区，10—11 世纪，壁画，高：62.4 厘米，宽：59.5 厘米 © 柏林亚洲艺术博物馆 / 利佩。

公元 855 年，黠戛斯人的入侵再次扭转了形势。马背上的黠戛斯人占领漠北，将曾经的游牧民族回鹘人赶出了这片土地。回鹘人曾请求唐朝的援助，却徒劳无果。对当时国势已经衰弱的唐朝而言，北部强邻回鹘被击溃是一件坐享其成的幸事[1]。分散的回鹘部落不得不寻求新的家园，许多部族进入中国领土时已元气大伤，此后便销声匿迹。仅有两支部族保持着活力：甘州回鹘，活跃在今甘肃敦煌以东的张掖；以及西州回鹘，10 世纪时已占据高昌为其政治中心。10 至 11 世纪，这两支回鹘地方政权控制着丝绸之路上的贸易，且甘州回鹘能够任意封闭穿越河西走廊山脉的最短路线。

值得玩味的是，回鹘人保持了部分游牧习俗，这在吐鲁番艺术与文化遗存中有所体现。如知名的柏孜克里克第 20 窟绘制的回鹘供养人像，可以明显看出，他们的长袍下是骑马穿的长筒靴（图 7）。由于高昌每年夏季酷热难耐，王室勋贵均骑马翻越崇山峻岭去往他们的夏都——北部的别失八里（北庭）避暑消夏。

回鹘的摩尼教统治者委托制作了前所未有的精湛艺术品，它们的发现在 20 世纪早期曾引起了世界轰动。其中配有精美插图的古摩尼教经卷残片更是稀世罕见。由于大多数珍贵文物出自高昌故城 K 寺院遗址，为配合“高昌遗珍”展览，我们特意选择其中的数件珍品，并邀请对这批文物有着长达 20 年研究经验的古乐慈为展品撰写详细的说明，并绘制数码复原图[2]。

[1] 更多内容参见 Drompp, 2005。
[2] Gulácsi, 2001; Gulácsi 2005; Gulácsi, 2016.

回鹘统治者于10世纪时皈依了佛教。在展览的同一部分，我们还并列陈放了高昌故城K寺院遗址出土的重要佛教文物。这些佛教艺术品呈现出来的风格，与汉地佛教艺术有着显著的差别[1]。柏林·布兰登堡科学院吐鲁番研究所和哥廷根驻柏林研究院正在研究这批佛教写本[2]。拉施曼释读了其中两件，认为它们属于同一件写本。

## 项目成果：中编文章

本书中编的十篇文章集中讨论了我们研究的重心，即β、K、Q三处寺院遗址。

2015年10—11月，我们在高昌故城进行的实地考察工作尤为重要。核心团队由孔扎克-纳格、德雷尔和我组成。由于日程紧张，北京大学考古文博学院魏正中教授和柏林亚洲艺术博物馆鲁克斯馆长参与了和他们的研究相关的调查（图8）。魏正中关于β寺院遗址的考察成果详见中编。新疆吐鲁番学研究院为我们这次考察提供了慷慨的支持，使我们每天能够在现场进行记录和调查，获取所需的第一手资料，在此谨向他们致以诚挚的谢意。

中编始于新疆吐鲁番学研究院陈爱峰的文章。中国学者对高昌故城的系统发掘始于2006年，陈爱峰在文中总结了最重要的成果。陈爱峰在我们考察吐鲁番期间一直陪同并协助我们，他曾在柏林进行为期三个月的研究（2016年7月1日—9月30日），同时魏正中也来到柏林（7月1日—8月31日）开展研究。他们的柏林访学受到佛罗伦萨艺术史研究所提供的"在博物馆中联接艺术史"短期奖学金项目的资助，谨此致谢。

孔扎克-纳格和德雷尔研究了柏林亚洲艺术博物馆收藏的大量历史照片，他们选择了数百张20世纪初德国吐鲁番探险队在高昌故城拍摄的不同视角的照片，并从中挑选出最为重要的照片。需要特别强调的是，这些老照片的质量极佳。探险队曾随身携带数百件易碎且沉重的玻璃板底片和化学制剂用于冲洗显影[3]，从而呈现出极为清晰的图像。数字化之后，可以放大并研究照片中的细节，且可用于制作展览所需的巨幅图片。

通过利用西村阳子和富艾莉的研究成果，比较遗址与历史照片上可见的景观特征，孔扎克-纳格能够计算出这些老照片曾经拍摄所在的精确GPS点。田野工作期间，我们将老照片带至同一地点，来对比遗址的保存现状。通过比对，K、Q两处寺院遗址变化最为显著：诸多地表建筑已完全消失，或者仅存低矮或略高于地平面的墙址，而百年前的老照片中，墙址依然高耸（图10）[4]。

[1] Russell-Smith, 2005; Russell-Smith, 2013.

[2] 更多信息和文献参见《吐鲁番学研究》2007年和网址 http://turfan.bbaw.de/（2016年11月8日）。

[3] 此项技术参见 Falconer, 2009。

[4] 亦参见德雷尔文章，第106—110、112页。我们亦从国际敦煌项目—欧亚文化之路（IDP-CREA）中获得灵感。这是一个在五个欧盟合作单位之间（英国大英图书馆、匈牙利科学院图书馆、法国国家图书馆、法国吉美博物馆和德国柏林亚洲艺术博物馆）持续了15个月的合作项目（2008年4月—2009年7月）；项目亦包括三个来自中国的联合合作单位（中国国家图书馆、敦煌研究院和新疆文物考古研究所）。参见国际敦煌项目2008—2009年冬季新闻事件第32号，网址：http://idp.bl.uk/archives/news32/idpnews_32.a4d（2016年11月8日）。选择的遗址照片与在田野工作期间拍摄的现今照片比对，可参见网址：http://idp.bl.uk/idp crea/gallery.htm（2016年11月8日）。

8 | 本项目团队成员（自左至右）：德雷尔、毕丽兰、孔扎克-纳格和鲁克斯 © 魏正中。

9 | 展览入口展陈的巨幅历史照片、原始盒子中的玻璃板底片和德国吐鲁番探险队的笔记 © 利佩。

10 | 供研究使用的指南针与精确的全球定位系统坐标照片 © 孔扎克-纳格。

鲁克斯文章中论述了他复原高昌故城 Q 寺院遗址彩绘木构件的详细背景。贝明研究了 Q 寺院遗址出土的部分吐火罗语题记，这项工作未来将会继续[1]。

哈恩及其德国联邦材料研究与测试研究所的团队，检测了木构件上的彩绘颜料。这一成果还为正在进行的壁画颜料检测额外提供了有用信息[2]。在为洪堡论坛开展保护修复工作期间，我们将获得更多吐鲁番壁画碳十四测年与颜料分析的结果，故比较研究将继续进行。本项目的另一部分工作是，博物馆文保专家伦格检查并修复了最重要的一批木制建筑构件[3]。保护文物是博物馆的首要任务，伦格的工作对于安全保护文物而言极具价值。

我们采用的若干方法可以称之为“微观研究”，集中于文物的微小细节，有时恰如字面之意——使用显微镜观察。研究所获得的综合成果，有助于我们深入中古高昌社会丰富而生动的细节：来自四面八方的宗教、艺术、图像、材质和技术纷纷进入高昌，与当地传统展开了激烈的交流、互动与碰撞，最后整合出一种独具特色的文化。在这种文化的滋养下，高昌故城今日的废墟中依然闪耀着昔日的辉煌与荣光。

[1] 参见毕丽兰文章，第 181—183 页。
[2] Gabsch, 2012; Mitschke, 2014; Palitza, 2017.
[3] 参见伦格文章，第 173—180 页。

# 上　编

## 粟特与回鹘

雕花木构件，希索拉克城堡宫殿，3号房址出土

# 粟特的木制建筑构件

卢湃沙

粟特位于泽拉夫善河和卡什卡河河畔，即今乌兹别克斯坦、塔吉克斯坦和土库曼斯坦地带，这里曾经是使用波斯语民族的故乡，其在公元4—8世纪的历史中发挥了重要作用。粟特人虽未建立起强大的政权，但他们以商人、工匠、主簿等身份，积极活跃于印度、中国、欧亚草原，以及聚居着大量粟特移民的中国吐鲁番绿洲等广袤的地域。在其势力鼎盛期，粟特人还发展出独具特色的艺术风格，这在多种类型的文物中皆可得到证实，其中最知名者莫属精美的壁画、金银器和木雕。

粟特及周边地区的考古工作，尤其是片治肯特城址长达70年的发掘，为理解粟特文化与生活的诸多方面提供了丰富的信息和线索。为便于理解本文内容，有必要首先介绍粟特建筑技术的概况。

粟特的建筑用材主要是生黄土制成的土坯和“帕赫萨”。“帕赫萨”仍用于今中亚地区的建筑，是用黏土和切碎的麦秸混合后夯实而成，高50—100厘米。修建地基时偶尔会使用鹅卵石。即使在石材比黄土丰富的山区，由于土坯具有更好的保温效果，居民住宅亦用土坯砌筑，而石材则多用于修建仓库或牲畜棚。砖块是次要的建筑材料，且不用于砌墙，主要在高级建筑内使用，常用以铺地和砌柱（布哈拉领主的瓦拉赫沙宫殿内）；砖构建筑仅见于伊斯兰时期。石膏（中亚地区称为“甘奇”）的使用与砖块相似。不同于中国东部新疆或南部巴克特里亚，粟特地区并不开窟建寺，佛教在这片土地上的影响力十分有限；木构建筑仅出现于伊斯兰时期，建造技术很可能是由东方传入的。粟特建筑的壁面上通常会涂抹一层黄泥或石膏，且房屋接待厅的壁面上大多有彩绘。

木材也用于建造或装饰建筑，但保存下来的木构件并不多。首先，木材腐烂后在粟特多数地区基本无迹可寻；其次，在干燥的中亚地区，木材相当昂贵，用于建筑的木材本来就很稀少。另外，早期的建筑木材还会被后世重新用作建材或薪柴。建于14世纪花剌子模的希瓦大清真寺，就使用了10—12世纪时期的木柱（有后期添加物）；片治肯特历史与文化现代博物馆的屋顶，亦使用了20世纪70年代拆毁的一座18世纪清真寺的木料。

粟特地区干旱少雨，无可用作建材的高大乔木，泽拉夫善河床上生长的柳树和大的杜松（当地称 *archa*）可勉强用于建房搭屋。然而，粟特人专门种植了主要的建筑木材——杨树。根据当地的习俗传统，当家中有男孩诞生时，他的父母就会沿着水渠种植若干杨树，待他结婚时，杨树就能砍来用作建盖新房的椽梁。

## 木构件遗存

中亚山地干燥的气候和土壤，使得木材以及其他有机物得以保存，但保存状况良莠不齐。例如泽拉夫善河上游地区海拔 2240 米的希索拉克遗址中，一间房址内的有机物保存良好，而毗邻房址中的木材却已完全腐朽，更不用说稻草、纺织品。片治肯特遗址内仅能偶尔见到变形的杜松木残片。

然而，木材在特定条件下是能够幸存的。如果房屋发生火灾，屋顶燃烧、掉落后能够阻止氧气流入，木材就能以木炭形式保存下来。这种情况下，木构件的形状虽然不会改变，但上面的彩绘会完全消失，而且，烧毁房间中的壁画亦无法幸免。木炭非常脆弱，无法直接采集，修复者研究出一种利用当地昼夜温差的特殊提取方法：烈日炎炎的正午时分，将液体石蜡倒入灰烬中，随着夜间气温降低，液体石蜡逐渐凝固、包裹木炭，次日清晨便可带走石蜡（图 1）。片治肯特古城的大部分地区曾在公元 722 年被大食人烧毁[1]，大多数木构件均以木炭的形式保存下来。此外，沙赫里斯坦率都沙那统治者的宫殿遗址[2]、巴克特里亚的德茨马拉克—捷佩[3]、哈萨克斯坦南部的粟特聚居地库

1 | 以液体石蜡填充木质遗迹。桑德茨尔—莎，欧亚社会勘察考察队，2014 年。本图由申卡、库班诺夫和知维惠赐。

[1] Belenizki, 1980.

[2] Bobomulloev and Yamauchi, 2011; Negmatov, 1977; Negmatov, 1996, pp. 269—272，和同一作者的其他作品；Brentjes, 2004.

[3] Nil’sen, 1966, pp. 305—312.

2 | 废墟中带圆头状柱础的木柱空痕。片治肯特，第 XXVI 区，第 51 号房址，2013 年发掘（卢湃沙拍摄）。

依鲁克贝[1]，以及最近在片治肯特东部小镇桑德茨尔—莎[2]等地，亦发现有木构件燃烧后的木炭。

在某些情况下，已消失的木构件还可以通过考古现场发现的遗痕来判断或推测。例如遗址中通常可以见到一些孔洞或凹槽，部分底部还残存有腐朽的木材。木材虽已腐朽，但可以通过这些孔洞或凹槽的形状，来推测原来嵌入的木构件的形状（图 2）。木梁的突起处和土坯墙中的支撑结构均属于同类情况。它们通常数量较多，且能较好保存木构件的形状。有时为加强建筑的稳固性，梁的下方还会铺垫石板或大的陶器碎片。

木制建筑或装饰构件可以被其他材质模仿。例如，瓦拉赫沙宫殿的灰墁装饰[3]以木结构为原型；粟特毗邻地区的石窟窟顶形制，能为复原粟特木构屋顶提供参照和线索。此外，粟特地区的壁画、金银器图案上亦表现有木构建筑。

通过这些图像材料，我们意识到，部分木结构已完全消失无踪。如“双陆棋”场景壁画以及安科沃银碗上夺取城堡图像中表现的阳台或高层室外长廊（图 3）。它们是城堡上层建筑的重要部分，具有防御功能，抑或是夏季的休闲场所，二者或许由墙体中伸出的木柱支撑。

[1] Baypakov, 1986，和同一作者的其他作品。
[2] Shenkar and Kurbanov, 2014.
[3] Tsvetkova, 2013, pp. 702—710.

3 | 安科沃碗（Acc. 编号 S-46）© 圣彼得堡国立艾尔米塔什博物馆。

4 | 雕有神与孔雀的木构件。片治肯特，第 XXIII 区，1982 年发掘（CA-16230）© 圣彼得堡国立艾尔米塔什博物馆。

学者们复原的由圆柱构成的柱廊和阳台（即中亚的 *ayvan*；该词源于古波斯语 *apadāna*[1]），主要根据带盖纳骨瓮上的图像，同时亦参照了片治肯特两座寺院的柱础遗迹。这些圆柱支撑起带有（有装饰的）拱肩和拱门饰的拱廊；基础部分可能是石块或石膏（对早期建筑的重新利用），但柱子和拱廊的上部则为木材[2]。许多住宅的入口处发现有柱廊。圆柱由圆锥台、圆底座组成，柱体由底至顶逐渐变细，柱头通常装饰有涡形和植物纹，最上方是台座。这些特征从希腊化和阿契美尼德原型中发展而来，一直沿用至伊斯兰时期，甚至在苏联和俄罗斯的建筑中还能见到[3]。

## 结构性木构件

房屋中的木质结构主要见于屋顶。土坯券顶的跨度通常不足 3 米，最多仅有 4 米；片治肯特地区基本未见穹窿顶[4]，所有较大房屋都搭建木构屋顶。最常见的建筑类型是方形接待大厅，边长 9 米，壁面上图绘彩画，沿墙建有土坯台[5]，入口大门设在大厅前壁居中处，厅内与门相对之处为尊位。大厅遗址中通常可见四根柱子的底座以及为木梁设置的突起，幸运的情况下，尚保存有部分木料。这类大厅通常被复原成套斗顶（当地称之为 ruzan、chorkhona、darbaz，至今仍可见于帕米尔山谷），即每根柱子支撑两根成直角的梁；周边八个小部分皆为平顶，而中心通常较大，由呈 45 度角叠加的斜方形组梁支撑；屋顶的中心形成一个空洞，通常以一个带有装饰的赤土色天井填充。

这种复原方案后来得到了马尔沙克的改进（1982 年）。他注意到一处厅址内不同部分的高度差异、女像柱尺寸的不足以及梯形雕刻木块（图 4），特别是与巴米扬若干洞窟窟顶形制的类比，使他认为片治肯特大厅可能有双重屋顶，上层是结构性屋顶，下层是装饰性屋顶。装饰性屋顶模仿方形十字结构建筑，中心是一个假穹窿顶，四个轴线隔间则为假券顶（图 5）。

除上述大厅的木构屋顶类型外，其他不同类型建筑亦有相应的屋顶形制。如在希索拉克和乌尔塔—库尔干宫殿的走廊过道上的套斗顶，在乌尔塔—库尔干宫殿中通常被认为是六角形的套斗顶[6]；带有成排柱子的走廊；顶部有套斗顶的山形墙屋顶[7]，还有平行于房间较短边抹角梁的木构平顶[8]。希索拉克遗址内的木构件保存状况较好，可以复原出木构屋顶的基本结构：直径约 5—10 厘

[1] *apadāna* 意为“接待大厅之柱”（column reception hall）。
[2] Shkoda, 2009, pp. 83—84, 124, 218.
[3] Voronina, 1958, pp. 108—111.
[4] Baimatova, 2002.
[5] Sufas.
[6] Negmatov et al., 1973, pp. 54—60.
[7] Raspopova, 2014.
[8] Lurje, 2014.

5 | 马尔沙克和瓦霏夫重构片治肯特中心建有穹窿顶的接待大厅（选自 Marshak and Raspopova，2003—2004，p. 68）。

6 | 从希索拉克城堡 I 中发掘的有填充物和抹角梁的木梁。俄罗斯—塔吉克斯坦考古探险队，1998 年。本图由贾库波夫惠赐。

米、长约 1.4 米的原木制成的横梁平行排放，彼此间距 10—20 厘米。屋顶下方有用草绳捆绑在一起的柳木枝条（图 6）。在保存较好的木制抹角梁和其他构件中，我们见到了用于构成分割线的缝隙；另外，希索拉克的遗址中还发现了一件曲尺[1]。

## 装饰性木构件

木材除作为结构性构件外，也有重要的装饰作用。装饰构件上通常有雕刻和彩绘，但是彩绘极少幸存。加达尼・希瑟尔宫殿的雕刻木构件上可见到红、蓝色颜料[2]；希索拉克保存最好的雕刻木构件上可见到赤赭色地（图 10）；阿罕布拉的雕刻木构件上亦可见到类似的赤赭色地。

更多情况下，我们见到的是木构件的形制。若干木构件为圆柱形，如沙赫里斯坦发现的拟人雕塑[3]——出自范恩山脉中库—伊・瑟克哈的坐姿圆形裸体男性人物像，很可能亦源于粟特[4]，尽管缺乏明确的年代证据。圆形木材中更常见的样式是柱头[5]或特殊类型的装饰柱——女像柱。片治肯特地区佩戴饰品的半裸年轻人木雕像（图 7），身材被特意拉长，这或许是为了向抬头仰视的观者呈现人体比例。比亚—奈曼出土的一件纳骨瓮残件上描绘了一件涡形柱头的女像柱（图 8）。片治肯特壁画和沙赫里斯坦壁画中均绘有竖琴师的形象（图 9）[6]，片治肯特的竖琴师似乎是粟特艺术中女性美的最佳表现形式，两名竖琴师均位于大神像的侧面，且支撑着大神上面的绘画拱门，若仔细观察，还可以在两名竖琴师的头顶上辨认出雕刻有莨苕叶纹的柱头。由此可知，这些美丽的乐师形象事实上是支撑拱门的女像柱，而围绕着竖琴师的光晕或身光，可能是为了将建筑与厅内的神像分离开来。

天花板上半圆或圆形边框内浮雕的联珠纹或简单的花瓣纹，亦见于柱子上的拱门。片治肯特、库鲁克—托贝、沙赫里斯坦和希索拉克发现有丰富的浮雕纹样，题材包括动物、骑手、狩猎场景、神灵和人群。其中可以辨识出骑狮的娜娜女神、阳光战车上的密特拉神或坐在孔雀上的女神（图 4）。片治肯特和库鲁克—托贝的神像非常相似。在狩猎场景中有一类表现的是一位国王以立姿杀死一只大型有翼野兽，此图像的原型可以追溯至阿契美尼德王朝时期。尽管狩猎场景残损严重，但仍可看出极高的艺术水准，雕刻得精细入微，可与粟特壁画媲美。

植物纹和几何纹通常填充在圆形边框之内（图 10）。诸多地方发现了圆形边框内绘满花朵的长方形木镶板，相同的形式亦见于瓦拉赫沙石膏装饰品和中国石墓门装饰。这些图案可能模仿自中国丝织品。

[1] Lurje, 2013, p. 182.
[2] Jakubov, 1988, p. 113.
[3] Bobomulloev and Yamauchi, 2011, pp. 150—154, 241—243, 252—253.
[4] Jakubov, 1996, pp. 38—42.
[5] Voronina, 1959, pp. 111—115; Lurje, 2015, p. 266.
[6] Jakubovskij et al., 1954, fig. XXXIV; Marshak and Raspopova, 1991, fig. 6.

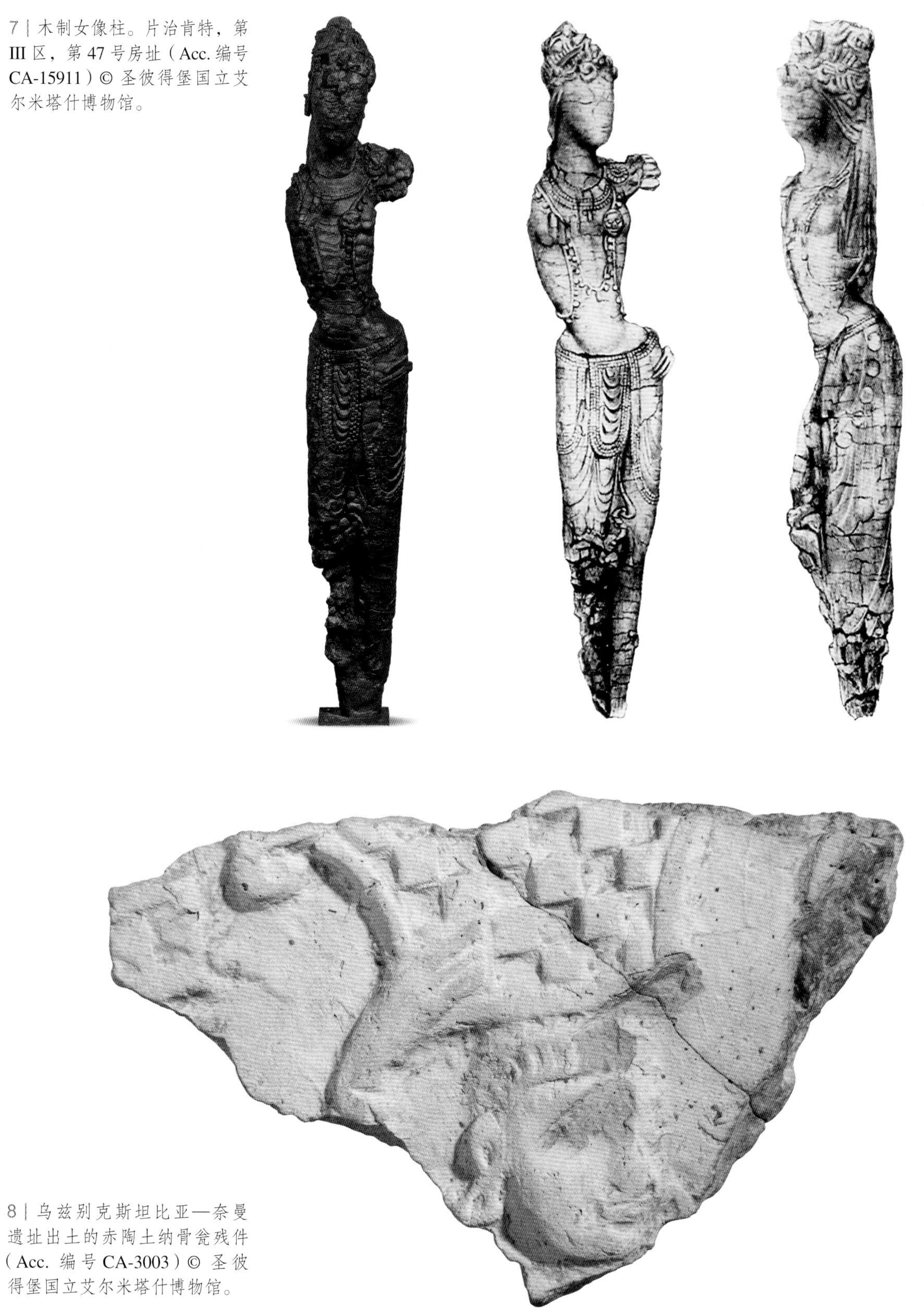

7 | 木制女像柱。片治肯特，第 III 区，第 47 号房址（Acc. 编号 CA-15911）© 圣彼得堡国立艾尔米塔什博物馆。

8 | 乌兹别克斯坦比亚—奈曼遗址出土的赤陶土纳骨瓮残件（Acc. 编号 CA-3003）© 圣彼得堡国立艾尔米塔什博物馆。

10 | 雕花木构件。希索拉克城堡宫殿，第 3 号房址。

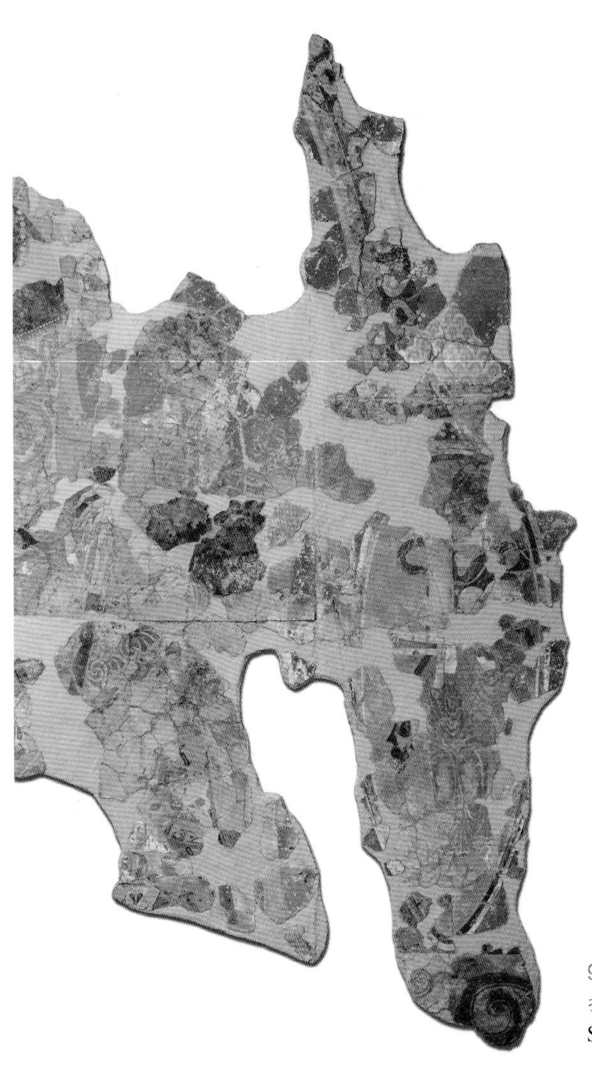

9 | 在马饰宝座上坐姿神祇旁的竖琴师。沙赫里斯坦卡拉—伊·卡赫卡哈城遗址，小王座厅，局部（Acc. 编号 Shah-14）© 圣彼得堡国立艾尔米塔什博物馆。

门窗木闩上的雕刻亦很常见，题材也很多元，偶见有成群的动物，更多见的是带对角线的方格、菱形图案、棕榈叶、有叶子和果实的藤蔓，部分藤蔓纹缠绕盘结得非常复杂。这些题材容易使人联想到同时代印度次大陆的石构建筑（图 11、12、13）。

## 木门装饰

木制建筑构件中还常见有门扇和门框。木门槛通常能够保存下来，形式与今天相似[1]；最近在片治肯特遗址发现了一处门扇遗痕，表面有细线，沿四个方向延伸，但无雕刻痕迹幸存。加达

[1] Semenov, 2015.

11 | 雕花木构件。片治肯特，第 XVI 区，第 3 号房址。（选自 Belenitsky，1964，p. 71，Acc. 编号 CA-15913）© 圣彼得堡国立艾尔米塔什博物馆。

12 | 雕花带状木构件。片治肯特，第 VII 区，第 11 号房址。（Acc. 编号 CA-15915）© 圣彼得堡国立艾尔米塔什博物馆。

尼·希瑟尔发现了一块雕刻有花纹的木门扇残件[1]，可据其推测整扇木门的形制。沃罗妮娜复原了片治肯特第三区 47 号房址的木门框，包括一个弧形窗、数排网状棕榈叶、菱形网格和交错的藤蔓纹；弧形窗上刻有一条喷水的龙（摩伽罗）。

沙赫里斯坦小王座厅入口大门上的弧形窗，可视作该地区的木雕杰作，目前陈列在杜尚别国家文物博物馆，由于保存状况不佳而难以“阅读”[2]。这件近 3 米宽、1.5 米高的半圆形板，由上饰三排装饰的中央嵌板和大边框组成。大边框上刻有重复的菱形网状结构条带、雕刻精细的棕叶纹饰，以及内填人物图像的圆环（图 15）。每个圆环内，上方表现有正在战斗的骑士：一幅是骑士斗龙，其余两幅是骑士斗骑在奇异野兽上的恶魔；下方均有一名肢体不全的战败者，通常被认为是上方右侧的战斗者。尽管都表现有骑士，但他们的衣着、姿态、战斗盔甲和坐骑却各不相同。圆环之间由

[1] Jakubov, 1988, pp. 105, 107.
[2] Negmatov, 1977; Bobomulloev and Yamauchi, 2011, pp. 113—143, fig.14.

13 | Lakṣmaneśvara 寺院大门门窗侧壁残件。奥里萨邦，6世纪晚期（选自 Donaldson，1976，fig. 33）。

14 | 沙赫里斯坦的弧形窗。杜尚别国家文物博物馆，总体视图（选自 Bobomulloev and Yamauchi，2001，p. 113）。

15 | 沙赫里斯坦的弧形窗。杜尚别国家文物博物馆，局部：左侧线描图（选自 Bobomulloev and Yamauchi, 2001, p. 137，朱丽娜绘图）。

姿态异常的人物占据：他们有卷曲的短发，仅着短裤，戴项链，似乎还可辨认出女性的乳房，还有一名人物的腰部挂着沙漏鼓。这些形象可能受到了佛教中天人的启发，可视作舞者和表演者。匠师以高超的技术将其置于不同角度的三角形空间中，技艺与巧思令人叹服。

弧形窗的中央嵌板保存较差。其上有几根线条，图案可分为上、中、下三排：下排中间刻有一只怪异的恶魔，八名骑手从两侧对其发动进攻；中排右侧绘有半裸的人物躯体（摔跤或跳舞?），左侧保存有龙（?）及人物；上排有两只三头有翼怪兽，之间有若干建筑物或者一架飞行的战车。内格马托夫将嵌板上的图像程序解释为对抗恶魔的战斗[1]。不论这种推测准确与否，可以肯定的是，这是目前粟特地区仅见的采用叙事性表现手法的木雕图像[2]。

最后提出并强调的是：粟特接待大厅中的装饰木构件中，部分可能是施彩的，如前文提到的赤赭色地，但基本都有雕刻纹样，目前尚未见到素面的装饰木构件。这种以雕刻为主、彩绘为辅的装饰手法和特征，与古代中国中原地区以彩绘为主的装饰木构件传统形成了鲜明对比。若从这一视角来看，连接中国中原地区与中亚地区的吐鲁番木构建筑的重要性就突显出来：对吐鲁番木构建筑的考察，有助于我们更深刻理解东西方木构建筑的特征，以及在这一世界性的绿洲地区它们是如何交流、碰撞、融合与创新的。

---

[1] Negmatov, 1977.
[2] Brentjes, 2004, p. 171.

# 回鹘旧都哈喇巴尔哈逊

## 发掘新成果

弗兰肯

2009年以来，德国考古学研究所与蒙古科学院、蒙古国立大学密切合作，对古代回鹘汗国首都哈喇巴尔哈逊进行了大量、深入的研究工作。哈喇巴尔哈逊位于距今蒙古国首都乌兰巴托以西约400公里的鄂尔浑峡谷。

无论从自然地理、文化地理，还是历史学、考古学角度观察，鄂尔浑峡谷均是一处独特的区域。与此同时，鄂尔浑峡谷也是一个完整的城市风貌综合体，其影响远超由城墙限定的城市居住区。它是晚期游牧民族统治阶层创建的核心区，匈奴、东突厥汗国、回鹘汗国以及之后的蒙古帝国等晚期游牧帝国，均选择此处作为帝国的中心。

就此而言，鄂尔浑峡谷不仅是具有地形优势和战略优势的定居点，而且还长期作为权力中心和皇室所在地，这里汇聚了不同类型和功能的建筑：纵横栉比的市场、行政机构衙署，以及晚期游牧帝国的中心宗教建筑。

与附近的古蒙古帝国旧都哈喇和林类似，哈喇巴尔哈逊亦是平地而起的宏伟新都市。这两座城市均突显了中心城市的建立在树立君主权威和创建游牧帝国中的重要作用[1]。公元734年，后突厥汗国统治者毗伽可汗被毒杀，标志着后突厥汗国开始走向灭亡。公元742年，由回纥、拔悉密和葛逻禄组成的联合军队摧毁了后突厥军队的残余，王室成员逃亡中国，后突厥汗国就此终结。回纥填补了随之而来的权力空缺。公元744年，回纥首领被唐朝皇帝任命为骨咄禄毗伽阙可汗。公元745年左右，骨咄禄毗伽阙可汗建都鄂尔都八里，亦称哈喇巴尔哈逊。阿拉伯旅行家巴赫尔于821年左右参观漠北回鹘汗国首都之后，称哈喇巴尔哈逊为"国王之城"，将之描述为"一座绚丽、伟大的城市，富于农业"[2]。

哈喇巴尔哈逊兴盛至840年，被来自叶尼塞河的入侵者黠戛斯人部分摧毁，致使先前在回鹘控制之下的大部分族群离散并迁出漠北[3]。

直至目前，我们对公元8—9世纪间回鹘人东部家园的情况仍所知甚少。2007年，蒙古—德国鄂尔浑考察队成立，开始在旧城及其腹地进行基础性科学研究，以期获得更多关于游牧社会城市化进程与文化交流的信息[4]。突厥学家拉德洛夫领导的俄国鄂尔浑探险队于1891年绘制了哈喇巴尔哈逊的

[1] Hüttel and Erdenebat, 2010, p. 3.
[2] Minorsky, 1948, p. 283.
[3] 回鹘历史摘要参见 Sinor, 2000, pp. 187—204。
[4] Hüttel, 2010, pp. 297—281.

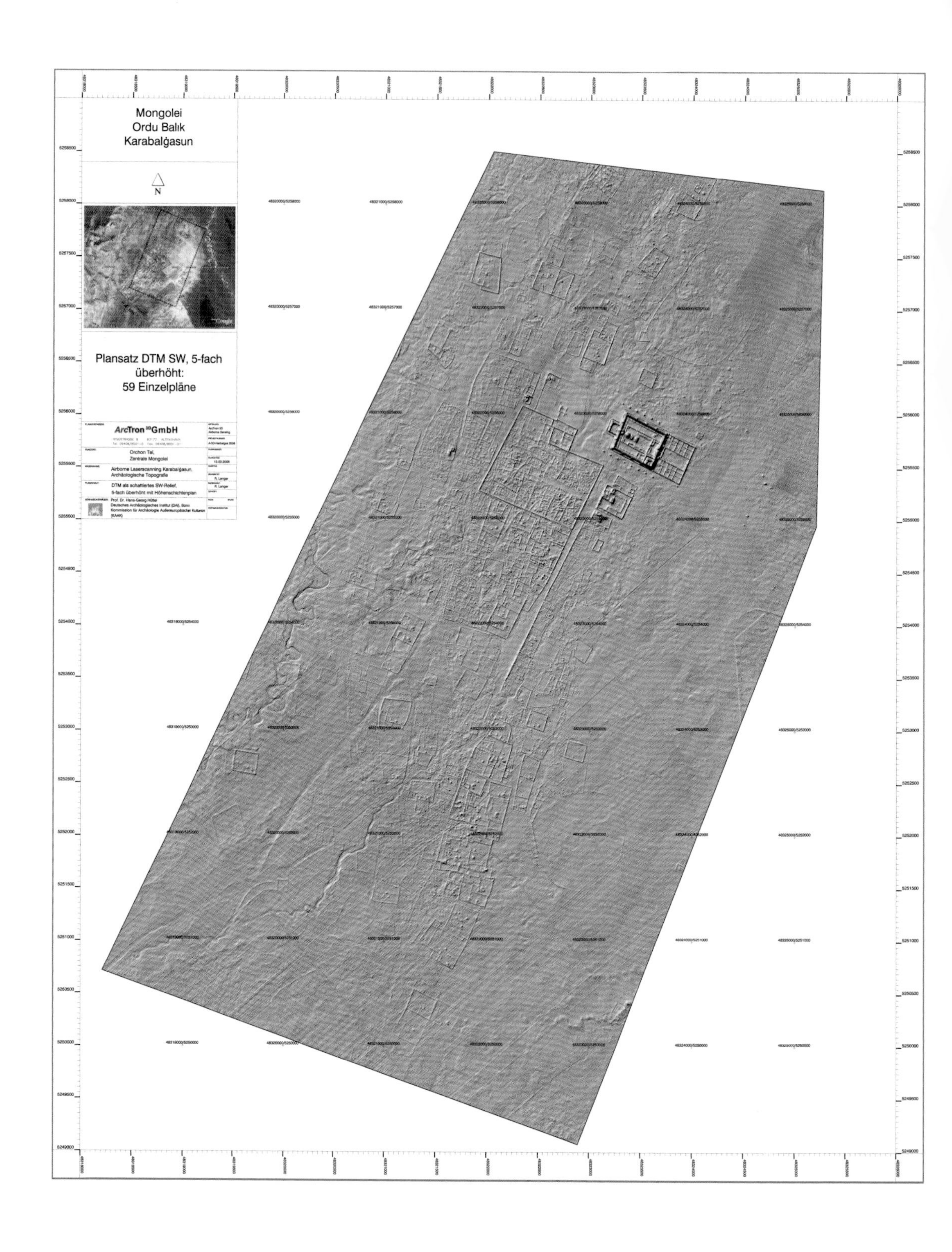


1 | 哈喇巴尔哈逊数字地形模型，在2007年机载激光扫描基础上生成。平面图：Arctron 股份有限公司 © 德国考古学研究所，波恩。

第一幅、也是直到最近的唯一一幅地形平面图。尽管当时缺乏现代地形学的制图方法，但该地形图仍可作为适当的参考[1]。

新研究项目的第一步是创建一幅机载激光扫描平面图（图 1）。这幅图是对拉德洛夫平面图的补充，提供了城市的规模和布局信息，并且为当前和未来的研究奠定了良好的工作基础[2]。

从图中可见，城市中部和南部聚集了结构相似的独立建筑群。北部则有不同的独特建筑，仅通过观察这些建筑与周围区域相比显著隆起的地势，就能推测它们应当是城市的中心。

蒙古—德国鄂尔浑考察队近来的发掘主要集中于编号 HB2 的寺院或宫城遗址。这处遗址依然保存有约 12 米高的围墙（图 2）。除 HB2 建筑群外，考察队同样关注附近带有围墙的 HB1 和 HB3 遗址[3]。

包括考古发掘在内的详细科学探查，已经提出了关于城市的功能性、民族性布局原则以及城市总体规划和建筑传统的影响等问题。

2 | 寺院或宫城（HB2）航拍照片，背景是（从北方所见）毗邻的 HB1 和 HB3 区域 © 德国考古学研究所，波恩。

[1] Radloff, 1892, pl. XXVII.
[2] Hüttel, 2010, pp. 283—287.
[3] 参见达内文章，第 26—34 页。

在最近的考古活动基础上，关于权力展示与建筑之间的关系问题，已备受关注。

自 2012 年以来，项目集中对角楼区域展开工作[1]。

角楼位于 HB2 寺院或宫城遗址内东南角，是一处带有围墙的长方形台基，长 70 米，宽 60 米（图 3）。从远处依然可见高达 12 米的围墙。台基以鹅卵石和沙层混筑而成，高达 7 米。由于平台矗立在寺院或宫城东南角，南侧和东侧均受到至少 12 米高的墙体的直接保护，墙体内侧高度约为 11 米。目前推测入口在西墙和北墙，所以仅能从寺院或宫城内进入角楼。通过对角楼西墙的调查，发现一处复杂的门址（图 3A；4）。为保证宽达 5 米的围墙顶部的稳固，在垂直放置的砖块与木梁的结合处竖立了柱槽壁。在柱槽壁东侧末端发现了门基。大约 5 米长的木板放置在大门西侧主入口处。门的配件、挂钩和锁表明了门的结构。

大门内铺砖路面的部分，连接着地下排水系统。三级台阶通向一个高 70 厘米的台基，此台基依靠一堵墙的东侧而砌。在这堵墙的后面，发掘出一处有两个柱础的泥土地面。围墙大面积坍塌后，砖块和土坯覆盖了所有遗迹。

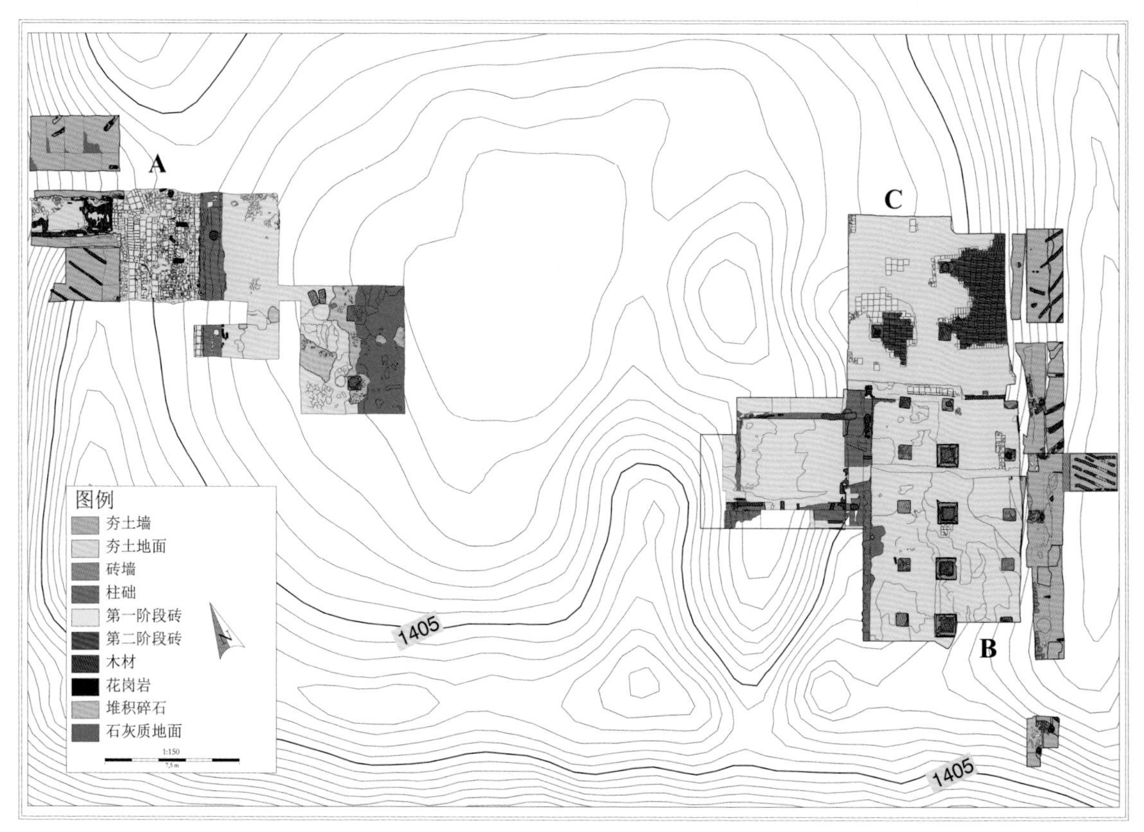


3 | 角楼内探沟平面图（2013—2014 年发掘），呈现出西门（A）和位于东南角的有庭院（C）的大厅（B）。平面图：霍夫曼 © 德国考古学研究所，波恩。

[1] 关于最近的发掘成果见 Franken et al., 2014。

4 | 西门：将角楼与寺院或宫城内部连接起来 © 德国考古学研究所，波恩 / 默尔。

5 | 角楼东南角被柱子分隔的大厅（从东南方所见）© 德国考古学研究所，波恩 / 默尔。

6 | 东部的夯土墙建筑，上部的木制锚固槽孔依然可见 © 德国考古学研究所，波恩 / 默尔。

7 | 大厅北部的庭院与北门，右侧的双层铺地砖可能表明不同的改建阶段 © 德国考古学研究所，波恩。

除门址外，角楼东南部还有大量堆积，它们应属于一处大型建筑。去除包含一堆粗糙且严重燃烧的 4 米厚的砖块堆积层后，揭露出一个 8 米宽、13 米长的房址（图 3B；5）。

房址内由柱子分隔，这些柱子很可能原来用于支撑屋顶。在柱础之间的活动面上，发现了一层蓝灰色砂浆。房址周围的墙壁残高约 1—3 米，并且使用了不同的建造技术。

角楼东墙基座以上部分，现存高度为 3 米，面朝整个寺院或宫城的东部（图 6）。整齐建造的木制锚固，呈对角放置在夯土中，用以支撑该墙体。每隔 2 米左右，就有一根直径 30 厘米以上的硕大木梁，作为墙体建筑的稳固框架。夯土墙壁上先覆盖干灰浆和搀砂石灰膏，然后涂上各种颜色。可以推测，南墙和北墙的砌筑方法与之相同。

房址西侧保存良好的 1 米高的墙体，与其他墙体的建造方法不同（图 5）。基础梁与立柱插接组成木结构骨架，在此之间填以数层夯土，从而构成墙体。尽管许多木骨架已经完全烧毁，但周围被火烧过的夯土中留下的孔洞和凹槽，通常可以揭示出原初木骨架和建造方式。

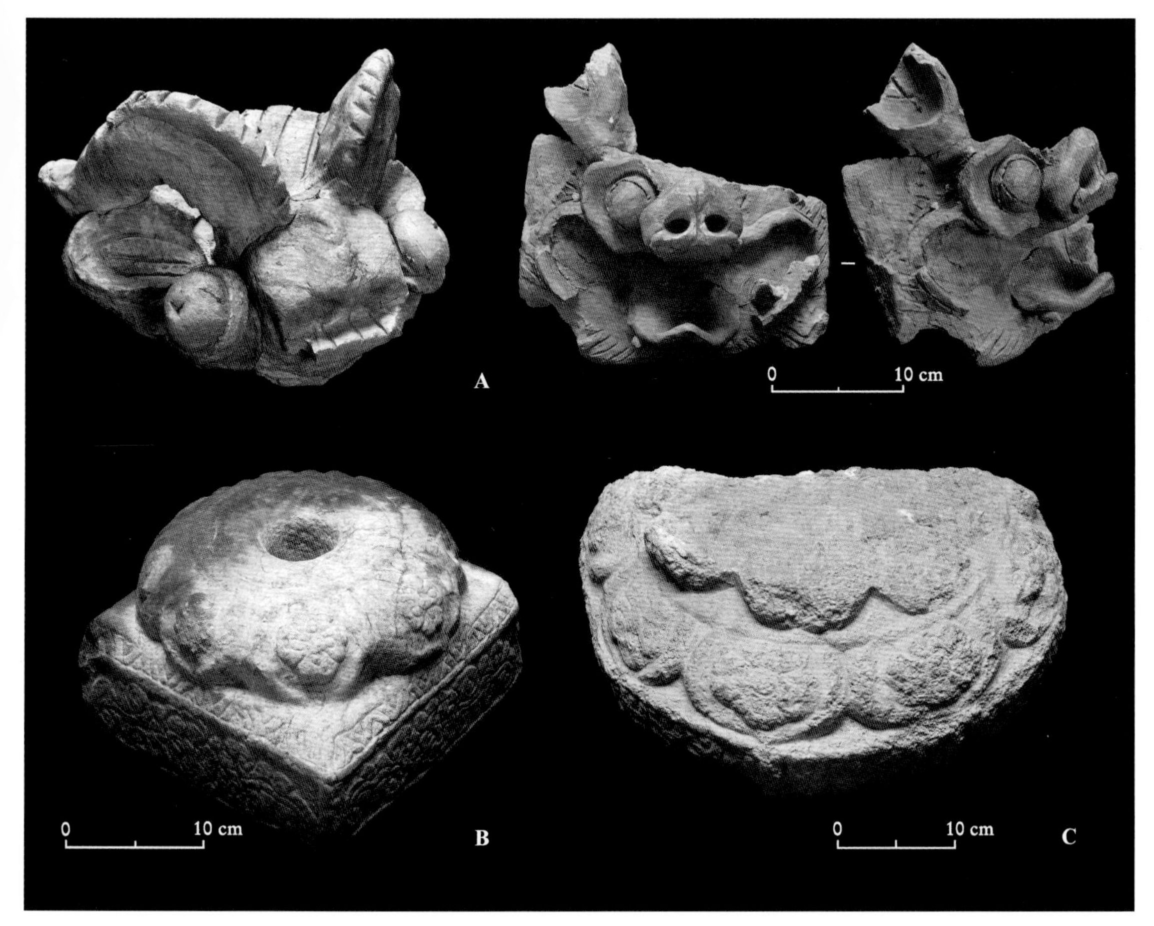


8｜角楼出土遗物，8—9 世纪，哈拉和林博物馆。A. 陶制动物面具，约 22×24 厘米；B. 花岗岩装饰石材，可能是柱子的支撑物，22×22 厘米；C. 建筑装饰残件（柱头?），直径约 19 厘米 © 德国考古学研究所，波恩 / 维泰尔桑。

从一小块保存较好的墙壁石膏层可以看出，这堵墙壁上原有涂色。2011 年，在角楼内发掘的墙壁显示出了类似的成分，并且表明这种类型的墙体构成建筑的内部结构。

在长 13 米、宽 10 米的大厅北侧，有一处由带顶的走廊环绕的庭院，其内的双层铺地砖表明，庭院可能经过一次或多次翻修（图 3C、图 7）。虽然西门与东南角建筑物之间的区域至今尚未全部发掘，但有迹象表明，这一区域可能是全部涂抹灰泥的庭院。角楼的中心区还保存有扰乱堆积，尚不能确定其功能及年代。再往北是保存良好的另一道门址，面朝北，宽 3 米，现存约 2 米高的墙体，可能是从寺院或宫城内进入角楼的另一入口。与角楼西侧门道相比，这道门同样以土、木建造，只是后者的木结构保存状况更佳。

从角楼的若干建筑设计细节来看，如墙体厚度、墙体原始高度、柱网结构、房间进深与面阔等，似乎不同于哈喇巴尔哈逊的其他已知建筑。较大的规模、良好的坚固性以及不同的建造细节，

9 | 角楼出土遗物，8—9 世纪，哈拉和林博物馆。A. 陶制瓦当，直径 12—13 厘米；B. 铜镀金配件，直径约 2.2 厘米，长 2.5 厘米；C. 有汉字的汉白玉石板残件，3.8×3.2 厘米；D. 铜镀金花饰，直径 9 厘米 © 德国考古学研究所，波恩 / 维泰尔桑。

均表明，这座建筑当是为某一特殊目的而建造。考古发现亦支持了这一推测。

最显而易见的是带有奇异面部特征的陶制动物面具（图 8A）。这些面具有小幅度凹曲，很可能放置在木柱上，充当守卫，以阻止不受欢迎的来访者。雕刻花纹的花岗岩可能是立柱的支撑物，精细的植物纹饰应出自技艺精湛的工匠之手（图 8B）。设计为花朵样式的四件镀金配件的制作工艺同样高超（图 9B）。上部带孔和有描金汉字的若干小石板残片表明，该建筑物除其他功能外，还具有宗教方面的作用（图 9C）。

由于整座建筑似乎毁于烈火，因此仅有少数木构件得以保留，且皆无装饰。

除现场调查外，还对在角楼内不同地点采集到的八件木料进行了放射性碳测年。最早的一组年代为公元 7 世纪下半叶至 8 世纪上半叶，另一组年代为公元 8 世纪后半叶至 10 世纪上半叶。根据这两组测年结果，尚不能确定该建筑的建造或重修时间。

仅从目前为止考古发掘或调查揭示出的地形和建筑特征，即可推测寺院或宫城和所谓的角楼应是权力空间所在。这些象征符号可能不仅在城市规划中具有重要意义，而且在整个回鹘汗国中亦是如此。因此，这些权力象征的含义及其实现方式成为研究的重点。在不同时期进驻此地的不同族群，均会面对这些令人印象深刻的、颇具威慑力的建筑。无建筑传统的游牧民族，如何转化这些权力的象征符号？其中可辨识出哪些诸如粟特或中国的影响？

与另一处重要且经过深入发掘的回鹘定居点遗址——位于图瓦的博尔—巴任遗址相比，可以合理地推测，哈喇巴尔哈逊受到中国以及在回鹘社会中扮演重要角色的粟特商人的影响[1]。在鄂尔浑河峡谷地区，克赫迪·克洛伊回鹘墓地的建筑和周围区域发现的遗物同样呈现出中国和粟特的影响[2]。

为了回答这些有趣的问题，我们首先需要创建一个更好的材料和信息数据库，它能为讨论整个城市的功能、单体建筑以及建筑细节等提供充足的线索。

---

[1] Aržanceva, 2012, pp. 42—43; 另参见图 3。

[2] Ochir et al., 2010, fig. 22.

# 回鹘旧都哈喇巴尔哈逊

## 城市布局和建筑结构

达　内

在过去的百余年中，拉德洛夫的《蒙古古物图志》[1]中著名的城市布局图是研究古代回鹘首都哈喇巴尔哈逊的唯一材料[2]。当2007年成立的蒙古—德国鄂尔浑考察队计划开展系统和科学的考古研究时，绘制一张新的平面图成为亟需解决的要事。考察队使用机载激光扫描，对该城市区域进行了地形学和考古学调查[3]（图1）。该城市的建筑面积约为32平方公里。城内面积较大的区域，尤其是南部地区，自清朝统治时期直至近代，因发展农业而被夷为平地。

## 城市布局

当分析哈喇巴尔哈逊的建筑遗迹时，值得注意的是，所有建筑物均按照古代回鹘或突厥的营造理念，沿城内路网分布，建筑皆为东西向，入口在东。该网格方向并非精确的正方向，而是顺时针旋转了27度[4]。一条主干道从北至南贯穿城市，两侧分布诸多建筑物、庭院、墙体或围墙。建筑的密度随与主干道距离的增大而递减。由于建筑布局多样，不易区分彼此。远离主干道的区域内有许多纵横交错、无体系的小路。某些建筑群共用同一围墙，还有部分单体建筑带有独立的围墙，边长可达300米。

哈喇巴尔哈逊城内可辨识出三组主要建筑群，位于保存较好的北部。其中最重要的建筑群是编号HB2的寺院或宫城遗址（图1）[5]，自19世纪末以来一直是研究的焦点。

该建筑群的布局与中亚地区大多数回鹘或古突厥带围墙建筑相似。但中亚地区的这些建筑群常常独立存在，附近无任何居住区。它们可能与古突厥遗址中的行政中心或季节性营地相似[6]。目前

[1] Radloff, 1892.
[2] Radloff, 1892, Taf. XXVII: 1—2.
[3] 参见弗兰肯文章，第17—25页。
[4] 以下所有方向均以简化形式给出，即给出方位基点。
[5] 该标记已由蒙古—德国鄂尔浑考察队项目作出。由于区域特征依然不明，故而将其称为宫殿或寺院建筑群。亦参见Arden-Wong, 2012, p. 30, n. 90。
[6] 参见Perlee, 1961, Kyzlasov, 1969和Danilov, 2004摘要。因无任何考古学研究，故确定城墙与其他要塞的年代尤为困难。

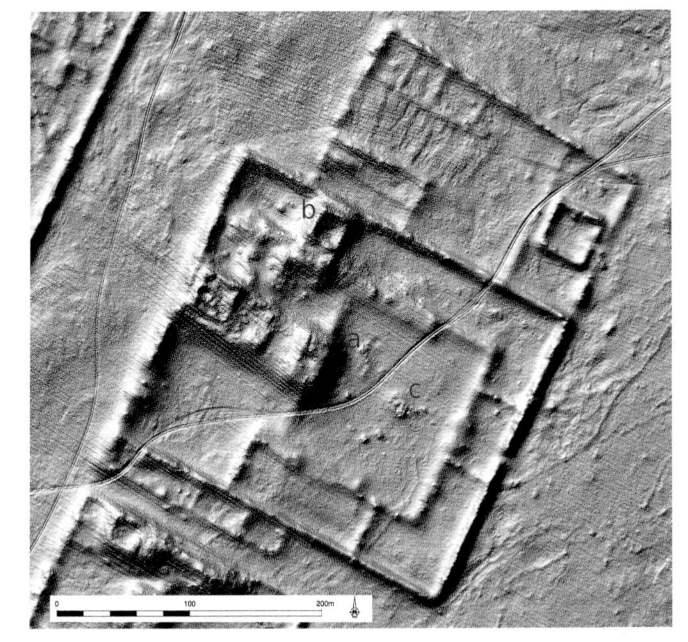


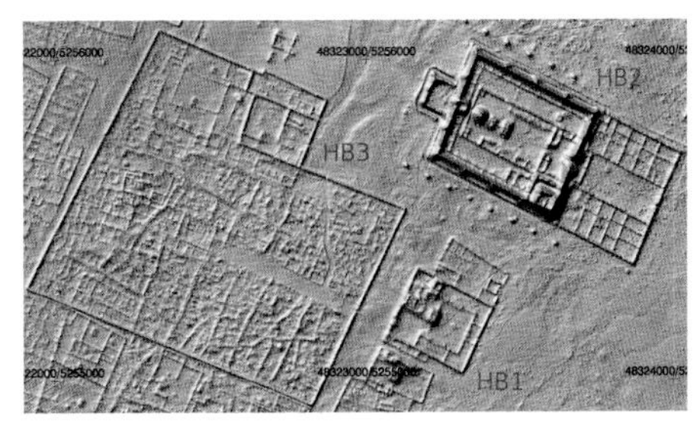


1 | 哈喇巴尔哈逊城市区域北部三组主要建筑群的数字地形模型。平面图：Arctron 股份有限公司 © 德国考古学研究所，波恩。

2 | 带双重围墙的 HB1 建筑群的数字地形模型，包括中心建筑（a）、邻近建筑（b）和三语石碑（c）。平面图：Arctron 股份有限公司 © 德国考古学研究所，波恩。

最佳类比对象是图瓦的博尔—巴任遗址。它的布局和内部规划，与哈喇巴尔哈逊城内的寺院或宫城十分相似。然而，博尔—巴任遗址是孤立的，周边无任何居住区。此外，哈喇巴尔哈逊还呈现出若干与博尔—巴任显著的差异（见下文）。

回到哈喇巴尔哈逊的城市布局。初看起来，寺院或宫城建筑群的位置颇为特殊：位于城内建筑物聚集的东北端。同时，北部尚保存有若干建筑物，东部则无建筑。考虑到回鹘建筑皆朝东，这组建筑的东侧空地以及东侧的唯一入口非常值得注意。根据主干道的走向和两侧建筑物的结构，入口的位置似乎并不恰当。这一问题目前尚无明确答案。从建造角度来看，寺院或宫城建筑群的东部，因靠近鄂尔浑河而较为潮湿，不适宜修造建筑；北部邻近区域亦为不适合作为建筑用地的沼泽地。这可能是所有其他建筑均向南部和西部延伸的原因。城市不同区域同时并存是另一种思考路径。寺院或宫城区原本可能是突厥人的文化行政中心——乌德犍山[1]，回鹘人沿而用之。因此，最初的单一建筑群逐渐发展成为一座宏伟的中心城市——公元 744 或 745 年回鹘汗国建立后的鄂尔都八里。寺院或宫城区以南数百米有另一组主要建筑群，带有双重围墙，编号 HB1（图 1），其中心处发现了著名的三语石碑[2]。

[1] 乌德犍山（*ötükan*）被认为是世界的中心，控制它的人可获得上天的支持。这是古突厥、回鹘与之后蒙古人共享的信仰。参见 Dähne 2016, pp. 31—33; Hüttel and Erdenebat, 2011, pp. 3—4。

[2] 雅德林采夫于 1889 年发现了毁坏的碑文残件（Jadrincer, 1892, pp. 51—113），这引发了进一步的研究。虽然此碑铭中未提及哈喇巴尔哈逊，但其对回鹘历史意义重大。以古突厥文、粟特文和汉文镌刻的碑文赞扬了爱登里啰汩没密施合毗伽可汗及其前任的军功（808—821 年），以及回鹘人改信摩尼教等内容。许多历史事件仅以此碑文获知。因此，这是关于回鹘首位可汗与摩尼教历史的重要材料。

3 |（从东部所见）哈喇巴尔哈逊三语石碑，背景为中心建筑 © 德国考古学研究所，波恩。

以上两组带围墙建筑群的南部和西南部的多数建筑既难分彼此，亦未见被墙体或街道分隔出的大型区域。唯一的例外是主干道北端西侧、围墙边长 1000 米的区域，这组建筑群编号 HB3（图 1）。它的入口在东侧，直接与主干道相连。围墙之内有一个边长约 500 米的广场。

当分析整个城市布局时，城墙的缺失就值得引起注意。显然该城市只需要对通向鄂尔浑山谷中部的主要通道加强防御。西部的堪加和东部的鄂尔浑河是城市的天然屏障，修建城墙并无必要。因此，作为中国城市布局关键特征之一的城墙与城门，并未体现在哈喇巴尔哈逊中。当然，哈喇巴尔哈逊的若干其他特征的确反映了中国都城规划的影响[1]，但并无唐长安城中那样的严格的中轴线。事实上，相对于主干道而言，所有重要建筑的入口均非合宜。至于寺院或宫城区以南的居住建筑，观察东伊朗同时期的城市，或许会得到有益的线索。古代片治肯特的粟特城内主干道两侧，同样齐整地分布着众多建筑。

以上关于城市布局的初步设想，可能会随着对建筑更详细的考察而进一步深化。

---

［1］ Arden-Wong, 2012, p. 37.

## HB1 中心建筑

HB1 有双重围墙，遗址平面呈方形，边长 250 米（图 2）。东侧设双重门。中心庭院的西侧有一处带有独立围墙和入口的中心建筑（图 2a）。再往西，外墙与内墙之间分布着彼此毗邻的建筑。三语石碑位于庭院中央（图 2c）。建筑群的布局表明，石碑与建筑结构之间存在联系。中心建筑西侧是一处彼此毗连的建筑，这一建筑或是围墙西北角的附属建筑（图 2b）。除这处附属建筑外，其他建筑均位于建筑群的东西主轴线上。由于三语石碑是为纪念回鹘人接受摩尼教而立，故兰司铁将这组建筑群推测为举行祭典的场所[1]。这一推测现已被蒙古—德国鄂尔浑考察队项目的考古学证据证实。

蒙古—德国鄂尔浑考察队为详尽解释这一带围墙的建筑群及其结构，发掘了中心庭院西端的中心建筑。该建筑有平台，平台上附有坡道和台阶。尽管哈喇巴尔哈逊仅存在了一百年，但该建筑至少存在两个建造阶段。平台内部及相关部分均以夯土或少部分土砖筑成，采用了当时中亚地区常见的建造技术[2]。建筑东部的薄黏土层可确定为庭院的活动面，平台面高于庭院活动面约 2.40 米。平台主体部分呈长方形，东西宽 22 米，南北长 45 米，由 5 厘米厚的黏土层覆盖。40 厘米厚的倒塌堆积掩埋了该建筑的大部分。堆积中包含有唐代风格的屋顶构件，如瓦当残件等。

在建造的第一阶段，平台西部和东部增加了辅助登临设施（图 4，左）。平台既能够由西侧台阶进入，又可通过东侧中间两段较平缓的坡道登顶。侧面的柱子和木梁等附加构件增强了坡道的稳固性。除北部、西部和南部边缘残留的土坯墙体外，平台还有未完工的表面。墙壁内侧涂以灰泥，特别是在西墙内壁还发现了大量绘画残迹。

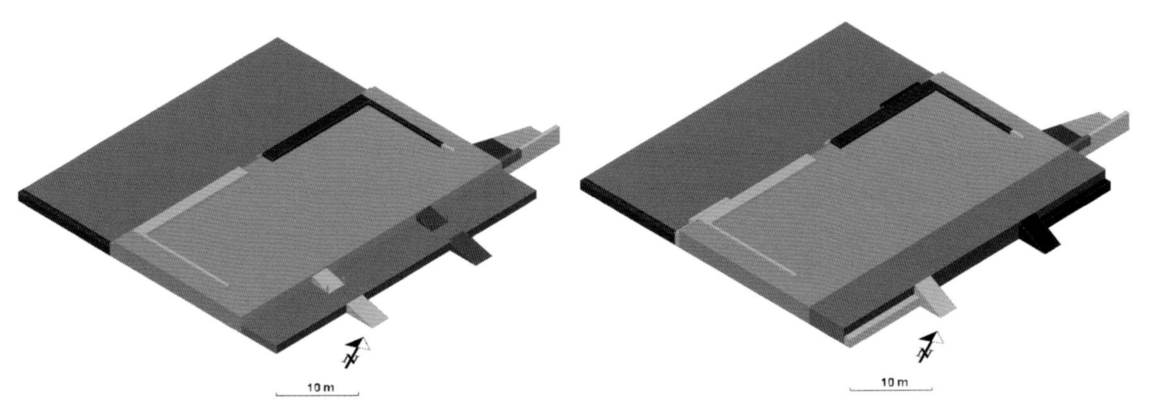


4 | HB1 中心建筑的第一建造阶段（左）和第二建造阶段（右）模型。浅灰色：主平台；中灰色：附加台阶；深灰色：斜坡；棕色：土坯墙；黄色：重构或未确定的建筑物；黑色：在第二阶段中的变化。平面图：达内。

[1] Hüttel and Dähne, 2012, p. 422.

[2] 建筑墙体与其他建筑物使用夯土、黏土和木头建造，并被打夯压实 (Alfimov et al., 2012, p. 3; Knapp, 2000, pp. 103—104)。

在建造的第二阶段（图 4，右），考古证据表明，通过增加中间部分的高度，主平台向东进行了扩展。从中心庭院登上平台的坡道更加陡峭，无中间平缓段。建筑重修的原因尚不清楚。建筑彼此之间的关系表明，中心建筑很可能是与整个建筑群一起修造的。然而，石碑是公元 9 世纪中期才被矗立于庭院中央的[1]。中心建筑可能是在石碑建造过程中重建的，此时建筑群也转化为摩尼教祭祀圣地。未完成的带围墙（除面向庭院的一面外）的平台，可能与摩尼教庇麻[2]节有关吗?

## HB2 中心建筑

HB2，即所谓的寺院或宫城区，是哈喇巴尔哈逊城内保存最完好的遗迹。它位于主干道东北端的一处边缘之地[3]。该区主体部分呈长方形，长 404 米，宽 360 米，被一道高达 8 米的墙体环绕。从斜坡的较宽面可以明显地看到，围墙内至少有 17 座塔式建筑。寺院或宫城区的内部也仅能通过东门进入，东门外设有防御设施，包括一道矮墙，可能还有塔楼或门楼（图 5c）。穿过另一道门，可以进入中心庭院（图 5b）及其西端建筑。该建筑（即所谓的东山）、庭院、更西的建筑（西山）以及一座佛塔，形成了位于中轴线上的主体建筑群（图 5a）。这种结构类似于中亚类型的窣堵波[4]，且使用了夯土技术[5]。这显示出该建筑群具有宗教功能。角楼等其他建筑则表明了行政或宫殿功能[6]。在主体建筑群东侧有一个由矮墙围成的区域，向东延伸 315 米。中轴线上有一条 120 米宽的通道，两侧分布有矩形建筑。除内部的大塔外，还分布有若干类似的与南、北墙体平行的小塔，南墙外 8 座，北墙外 6 座。

蒙古—德国鄂尔浑考察队已经在东山、西山和角楼展开发掘，但均未完全完成。本文重点讨论位于佛塔和东山之间的西山，此处进行了迄今为止最广泛的发掘[7]。

---

[1] Mackerras, 1972, pp. 184—190.

[2] 庇麻（*Bēma*，希腊语）：平台、舞台或审判员的座位。最先，它用于描述摩尼教节日升起的王座，人们在此庆祝斋戒月的结束。此后，该节日以此命名。摩尼教选民、一般信徒和听众聚集在一起唱圣诗与朗诵教规文本，以忏悔其过去的罪孽。人们相信摩尼本人会在这一典礼中降临，并且亲自给予赦免。庇麻（王座）灿烂的装饰是摩尼从光明世界到来淋漓尽致的象征 (Sundermann, 1990)。

[3] 参见弗兰肯文章，第 18 页，图 1。

[4] 与蒙古—德国鄂尔浑考察队项目负责人赫尔博士的私人通信。亦参见 Hüttel and Erdenebat, 2011。

[5] 除了腐烂木梁形成的典型孔洞遗迹之外 ( 参见 Arden-Wong, 2012, p. 32)，亦有可能因为孔洞更大，而被认为是壁龛。

[6] 参见弗兰肯文章，第 17—25 页。

[7] 在发掘过程中，诸多建筑物很明显已经被以前的调查破坏了。马斯科夫在 1912 年和基谢廖夫在 1949 年进行过两次发掘 (Dähne and Erdenebat, 2012; Hüttel and Dahne, 2012; Hüttel and Dahne, 2013)。

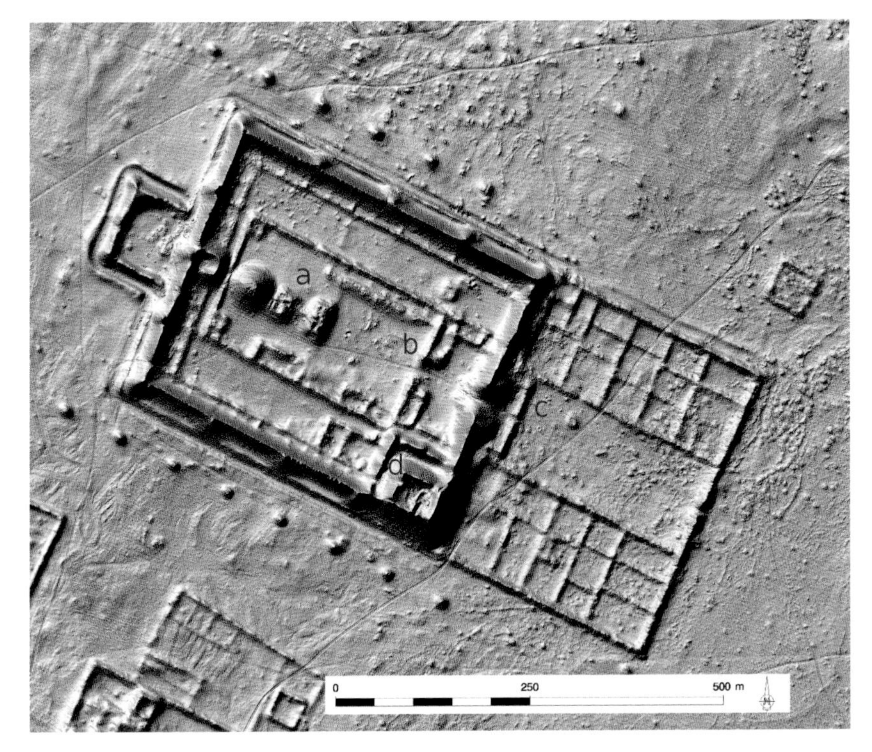


5 | 带双重围墙的 HB2 建筑群的数字地形模型，包括中心建筑群（a）、由东侧进入的中心庭院（b）、主要入口或门（c）和角楼（d）。平面图：Arctron 股份有限公司 © 德国考古学研究所，波恩。

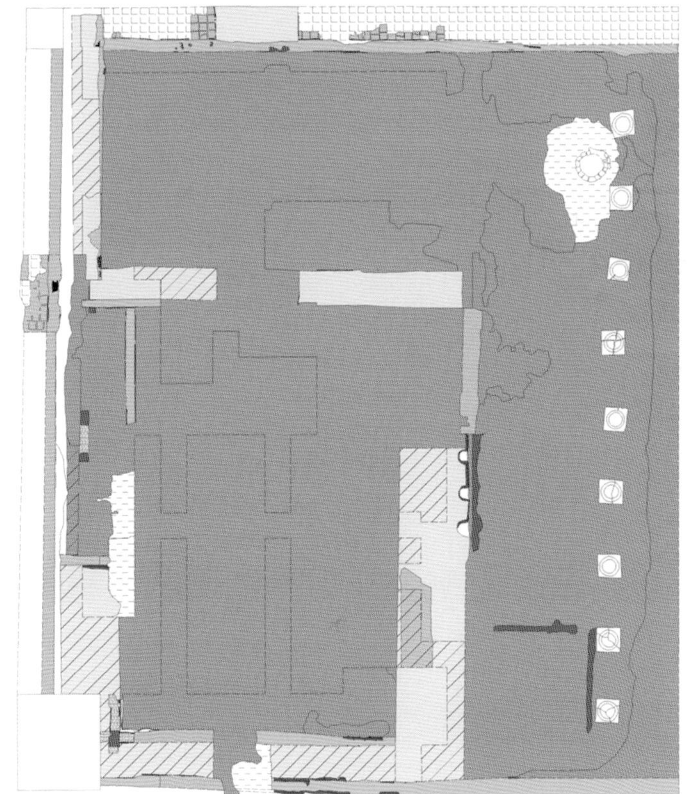

6 | 西山建筑布局平面示意图。平面图：Arctron 股份有限公司 © 德国考古学研究所，波恩。

## 西山建筑

西山建筑亦建于夯土平台上（图 6）。所有遗迹亦被包含诸多瓦片碎块的倒塌堆积覆盖。与双重围墙的建筑群中的建筑相比，地表尚存建筑结构。地面建筑平面呈长方形，长 29 米，宽 22 米，这可由原地保存的灰泥残件以及北、西、南侧的墙体证实[1]。东部的一排柱础应是这座地面建筑的东界（图 7）。内墙使用了不同的建造技术。除厚达 1.50 米的夯土墙外，稍薄的墙体以土坯建造，此外还可见到木骨泥墙。地面建筑的北侧和西侧保留有走廊的若干遗迹。走廊宽约 1.30 米，以黏土烧制成的方形土砖铺地。该建筑中，最重要的是东边由北至南排列成一排的九个柱础。每个柱础包含一个立方体基座，表面呈方形，边长在 92—96 厘米之间；直径 54 厘米的柱脚位于基座中心，周围有十六瓣莲花形花瓣装饰（图 8，左）；若干柱脚上的变色与木炭碎粒表明，柱子原为木制。九个柱础的装饰相同，但保存状况不同。值得注意的是，柱础的莲瓣装饰已经被故意毁坏。这种莲瓣装饰明显受到了中国的影响。莲花图案是唐代建筑中的常见元素[2]。然而，这些柱子的排列方式并不常见。按照中国样式，建筑内前部柱子间的间距（间）应为奇数，中间的一“间”

7 | 发掘过程中的寺院或宫城区的西山。前面：一排柱子；背景：（从东部所见）中心塔式建筑 © 德国考古学研究所，波恩。

---

[1] 建筑大概是木结构的。这种类型的建筑物仅使用柱和梁作为承重构件。在发掘过程中未发现有承重墙的痕迹，墙体只是作为内部的分隔或外墙 (Thilo, 1978, p. 51)。

[2] Arden-Wong, 2012, pp. 15—16. 王国豪注意到，莲花等佛教的象征符号在唐代的建筑中得到了大力发展，而且可见于官署及宫殿遗址中。

8 | 左：有莲花装饰的柱础细节；右：雕刻棋盘残件 © 德国考古学研究所，波恩。

位于中轴线上，且通常更宽[1]。但这座地面建筑有九根柱子，间距为偶数。所有柱础的位置均已确定无疑，因此柱子的奇数应为有意设计。建筑内部南北宽 28 米，每根柱础中心点之间的平均距离恰好为 2.8 米[2]。

我们不必纠缠于该建筑的细节[3]，但另有一点值得注意。众所周知，古代突厥或回鹘社会中，数字命理学基于数字 3 与其倍数，尤其是数字 9 和 12[4]，如 12 意味着"光之存在"[5]。正如城市规划中已显示的，当分析建筑布局时，必须考虑粟特和摩尼教的影响。寺院或宫城区西山地面建筑内的九个柱础很可能具有摩尼教而非佛教意义[6]。同样，遗址中发现的某种图案亦可能与摩尼教有关：它是一种象征符号，类似连珠棋或九子棋等棋类的棋盘，被雕刻在烧制过的黏土板上（图 8，右），迄今共发现 3 件。这是十二子棋的变种，棋盘上有三个同心方框，方框四角及四边用线连接，可能是摩尼教版本的十二石游戏，由圣殿骑士在十字军东征期间引入欧洲[7]。同样的图案亦发现在可能为游戏玩具的羊距骨上。

[1] Thilo, 1978, p. 54.
[2] 包括外柱和墙体之间的空隙。
[3] 参见 Dähne, 2016。
[4] Gabain, 1953, p. 549. 正如伊斯兰教文献以及中国文献中提及，我指的九姓乌古斯（Tokuz Oguz）这个名字（古突厥语：九个部落）为回鹘统治下的游牧联邦 (Mmorsky, 1948, p. 290; Hayashi, 2009)。
[5] Klimkeit, 1982，p. 9.
[6] Hüttel and Dähne, 2012, p. 430.
[7] Hüttel and Dähne, 2012, p. 430.

# 结　语

虽然在哈喇巴尔哈逊中可见明确的中国影响，尤其反映在装饰上，但该城市不能仅被认为是一座中国城市。它亦受到了粟特和摩尼教的影响，当然，对此还需要进行进一步的考古研究。

研究最为充分的早期回鹘遗址博尔—巴任可与哈喇巴尔哈逊的宫城或寺院区进行对比，二者呈现出若干相似之处，如基本规划、东西朝向、墙体建造技术以及初看起来的内部区域。然而，哈喇巴尔哈逊在早期回鹘历史中扮演了更为重要的角色。在此，回鹘的权力中心和首都的重要性亦反映在建筑中，包括寺院或宫城区中心建筑和角楼中体现的粟特对可汗和其他精英的影响[1]。汉式瓦当等屋顶构件或装饰并未造就一座中国城市。毫无疑问，哈喇巴尔哈逊受到中国都城规划的强烈影响，但如已被证实的，还存在一些与中国风格差别显著的特征，它们表明，建筑中具有更浓厚的“回鹘风格”。

[1] 参见弗兰肯文章，第25页。

# 回鹘文识读

## 一件木板上的草写回鹘文

拉施曼

## 引　言

在编撰柏林吐鲁番藏品中的古代回鹘文献的三卷目录时，我遇到了许多古老的草写回鹘文[1]。其中若干是书写者或阅读者的笔记或简短跋文[2]，而其他则疑似写作练习或不同文献的草稿[3]。这些草写文存于古代回鹘纸质手稿和木版印刷的残件上。

不过，古代草写回鹘文亦存留于纸质之外的其他材质上。如佛教石窟壁面上的草写文，有时甚至题写在壁画上（非题名框中的题记）。此外，草写文字亦见于纺织品和木制品上[4]。

佛教石窟壁面乃至壁画上草写文的作者通常是朝圣者。正如茨默所言，若干草写文甚至写成了押韵的诗句[5]，但它们大多不涉及壁画的构成或内容。这些草写回鹘文题记的重要性在于传递了丰富的人名材料以及证实了地名[6]。

## 木板 III 307

### （一）木板本身

这件木制品或更具体地说木板，其功能尚不清晰。目前学者更倾向于认为它是家具构件，而非建筑构件。

[1] 参见 Raschmann, 2007: VOHD 13, 21; Raschmann, 2009: VOHD 13, 22: Raschmann and Sertkaya, 2016: VOHD 13, 28。

[2] 德文称为 Schreibernotiz，即书写者笔记；Schreiberkolophon，即书写者题署；或 Lesernotiz，即读者笔记；Leserkolophon，即读者题署。参见 Raschmann, 2007: VOHD 13, 21，目录号 245、247、253; Raschmann, 2009: VOHD 13, 22，目录号 475—478、481—483、487、489—490、493—494、496、498、500—502、504、506—513、516、518—519、522、525—528、531—535、537—539、542、544—547、549—551、553、568、572、574—577。

[3] 参见 Raschmann, 2007: VOHD 13, 21，目录号 238—239、241—244、249—254; Raschmann, 2009: VOHD 13, 22，目录号 474、479、484—488、491—492、495、497、499、505、517—518、520—521、523、529—530、536、538、552、554—556、559—561、563—564、566、569—571、573—574、578。

[4] 柏林亚洲艺术博物馆吐鲁番藏品中保存有古代回鹘文题记的木制品，参见：III 4672、III 4679 a-b、III 4751、III 4752、III 4773、III 7279、III 7534、III 7535、III 8092、III 8334、III 8351（Raschmann, 2009: VOHD 13、22，目录号 288—289、539—547）。

[5] Zieme, 1985, pp. 189—192: nos. 59, 60; Zieme, 2013, pp. 181—195.

[6] 参见松井太, 2011, pp. 141—175。

III 307 木板长 815 毫米，宽 318 毫米。它的具体出处不明，可能与编号为 III 313 的木制品（图 11）一起被发掘出来。两者曾同时见于一张老照片中。早期的目录卡片对 III 307 描述如下：

大型木板（建筑构件），纵向分开，带有几个小销孔和两个较大的方形穿孔。双面写有回鹘文字体。残留红色印迹。[1]

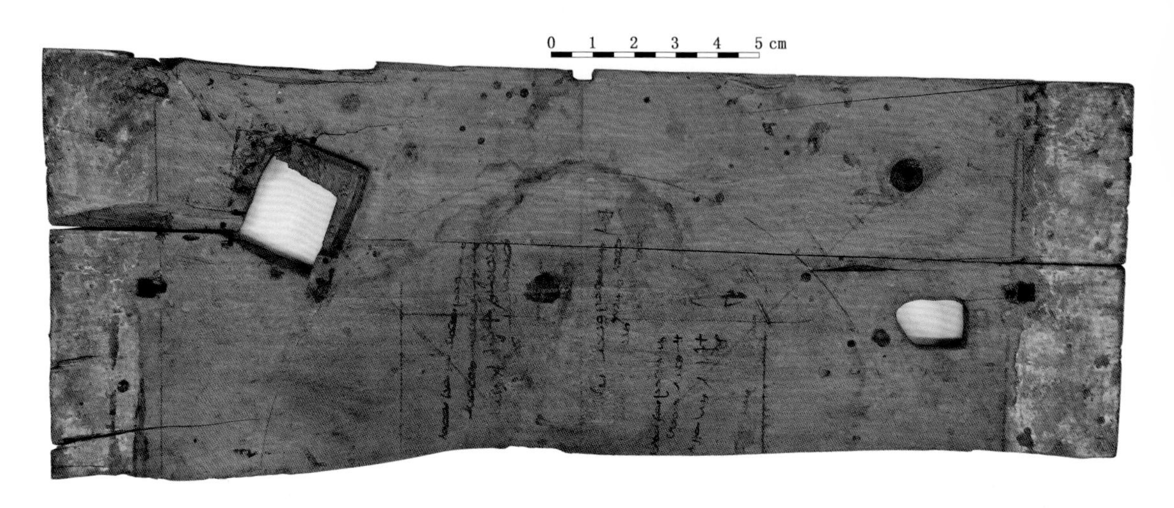


1 | III 307 木板，815×318 毫米，A 面 © 柏林亚洲艺术博物馆 / 利佩。

2 | III 307 木板，B 面。

[1] *"Großes Holzbrett (Architekturteil), längsseitig gespalten, mit mehreren kleinen Dübellöchern und 2 viereckigen größeren Perforationen. Uigurische Schrift auf beiden Seiten. Reste roter Farbe."*

3 | III 307 木板，A 面，局部。

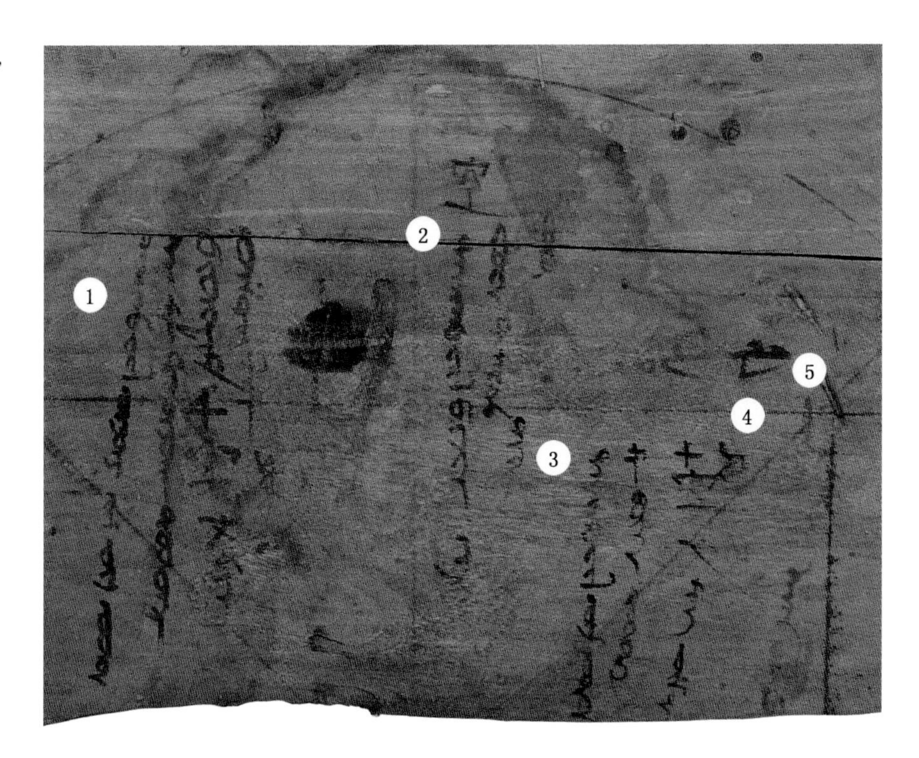


这里需要提及的是，木板的 A 面上还有若干黑线，看似一张工程图，但意图未知。

木板 A 面，左、右两侧分别被一条黑色垂直线分隔开[1]。在此区域内，残留的白漆地上可见上文提及的若干红色遗痕。根据木板上保留的数行文字推断，至少缺失了下部狭窄的一小块。

木板 B 面，两条黑色垂直边界线亦留存下来。根据文本行的竖直阅读方向，黑线位于木板的顶部和底部。与 A 面相反，除仅有的 15 毫米宽的边缘带外，B 面全部区域（宽 65 毫米）皆未着漆。边缘带则完全涂上白漆地，并在上面施以鲜红色。

## （二）A 面的草写回鹘文

A 面的草写文分成五个部分，如图 3 所示。

①

| | |
|---|---|
| /1/ takıgu yıl üčünč ay üč otuz | 鸡年三月廿三日， |
| /2/ -ka m(ä)n *toyunčog* tutuŋ | 我，道云啜（*Toyunčog*）都统， |
| /3/ bitidim 千字文 ming | 书《千字 |
| /4/ üžük[2] -lär čızı [g]ı | 文》讫。 |

[1] 所有描述根据其上保存文本的阅读方向给出。

[2] 识读根据语境给出。可能非训练有素的书写者所写，内容亦可能读作 *üžtä*。

这一简短文本中出现了书写者名字，即道云啜都统。按照惯例先写日期。虽然此句完整，但纪年为中国的十二生肖，无法精确到具体年份。

另外，书写者提及了《千字文》。《千字文》是中国的一篇著名韵文，用以识字。该草写文既包括了汉字标题“千字文”，亦包括了古代回鹘文译名“*ming üžüklär čızıgı*”。《千字文》亦被译成其他语言，其中的字用于编号（例如书籍）。敦煌和吐鲁番的出土品中亦曾发现《千字文》。到目前为止，存世的中亚手稿藏品中保存有五件古代回鹘文《千字文》残件[1]。梅村坦和茨默在最近的著述中概述了这些古代回鹘文本中与汉文相对应的部分[2]。他们辨认出第 1—38、82—101、104—146、224—241 的残存语句。这意味着《千字文》中共有 440 个字对应有古代回鹘文[3]，已接近半数。但如前所述，残句分散在五件不同的手稿中。III 307 木板上的文本可以作为古代回鹘时期《千字文》广泛传播的新证据。

②

| | |
|---|---|
| /1/ 空 takıgu yıl bečin-*niŋ* | 空 鸡年，猴的（？） |
| /2/ *yo<n>t* (?) takıgu | 马（？），鸡 |
| /3/ tak[ıgu] | 〔鸡〕 |
| /4/ *yont* | 马 |

在第二文本列顶部的汉字“空”（即梵文佛教用语中的 *śūnyatā*）是《千字文》第 55 句的第一个汉字：“空谷传声，虚堂习听。”[4] 按照排列顺序，“空”字属于第 1—1000 字之间的第 217 字。但是，该字在此是否与《千字文》有关？尚未完全清晰。

“空”之后的古代草写回鹘文不能认为是连续的文本，很可能是对纪年形式的写作练习。

③

| | |
|---|---|
| /1/ takıgu yıl üč otuz*[ka]* | 鸡年，在廿三（日） |
| /2/ m(ä)n buyan *tutuŋ* [*bitidim*] | 我，普颜都统［写讫］ |
| /3/ 千字文 ming üžük[lär] | |
| /4/ ČY[5] | 《千字文》。 |

这段文本和文本①非常相似。但是，在纪年中未提及月份，且是由另一位名字叫普颜都统的人所写。方括号中的内容为根据 A 面的文本①添加。

[1] 参见 Zieme, 1999；西胁常记，2002；庄垣内正弘、亚库甫，2001；庄垣内正弘，2003, 2004, 2008；梅村坦，Zieme, 2015。

[2] 梅村坦，Zieme, 2015, pp. 3—13。

[3] 梅村坦，Zieme, 2015, p. 4。

[4] “空谷传声，虚堂习听”英译为：“The empty valleys broadly resonate; in hollow halls wisely officiate.” http://www.camcc.org/_media/reading-group/qianziwen-en.pdf（2016 年 9 月 21 日）。

[5] 仅保存了这些字母。就我们所能见到的，字体在此中止。它最有可能是 *čı[zıgı]* 一词的开头。

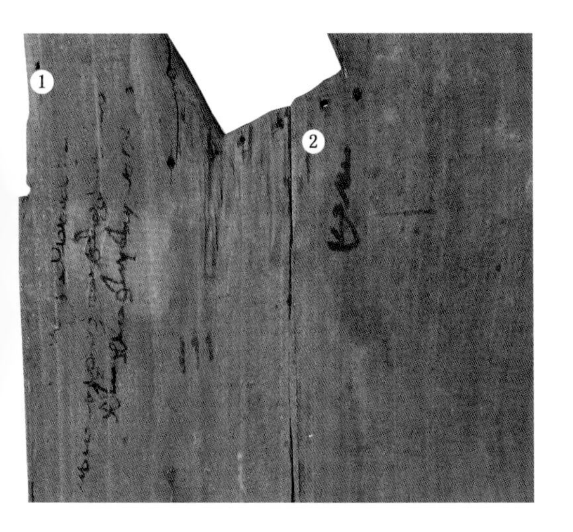


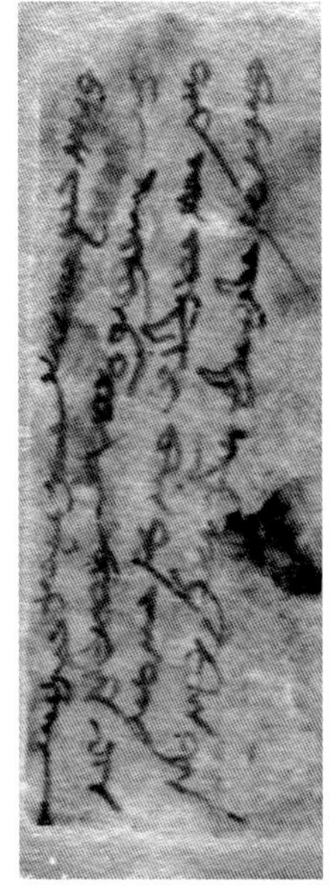

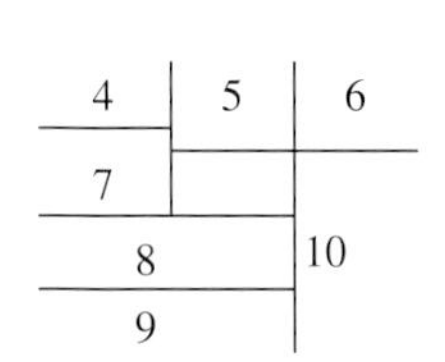


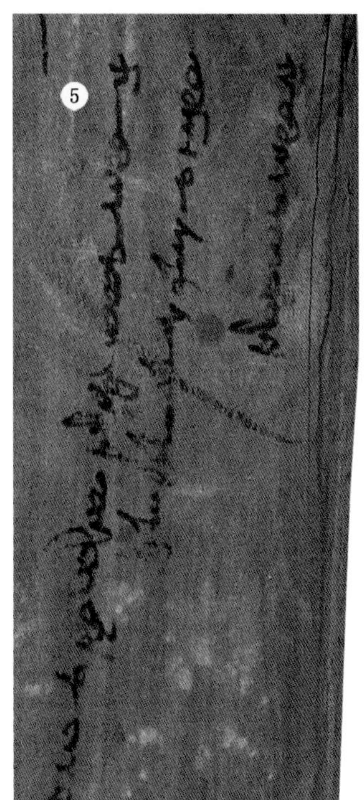

4 | III 307 木板，B 面，局部（文本①—②）。
5 | 古代回鹘语文献 *U 9054（阿拉特编号 40），局部：ll. 1—4. © 伊斯坦布尔阿拉特遗产，照片由赛力海牙惠赐。
6 | III 307 木板，B 面，局部（文本③）。
7 | III 307 木板，B 面，局部（文本④）。
8 | 古代回鹘语残片，搁架编号 U 40 © 柏林・勃兰登堡科学院在柏林国家图书馆东方部寄存品。
9 | 梵语残片，搁架编号 SHT 794，局部 © 柏林・勃兰登堡科学院在柏林国家图书馆东方部寄存品。
10 | III 307 木板，B 面，局部（文本⑤）。

④

*üž[ük]-lärin č[ızıgı]*　　《千字文》

此行文字已经褪色。这一释读是根据相邻文本补全的。很可能只有题目 *ming üžüklär čızıgı*《千字文》中的一部分存留。此外，由于木板下部的小块被切去，末端文本行亦残缺了。

⑤

yıla[n y]ıl-*ta*　　在蛇年

此文的书写方向有变，以中国的十二生肖纪年为开头，或为另一种写作练习。

## （三）B 面的草写回鹘文

①

| | |
|---|---|
| /1/ [ ] yıl törtünč *ay* /[ ] | [ ] 年，四月 [ ] |
| /2/ P [ ] [1] *tu[tuŋ]* bitidim *ögdik* bolzun yazok | 我，P [ ] *Tu[tuŋ]* 写它。<br>愿它带来喜悦！ |
| /3/ [bol]mazun sadu sadu ädgü [2] ädgü | 愿无罪（或：失败）！善哉，善哉！ |

文本的若干部分已经褪色。纪年以及书写者的名字均已残缺且无法补全。人名的后一部分可依照木板上的其他名字复原，因为在其他文本中，人名的第二部分几乎全部有 *tutuŋ*。残损短语 *ögdik bolzun yazok [bol]mazun* 的复原是基于木板 B 面上文本⑤的识读和遗失残片 *U 9054 上的相似文本：(1) *bars yıl üčünč ay altı yaŋıka* (2) *m(ä)n kanımdu tutuŋ bitidim čız* (3) *-tım ögdik bolzun yazok* (4) *bolmazun ädgü ädgü sadu sadu bolzun* (5) *m(ä)n apıg čız* (6) *-tım*。这件残片的黑白照片保存在伊斯坦布尔阿拉特遗产中，阿拉特编号 40 [3]。

该短语在这件木板上的草写文中共出现三次。除本部分之外，还见于 A 面文本③和 B 面文本⑤。

②

*ıt yıl*　　狗年

类似于 A 面文本⑤，可见中国十二生肖纪年的开头。抑或为写作练习。

---

[1] 不幸的是，在以 P- 开头之后，个人名字的第一要素字体完全褪色。

[2] 在此必须提及，*ädgü* 总是有不同寻常的拼写 ’’DKWY。

[3] 参见 Raschmann and Sertkaya, 2016: VOHD 13, 28，目录号 40。

③

| | |
|---|---|
| /1/ *ıt* [yıl ...] *ay* iki yaŋıka maŋa | 狗［年］,［　］月，第二天。 |
| /2/ b[o]lmı[š] ///-kä *asıg[ka] bor*[1] *k(ä)r[gäk bolup]* | 我，布鲁迷失 ///，需要酒（或：*böz*“棉布”？）作为支付利息的回报 |
| /3/ /LYNKWZ körmiš /// | LYNKWZ Körmiš ///// |
| /4/ *T//// //// asıg birlä köni* | T //// //// 和兴趣一定将 |
| /5/ *ber[ür män] b[e]r[ginčä kodı] örü* bolsar m(ä)n | 回报。以防我在返回时离开， |
| /6/ *ävtäki[lär]* köni berzün *[bo]* tamga m(ä)n bolmıš | 属于我家的人一定会偿还。［此］印记（*tamga*）是我的，（的）Bolm [ıš]. ///// |
| /7/ /////[2] *ol sinha šri praba ayıtu biti[dim]* | 我，*Sinha Šripraba*，从口述记录。 |
| /8/ ögdik bol[zun] yaẓok *bolmaẓun* | 愿它带来喜悦！失败（或：罪恶）可能不是！印记 |

现存文本是借酒（古代回鹘语：*bor*）或棉布（古代回鹘语：*böz*）[3]的契约。文本的大量段落已经褪色或难以识读。因此本文的识读和解释仅是初步的。由于文本末端保存有一枚黑色的印记（*tamga*），因而不能确定是否应仅将其视为一份草稿。文本中的若干段落根据已知古代回鹘借款契约进行了复原。除了暂时识读为 Sinha Šripraba 的书写者名字，契约中当事人的名字仅保留了一部分。这一契约出现在木板上着时令人惊讶，并且尚不能完全解释，仅把它当作一件事实看待。

④

| | | | | | | | | |
|---|---|---|---|---|---|---|---|---|
| ’(aleph) | v/f | γ | w | z | x’ | y | k | d |
| m | n | [s] | p | c | q | r | š’ | [t　l] |

这是一篇不完整的（Sogdo-）回鹘文字母表的写作练习。ABC 字母练习亦见于柏林的吐鲁番手稿中，如 Ch/U 6555 v、U 40、So 20127、SHT 794[4]。

⑤

| | |
|---|---|
| /1/ m(ä)n buyan tutuŋ[5] bitidim ögdik bolzun yazok | 我，普颜都统写它。可能带来喜悦！失败（或：罪恶） |
| /2/ bo<l>mazun"[6] sadu sadu ädgü ädgü | 可能不！善哉，善哉！ |
| /3/ m(ä)n buyan T////[7] bit(i)dim | 我，普颜 *T[utuŋ]*(?)，写它。 |

［1］或读作 *böz*?
［2］此行第一个词似被删除。
［3］Raschmann, 1995；松井太，1997，pp. 99—116；森安孝夫，2004，p. 231。
［4］关于此专题的详细资料见 Sims-Williams, 1981, pp. 347—360；Sertkaya, 2011, pp. 29—41。
［5］此人的名字也在该木板 A 面文本③中被证实。
［6］可能由于书写者的失误，字母 L 丢失。
［7］在首字母后面的字体几乎褪色。将个人名字的第二部分识读为 *tutuŋ*，尚存疑问。

文本可以认为是书写者题署[1]。正如上文提及，文本⑤的主要短语 *ögdik bolzun yazok bolmazun* 亦多次见于该木板上的其他文本。进而，B 面⑤与 A 面③中提及的普颜都统极有可能为同一人。

总之，人名，尤其是频繁出现的人名组成部分 *tutuŋ*，即“都统”[2]，和个人名字 Sinha Šripraba［与梵文词源（*siṃha śrīprabha*）有关］，可以支持我们作出如下推测，即这些草写回鹘语文本的写作者很可能与佛教密切相关。

## 附录：木板 III 313

上文提及的与 III 307 一起出现于同一老照片中的木板 III 313（图 11），一面上亦有古代草写回鹘文。另一面除有两条黑色边线外，顶部和底部亦可见若干草写文，但只能识读出古代回鹘字母 P 和可能的两个汉字：“三”和“十”。在尚存白漆地之处可见施有红色。该木板的功能亦不明晰。III 313 长 848 毫米，宽 105 毫米，厚 20 毫米。发现地亦无法得知。

早期的目录卡片描述如下：

长形木板，建筑构件，带有销钉。可见回鹘文和白色痕迹。[3]

木板 III 313 上的草写回鹘文或出自两人之手，这可能是其被分成两列的原因。每一列由三行组成，现存文本并不连续，内容依然完全不明，因而亦未能给出释读。

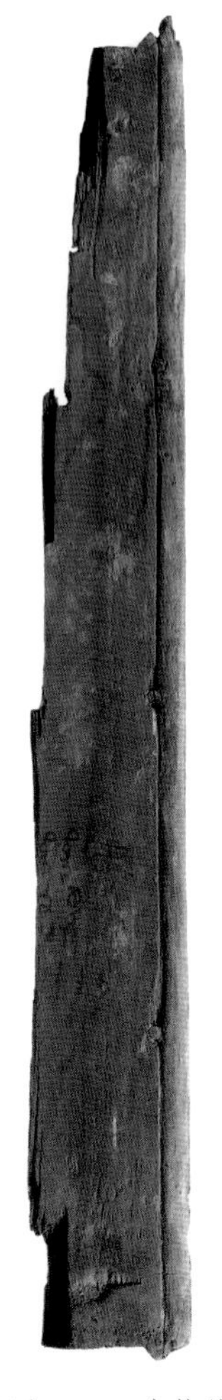

11 | III 313 木构件，848×105×20 毫米 © 柏林亚洲艺术博物馆 / 利佩。

①

/1/ TWYM’ nägü QW

/2/ TWYK’ KWLWY

/3/ s(ä)n

②

/1/ ” YPW[4]

/2/ *asanke*

/3/ *apamu*

[1] Schreiberkolophon.

[2] 关于称谓 *tutuŋ*，参见 Hamilton, 1984；小田寿典 , 1987；Zieme, 1990, pp. 136—138。

[3] “*Längliche Holzplanke, Architekturteil, mit Dübeln versehen. Uigurische Schrift und Reste weißer Farbe sichtbar.*”

[4] 或者读作 *’ČYPW*, *’RYPW*？

# 中 编

## 高昌故城

雕花柱头，高昌故城β寺院遗址出土

# 中国学者的调查与考古工作

陈爱峰[1]

本文就20世纪20年代至今中国学者开展高昌故城考古学调查的文献进行综述。

黄文弼于20世纪20年代开始研究高昌故城，他是关注这座古代城市遗址的首位中国学者。阎文儒于20世纪60年代调查高昌故城之后，对其形制与布局作了初步分析。孟凡人于2000年发表专文，利用国外探险家的资料，详细探讨了故城的形制与布局，成为研究高昌故城的必读之作。高昌故城的持续发掘工作始自2006年。

## 黄文弼的调查

1928年5月3日，黄文弼从吐鲁番出发前往高昌故城。黄氏发现，许多当地居民在北城墙依城凿室而居，城墙上还有若干缺口，作为居民出入城内的通道。他观察到城墙迂回曲折，以东城墙最为典型。城墙以夯土夯筑，或以土坯垒砌，抑或以黑沙泥垒筑。黄氏认为高昌自汉至元代历经1500余年，政权的更替、民族的变迁，均是影响城墙建造技术与形式的重要因素。

高昌故城内城的西城墙与南城墙保存相对完好，北面仅保存一段，东面无存。黄文弼还根据当地居民讲述，推测外城之内共有九个小城。宫城被当地居民称为“汗土拉”或“可汗堡”（格伦威德尔命名为E遗址）。居民称此处曾出土五铢钱与砖块。黄氏在此稍作发掘，但无所获。五日考察完毕后，他又在城的周围作了简单调查。

## 阎文儒的调查

1961—1965年，阎文儒带领中国石窟寺调查小组先后进行了三次全面考察。在此期间，阎氏来到吐鲁番石窟时亦考察了高昌故城。他认为，从现存遗址来看，高昌故城可以分为外城、内城和最北面的宫城（格伦威德尔命名为H′遗址）三部分。

[1] 本文原由陈爱峰以中文写作，李雨生和毕丽兰译成英文，并经毕丽兰审校。此文翻译自英文稿，并经陈爱峰审校。

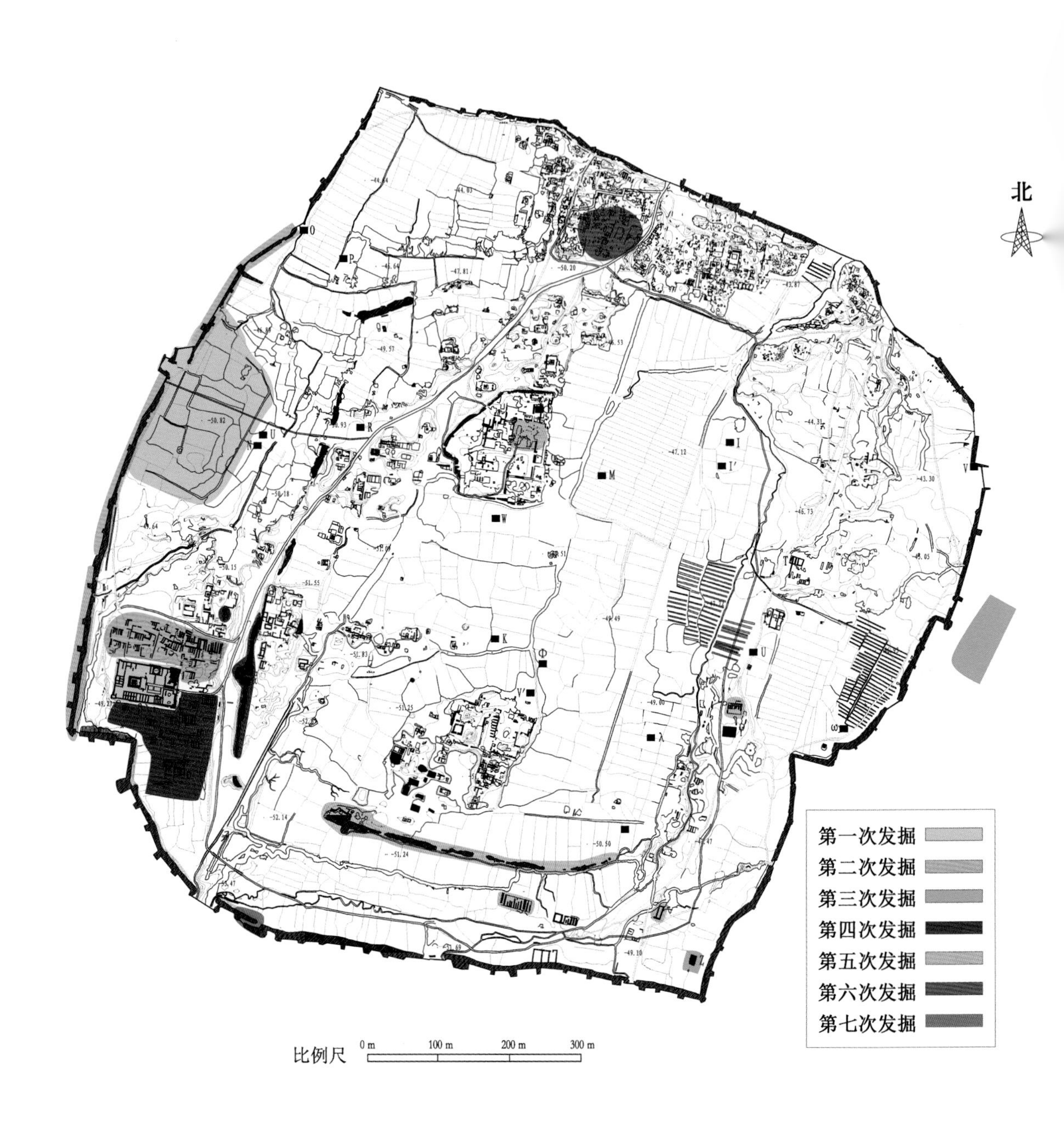


1 | 2006—2013 年高昌故城考古发掘示意图。

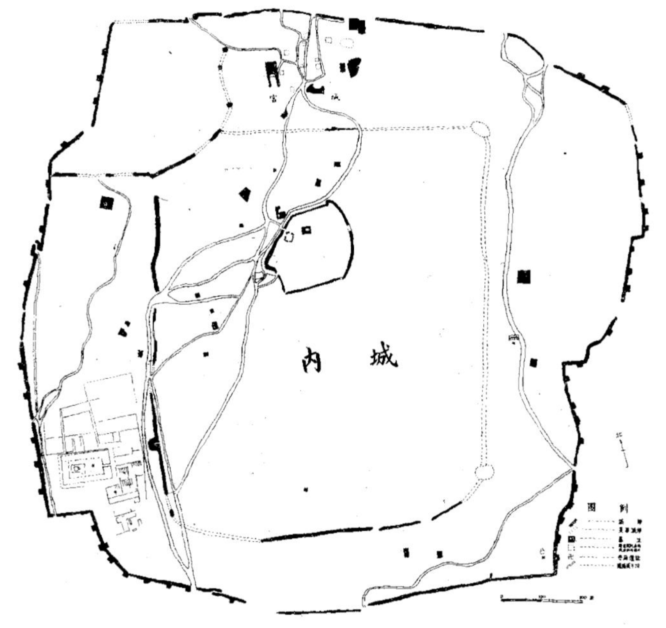


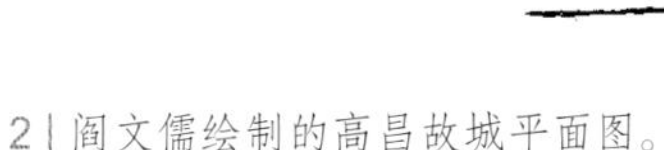
2 | 阎文儒绘制的高昌故城平面图。

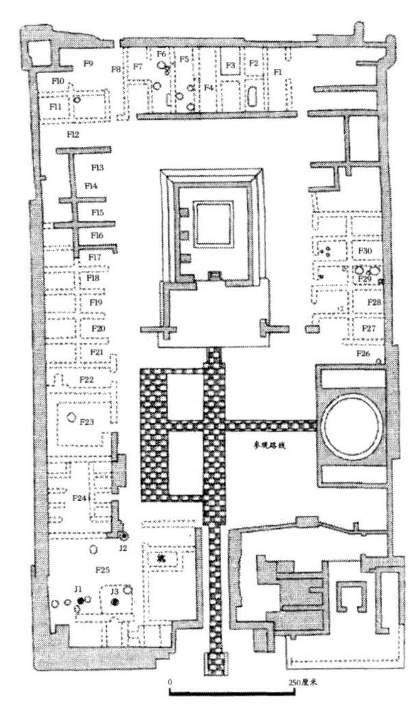
3 | 西南大佛寺平面图。

根据阎文儒所述，外城有九座城门，其中西城墙有两座城门，北侧的城门外还残存有曲折的瓮城；北面和东面的城墙可能各有两座城门；南城墙有三个缺口，如果正中的缺口亦是城门遗迹，则为三座城门。内城位于外城内中部、宫城之南。地面上不见内城城门的遗迹。“可汗堡”位于内城正中偏北。宫城位于城北，呈长方形，或为高昌回鹘中晚期所建（9—14 世纪）。外城的东南和西南部仍可见寺院遗迹，如西南大佛寺（格伦威德尔命名为 β 寺院遗址）。西南大佛寺之外还发现有许多建筑遗迹，阎氏认为多数为作坊与市场。

关于高昌故城的年代问题，阎文儒推测应在唐设西州时期所建（640—790 年），至高昌回鹘时期改建（9—14 世纪）。从城址的布局来看，宫城在北，内城在南，与唐代长安城的宫城、皇城的位置相同。外城内东南和西南部的寺院和工商业遗迹，又与唐长安城外郭城和一般城市的布局类似，应是居住区。总之，高昌故城与唐长安城的布局尤为接近（图 2）。

## 孟凡人的研究

孟凡人对高昌故城的研究较为精深，曾撰有《高昌城形制初探》一文，成为后来了解、学习和研究高昌故城的必读之作。孟氏认为，麹氏高昌（501—640 年）之前，高昌故城东、西、南、北各开一座城门。麹氏高昌时期，北面一门，余者各开二门。宫城在城内今“可汗堡”的位置，位于内城的中间偏北。内城四角为居民区。至唐西州时期（640—790 年），高昌故城的规模并无大的变化，但市场规模扩大，工匠和作坊增多，城市的经济职能明显加强。而至高昌回鹘时期，城市规模扩大，外城就于此时修建。高昌故城可分为“可汗堡”、内城、西北角子城、子城以及内外城之间西、南、东相连通的外城五部分。

## 近年的考古发掘工作

2005 年，中国政府启动丝绸之路（新疆段）重点文物保护工程。新疆文物考古研究所承担了对高昌故城维修前期的文物考古调查、勘探与发掘工作，同年 5 月对护城河遗迹进行了局部考古勘探，证实了高昌故城城外确存有护城河、壕一类的遗迹。截至目前，新疆文物考古研究所共在高昌故城内进行了七次发掘（图 1）。

2013 年，高昌故城与丝绸之路其他遗址被联合国教科文组织列入世界自然遗产名录。经新疆维吾尔自治区文物局批准，吐鲁番文物局发掘了高昌故城南门。

### （一）第一次考古发掘

2006 年 4—7 月，新疆文物考古研究所对高昌故城西门和西南大佛寺进行了清理和发掘（图 3）。

西门位于高昌故城西墙中段，门外有一座瓮城，总面积约 4000 平方米。考古工作者在此布下 10×10 米的探方 21 个、探沟 2 条，发掘总面积约 2100 平方米。发掘的遗迹有城门、城墙、壕与车辙等。出土遗物有陶片、钱币、瓷碗与石器等。

西南大佛寺位于高昌故城西南角，为庭院式佛寺，平面呈长方形，东西长 130 米，南北宽 80 米，占地面积约 10400 平方米，整座寺院坐西朝东，平面布局清晰可辨。建筑布局具有规律性，对称性布局是主要特征，寺门、庭院与塔殿在中轴线上依次排布。东侧开门，门道长 10 余米，两侧为高大建筑遗迹；进入大门，中间为方形庭院，正中心处为塔殿遗迹，残存墙体高度在 10 米左右，下部有大型基座，塔柱上残存佛龛。

塔的右侧是穹窿顶建筑遗迹。北、西、南三面为僧房遗迹，绝大部分顶部已不存。从遗迹来看，使用土坯起券砌筑拱形屋顶，残存墙体高度约 1—3 米，寺院周围以高墙环绕。建筑方式为土坯垒砌和夯筑。这种以中轴线和左右对称形制布局的庭院式佛寺，在吐鲁番地区出现于唐末宋初。

本次发掘清理的遗迹包括：僧房 30 余间、灰坑 34 个、水井 3 眼。遗物包括：陶器，残片居多，完整器较少，其中 4 件可以复原；铜器 16 件，其中 2 件金铜佛像饰板较为珍贵，为椭圆形、正面镀金、模制，边缘有 4 个成对小穿孔，可与其他物体挂连；钱币 14 枚，有开元通宝和剪轮五铢等；石器 3 件，均为石磨盘残件。此外，还有纺织品、皮革制品、贝壳与壁画残片等。

从大佛寺和西门所出遗物的特征来看，时代差异并不明显。在大佛寺采集的 3 个碳十四标本未经树轮校正的年代约在距今 1250—700 年之间；经过树轮校正后的年代在距今 1200—600 年之间。3 个标本中有 2 个年代在高昌回鹘时期，1 个年代在唐末。

### （二）第二次考古发掘

2007 年 3 月 21 日—6 月 19 日，新疆文物考古研究所对高昌故城进行了第二次考古发掘，发掘地点有西南大佛寺东北排房和外城西门南、北两侧各 200 米的城墙。

西南大佛寺东北排房东西长约 70 米，南北宽约 100 米。北、东各与一条大道相邻，西边为房屋遗迹，西南角是大佛寺，南邻大佛寺门前巷道。排房的整体布局大体呈曲尺形，房屋主要集中在北、西部。根据遗迹布局特点，大致可以分为五组相对独立的排房。每一组房屋多为东西向排列，朝向以坐北朝南为主，房前有一个小庭院或空白活动场地（图 4—5）。

在发掘之后可辨识出：房屋基址 32 间、广场 1 处、灰坑 16 个、灶 6 个、炕 3 个、壁炉 6 个和地炉 1 个等。出土遗物较少，主要有陶、铜、石、木、铁、葫芦器、钱币、纺织品、皮革制品和珍珠等。

此次发掘在外城西门两侧发现 400 米长的西部城墙。其中西门南侧长 200 米，北侧长 200 米。为更好地探明城墙的地层关系，考古工作者还在外城西门南 200 米处开了一条探沟。在探沟内发现有城墙墙基和护城河遗迹。

考古人员采集了 7 个碳十四样本，其中东北排房 2 个、外城西墙 4 个、大佛寺中心佛塔 1 个。年代最早的当属大佛寺中心佛塔，距今 1700 余年（始建于公元 300 年左右）；东北排房的芦苇（多年生草本植物的遗迹）均取自火炕烟道内，时代在高昌回鹘时期。外城西门南城墙的 4 个标本分别采自上述四次增筑的墙体内，应是分别代表了历次增筑的绝对年代。由此可见，高昌故城大佛寺东北排房绝大部分现存房屋的年代当在高昌回鹘王国时期，即距今 1000—600 年左右（约公元 1000—1400 年），部分遗迹的年代可以上溯至唐朝前半期（640—794 年）甚至更早。

### （三）第三次考古发掘

2008 年 4—5 月，新疆文物考古研究所对高昌故城进行了第三次考古发掘，发掘地点有东南小佛寺（格伦威德尔命名为 Z 寺院遗址）和护城河遗迹等。

东南小佛寺位于高昌故城东南角，距外城东墙约 20 米，外城南墙约 40 米，此次发掘清理面积约 200 平方米。佛寺建于一座长方形台基之上，台基西北部已坍塌，东、南、西三面保存较好。佛寺属于前殿后塔式建筑。佛殿为东西向，平面呈长方形，有一个以土坯砌成的券顶，顶部被夯平；门位于南壁正中；北壁下部有一座长方形佛坛，佛坛上原有五尊坐佛塑像，现仅存基座；正壁有壁画残迹，为藏传佛教五方佛；此外，右侧壁和前壁亦有少量壁画。佛殿在使用过程中经历了一次改建，地面、佛坛和壁画下面均涂抹两层泥皮。出土有佛指、擦擦等遗物。佛塔为十字折角密檐式结

4 | 西南大佛寺东北排房遗迹 © 新疆文物考古研究所。

5 | 西南大佛寺东南排房遗迹 © 新疆文物考古研究所。

构，残高约 5.40 米，塔基 3 层，塔身残存 3 层，其中第 3 层四面正中各有一个佛龛，龛内均残留少量白色涂料。

为寻找护城河遗迹，考古工作者在东城墙外中部葡萄地间的一条便道上挖了一条长 52.5 米、宽 2 米、深 6.1 米的探沟。探沟底层堆积较厚，从上至下共分 7 层，其中第 5、6、7 层均属于护城河内堆积。

护城河内出土遗物较少，较为重要的有 4 件，均为陶器，器型有瓮、盆和水管等，纹饰主要有弦纹、水波纹和附加堆纹等，均为当年居民在护城河内的取水用具。

### （四）第四次考古发掘

2008 年 11 月 3 日—12 月 25 日，新疆文物考古研究所对高昌故城进行了第四次考古发掘，发掘地点有西南大佛寺东南排房、西南大佛寺北佛塔与内城西墙。

排房位于大佛寺东南部，属于大佛寺外围的附属建筑之一。该遗迹东西长约 140 米，南北宽约 60—120 米。此次发掘共清理排房 9 组，房址 61 间。遗迹主要有灰坑 58 个、灶 4 个、壁炉 11 个、炕 12 个、窑址 1 个和院墙等。

出土遗物较为匮乏，多出自坍塌土中。其中陶器为大宗，其他质地的器物较少，主要有石器等。

佛塔位于大佛寺东北 150 米，东距内城西墙外的道路不足 50 米，发掘面积约 150 平方米。遗迹主要有佛塔 1 座、房址和少量墙体等。由于损毁严重，佛塔的结构和周围布局不甚明晰。在佛塔四周现存若干墙、水井和房屋建筑遗迹。

佛塔以北 2.5 米处有一道东西向的墙体，残宽约 0.7 米，残高约 1.5 米，为夯土结构。佛塔的东北角有两眼水井，井口直径 75—80 厘米，未清理。佛塔南部有一座东西长约 11 米、南北宽约 7 米、高 1.5 米的生土台，土台南侧有 3 间利用减地法构筑而成的半地穴式房址。

还有一段 300 米长的墙体位于内城西墙南端，西面隔大道与大佛寺遥相呼应，此区域发掘面积约 1500 平方米。遗迹主要有城墙、城门、佛寺和窑洞等。城墙长 300 米，墙基现宽约 11 米，最高处约 17 米；城门 1 座，位于城墙北端，北向，已损毁，形制不明；佛寺 1 座（格伦威德尔命名为 α 寺院遗址）；东北角城墙下有井 1 眼、窑洞 3 间，其中 2 间位于城墙北段东、西壁上，均残损，形制不明。

城墙两侧坍塌土内出土了少量陶片。陶质以夹砂灰陶为主，部分为黑皮灰胎。主要有单耳罐、缸与盏等。

### （五）第五次考古发掘

2009 年 2—4 月，新疆文物考古研究所进行了高昌故城的第五次考古发掘，发掘地点有内城南墙南门段，一、二、三号遗址，外城西墙西门南二段，“重要遗迹”和“可汗堡”遗迹试掘区等七处。

内城南墙南门段位于内城南墙中部，东部和西部内城墙体断续分布，墙体两侧为已退耕的农田。共计有房屋一组 3 间，位于墙基生土内。房屋形制相同，平面均呈长方形，长 6.1—6.3 米，宽约 3 米，券顶已塌陷，根据残留痕迹判断，屋顶高约 3.1 米。出土遗物较少，器类单调，主要有陶、铜、铁、木和石器等，另有少量动物骨骼。以陶器居多，但均为残器，很少能复原。

一号遗址（格伦威德尔命名为 φ 遗址）位于高昌故城内、外城墙之间偏东处，东距东南小佛寺 220 米，北距内城墙约 80 米，占地面积约 700 平方米（图 6）。遗址整体坐北朝南，共有房屋 9 间，呈东西向一字排列。房屋布局基本保存完好，呈南北向长方形。出土遗物较为匮乏，主要有陶器、骨器和钱币等。

二号遗址位于高昌故城东南部的内、外城之间，距东南小佛寺西北 90 米（图 7）。发掘区域南北长 25 米，东西宽 13 米，面积约 300 平方米。现存房屋 2 间。出土遗物较少，主要有残砖、石块和陶器残片等，器形特征不明显。

三号遗址位于高昌故城东部、外城东墙 100 米处的东北角（图 8）。遗址分为东西两部分。西半部由前院、5 间房屋、回廊和后院四部分组成。东半部掩埋于扰土之下，由佛寺 1 座、土坯房 2 间、铺地砖房 1 间和房屋 2 间组成。出土遗物较多，但器类单一，主要有陶、铜、铁、石器和钱币等，另有少量动物骨骼。其中陶器数量最多，均为残器。

外城西墙南段位于高昌故城西门遗迹以南 200—400 米的范围内。城墙外侧有马面 4 个。墙体北部地面发现一个长近 200 厘米、宽 70 厘米、深 60 厘米的长方形灰坑，坑壁较直，内有陶罐 1 个。出土遗物仅有少量陶片和砖块。

“重要遗迹”位于高昌故城内城墙西部，北侧 20 米为现代铺砖小路，东侧为内城建筑群，西侧 40 米处有一条近代的灌溉沟渠。出土遗物较少，有陶器器底与口沿等。

“可汗堡”遗迹试掘区为高昌故城宫城所在地。除 1 座高塔外，其他地面遗迹保存较差，遍地均为陶器残片。试掘区位于可汗堡中部偏南位置、高塔南部约 40 米处。在 200 平方米的试掘区域内有房屋 2 间、水井 1 眼、窖藏坑 7 个和灰坑 1 个。出土遗物包含较多陶片、青砖残块以及少量石块和兽骨，另有铜镞、铁勺等，其中陶片以盆、罐和钵为主。

### （六）第六次考古发掘

2012 年春季，新疆文物考古研究所对高昌故城北部建筑遗址区内的四号民居进行了发掘清理。此次发掘面积 160 平方米，共发现半地穴式房址 4 间、地面居址 2 间，周围另有半地穴式房址 3—4 间。由于出土遗物较少且无相应的发掘简报公布，因此四号民居情况目前不甚了了。

### （七）第七次考古发掘

本次考古发掘位于高昌故城外城墙的南偏门、两处城墙的缺口处。考古队员先期在南偏门通道处挖开了一条长 3.5 米、宽 2 米、深 1.95 米的探沟。出土石柱 1 件、石板 2 块。石柱位于门道中，

6 | 一号遗址 © 新疆文物考古研究所。

7 | 二号遗址 © 新疆文物考古研究所。

8 | 三号遗址 © 新疆文物考古研究所。

9 | 探沟内的石柱和石板 © 吕恩国。

左右两边各有1块石板（图9）。石柱的北侧面几乎磨平，形制和作用与将军石近乎相同，既作门档，亦可作防御之用。两块石板为门砧石或门轴石。石板下即为路土，因此时代最早，约为唐西州时期（640—790年）。

## 结 语

高昌故城是古代西域的交通枢纽，亦是古代新疆政治、经济与文化的中心之一，遗产价值极高。然而历年对高昌故城的考古发掘并未对城门作出准确定位。最近的保护性发掘改变了这一现状，清晰地将高昌故城南城门遗迹展现在世人面前。未来的发掘将提供更多的证据，来认识这座重要城址。

# 重识丝绸之路上已发掘古代建筑的新方法[1]

西村阳子　富艾莉　北本朝展

## 引　言

作为塔里木盆地东部曾经最重要的城市之一，高昌故城自19世纪末便成为数支探险队的目标[2]。1902—1914年格伦威德尔和勒柯克带领的德国吐鲁番探险队，以及1907年和1914—1915年斯坦因在高昌故城展开了系统的考古调查。众所周知，有关高昌故城最为关键、学者们至今仍依赖的资料，是由德国探险队收集并撰写的，现存于柏林亚洲艺术博物馆。格伦威德尔在1902—1903年第一次探险期间绘制的高昌故城平面示意图，在这些资料中尤为引人关注（图1）。图上对高昌故城中佛教、摩尼教与景教等宗教遗迹内出土遗物的位置作了标记；它至今仍是辨别德国探险队报告中所描述遗迹的参考，亦是研究高昌故城建筑布局极具价值的资料。然而，当确认城址中古代建筑的实际位置时，格氏平面图亦难以解读。主要原因是该平面图非实测图，存在较大的误差。换言之，格氏平面图未能体现遗迹的实际位置。国立信息学研究所（日本）在过去的几年中发起了一系列项目，其中于2012年设立了一个关于高昌故城的新项目，目的就是寻求识别格氏平面示意图中遗迹确切位置的新方法。

本文将逐步呈现该项目的成果。通过平面图之拓扑特征、原始记录的数据、不同的图像材料，例如早期探险的老照片和速写，尤其是遗址的全景式视图、直接观察现今遗迹情况获得的新信息与新拍摄的照片，建立一个能够比较高昌故城所有相关记录与遗迹现今状况的程序。

这些成果，从某种意义上拓展了先前研究使用的“地图史料批判”方法[3]。本案例是这种方法在一幅高度失真的大比例尺地图上的应用。

全部成果如列表所示（表1），且以此为基础，制作了新测绘地图，其上标出了由格伦威德尔命名的遗迹名称（图7）。新地图结合了先前探险队的调查和新的调查信息，目的是为高昌故城内遗迹的方位和未来研究提供有效的工具和基础。

---

[1] 本文主要基于与时任吐鲁番学研究院副院长张勇合作的两篇以中文发表的长文。张勇也是本文所述项目的主要参与者。参见西村阳子、富艾莉、北本朝展、张勇，2014；西村阳子、富艾莉、北本朝展、张勇，2015。非常感谢张勇对本文所述项目的贡献，也非常感谢他在我们高昌故城考察期间提供的珍贵帮助。

[2] Regel, 1880, 1881; Klementz, 1899.

[3] 西村阳子、北本朝展，2010 a；西村阳子、北本朝展，2010 b；西村阳子、富艾莉等，2014。

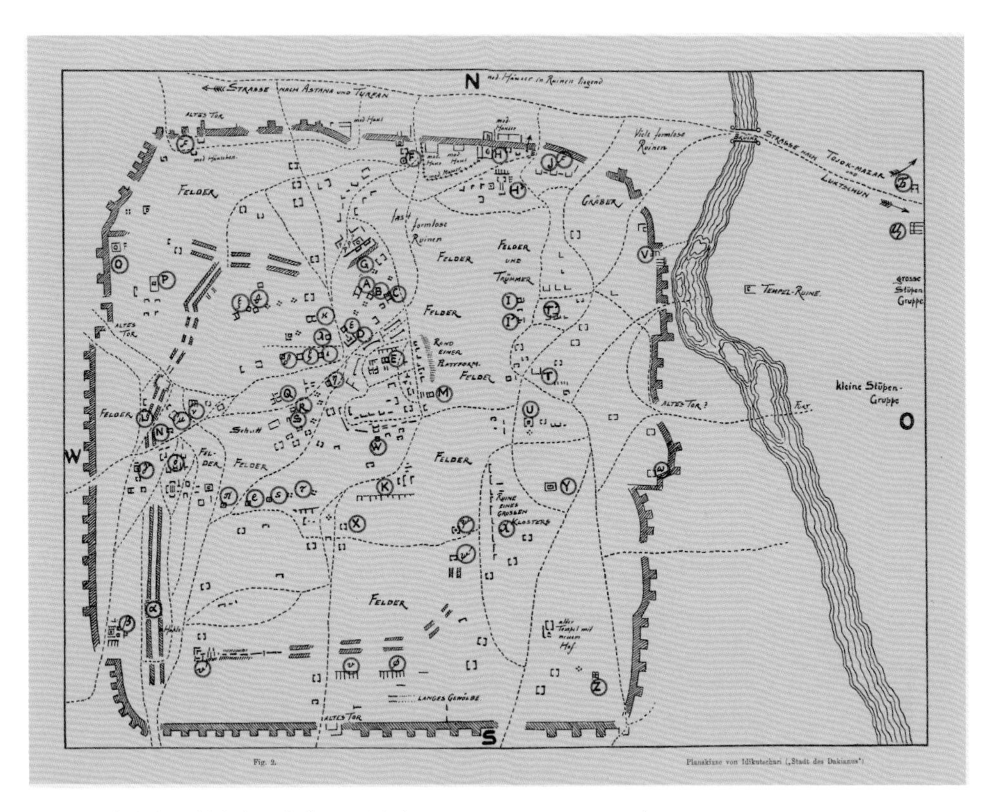

1 | 格伦威德尔绘制的高昌故城平面图（Grünwedel，1906，fig.2）。

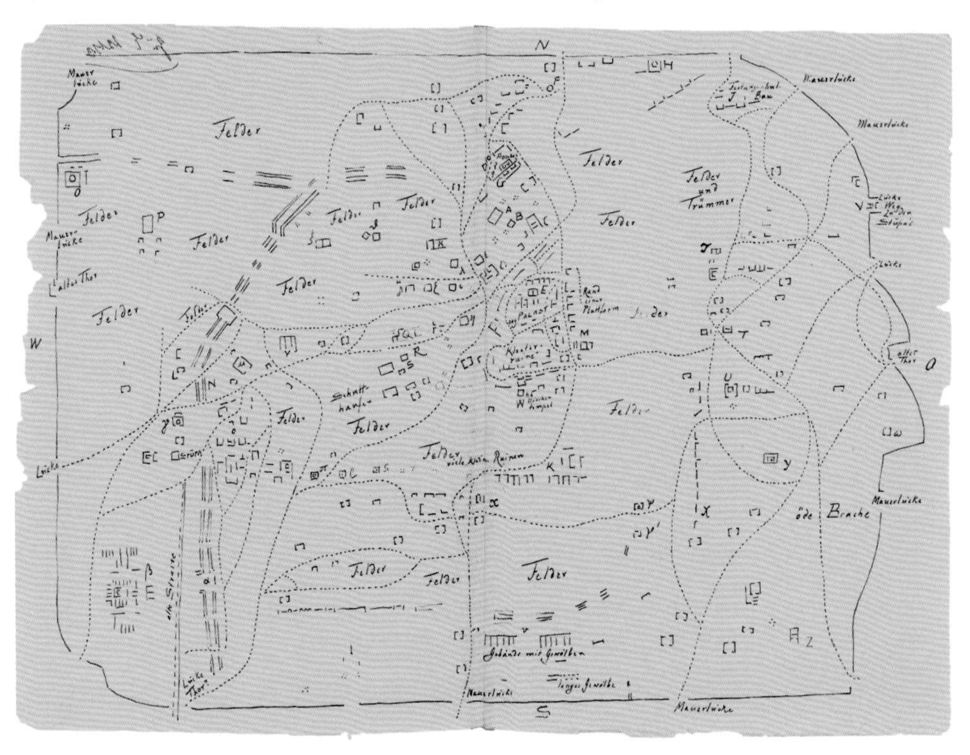

2 | 格伦威德尔于1902—1903年第一次探险时绘制的未发表的高昌故城草图TA 253正面 © 柏林亚洲艺术博物馆。

表 1　遗迹调查表

| ID | 格伦威德尔平面图上遗迹名称 | 斯坦因平面图上的对应 | 2012 年考察 | | | | 调查日期 |
|---|---|---|---|---|---|---|---|
| | | | 位置 | 确定度 | 备考（现状与格伦威德尔平面图比较） | 备考（现状与斯坦因平面图比较） | |
| 1 | A | 有 | 确定 | ★★★ | | | 2012. 10. 26 |
| 2 | B | 有 | 确定 | ★★★ | | | 2012. 10. 26 |
| 3 | C | 有 | 确定 | ★★★ | | | 2012. 10. 26 |
| 4 | D | 有 | 确定 | ★★★ | | | 2012. 10. 26 |
| 5 | E | 有 | 确定 | ★★★ | | | 2012. 10. 27 |
| 6 | F | 无 | 确定 | ☆☆☆ | 清真寺：现已无存 | | 2012. 10. 26/27 |
| 7 | G | 有 | 确定 | ★★★ | | | 2012. 10. 26 |
| 8 | H | 有 | 确定 | ★★ | | | 2012. 10. 31 |
| 9 | H' | 有 | 确定 | ★★★ | | | 2012. 10. 31 |
| 10 | I | 不明 | 未确定 | ☆ | 遗迹位置难以确定 | 根据斯坦因平面图难以确定 | — |
| 11 | I' | 不明 | 未确定 | ☆ | 遗迹位置难以确定 | 根据斯坦因平面图难以确定 | — |
| 12 | K | Kao. I | 确定 | ★★★ | | | 2012. 10. 31/11. 01 |
| 13 | L | 无 | 未确定 | ★ | 可能存在 | | 2012. 10. 28 |
| 14 | M | 有 | 确定 | ★★★ | | | 2012. 10. 27 |
| 15 | N | 无 | 未确定 | ☆☆ | | | — |
| 16 | O | 无 | 确定 | ☆☆☆ | 位置明确，但现遗迹无存 | 未在地图上 | 2012. 10. 27 |
| 17 | P | 有 | 确定 | ★★★ | | | 2012. 10. 27 |
| 18 | Q | 不明 | 未确定 | ★ | 遗迹可能依然现存，但位置不明 | 根据斯坦因平面图难以确定 | 2012. 10. 28/31 |
| 19 | R | 不明 | 未确定 | ★ | 遗迹可能依然现存，但位置不明 | 根据斯坦因平面图难以确定 | 2012. 10. 28/31 |
| 20 | S | 不明 | 未确定 | ★ | 遗迹可能依然现存，但位置不明 | 根据斯坦因平面图难以确定 | 2012. 10. 28 /31 |
| 21 | T | 不明 | 未确定 | ☆ | 遗迹精确位置难以确定 | 根据斯坦因平面图难以确定 | 2012. 10. 30 |
| 22 | T' | 不明 | 未确定 | ☆ | 遗迹精确位置难以确定 | 根据斯坦因平面图难以确定 | 2012. 10. 30 |
| 23 | U | 有 | 确定 | ★★ | | | 2012. 10. 30 |

（续表）

| ID | 格伦威德尔平面图上遗迹名称 | 斯坦因平面图上的对应 | 2012年考察 | | | | 调查日期 |
|---|---|---|---|---|---|---|---|
| | | | 位置 | 确定度 | 备考（现状与格伦威德尔平面图比较） | 备考（现状与斯坦因平面图比较） | |
| 24 | V | Kao. II | 确定 | ★★★ | 在卫星图像上确认位置 | | — |
| 25 | W | 无 | 确定 | ☆☆☆ | 位置明确，但现遗迹无存 | 未在地图上 | 2012. 10. 27 |
| 26 | X | 有 | 确定 | ★★ | 可能平面图上有误 | | 2012. 10. 31 |
| 27 | Y | 有 | 确定 | ★★★ | 仅底层遗迹可见 | | 2012. 10. 30 |
| 28 | Z | 有 | 确定 | ★★★ | 已修复 | | 2012. 10. 30 |
| 29 | $\alpha$ | 有 | 确定 | ★★★ | | | 2012. 10. 29 |
| 30 | $\beta$ | 有 | 确定 | ★★★ | 已修复 | | 2012. 10. 29 |
| 31 | $\gamma$ | 有 | 确定 | ★★★ | | 在平面图上，但无进一步信息 | 2012. 10. 29 |
| 32 | $\lambda$ | 有 | 确定 | ★★★ | | | 2012. 10. 28 |
| 33 | $\mu$ | 有 | 确定 | ★★ | | | 2012. 10. 31 |
| 34 | $\nu$ | 有 | 确定 | ★★ | | | 2012. 10. 31 |
| 35 | $\xi$ | 有 | 确定 | ★★★ | | | 2012. 10. 27/11. 01 |
| 36 | $o$ | 有 | 确定 | ★★★ | | | 2012. 10. 28 |
| 37 | $\pi$ | 有 | 确定 | ★★★ | | | 2012. 10. 28 |
| 38 | $\rho$ | 有 | 确定 | ★★ | 由于晚期风化糟糕状况，难以最终判定 | 根据斯坦因平面图确定位置 | 2012. 10. 28 |
| 39 | $\varsigma$ | 有 | 确定 | ★★ | 由于晚期风化糟糕状况，难以最终判定 | 根据斯坦因平面图确定位置 | 2012. 10. 28 |
| 40 | $\tau$ | 有 | 确定 | ★★ | 由于晚期风化糟糕状况，难以最终判定 | 根据斯坦因平面图确定位置 | 2012. 10. 28 |
| 41 | $\upsilon$ | 有 | 确定 | ★★★ | | | 2012. 10. 30 |
| 42 | $\upsilon'$ | 有 | 确定 | ★★★ | | | 2012. 10. 29 |
| 43 | $\varphi$ | 有 | 确定 | ★★★ | | | 2012. 10. 30 |
| 44 | $\chi$ | Kao. IV | 确定 | ★★★ | 位置明确，依然现存，但风化严重 | 难以区分 Kao. IV 与 Kao. V | 2012. 10. 31 |
| | | Kao. V | 确定 | ★★★ | | | |
| 45 | $\psi$ | 有 | 确定 | ★★ | | | 2012. 11. 01 |
| 46 | $\Psi'$ | 无 | 未确定 | ☆ | 现已无存 | 未在平面图上 | 2012. 11. 01 |

（续表）

| ID | 格伦威德尔平面图上遗迹名称 | 斯坦因平面图上的对应 | 2012 年考察 | | | | 调查日期 |
|---|---|---|---|---|---|---|---|
| | | | 位置 | 确定度 | 备考（现状与格伦威德尔平面图比较） | 备考（现状与斯坦因平面图比较） | |
| 47 | ω | 有 | 确定 | ★★ | 在附近有两处建筑遗迹，格伦威德尔和斯坦因各收录一处 | 该建筑在斯坦因与格伦威德尔平面图上非同一个 | 2012. 10. 30 |
| 48 | Б | Kosh-gumbaz | 未确定 | ☆☆ | 可能已无存 | 城墙之外，未在平面图上 | 2012. 11. 01 |
| 49 | Ц | Kosh-gumbaz | 未确定 | ☆☆ | 可能已无存 | 城墙之外，未在平面图上 | 2012. 11. 01 |
| 50 | grosse N. Stupen-Gruppe | Kao. III, Kosh-gumbaz | 确定 | ★ | Kao. III 包括 grosse N. Stupen-Gruppe | 城墙之外，未在平面图上 | 2012. 11. 01 |
| 51 | kleine S. Stupen-Gruppe | Kao. III, Kosh-gumbaz | 未确定 | ☆☆ | 可能已无存 | 城墙之外，未在平面图上 | — |
| 52 | Mod. Häuschen f | 无 | 未确定 | ☆☆ | | | 2012. 10. 27 |
| 53 | f | 无 | 确定 | ☆☆ | 靠近 J | | — |
| 54 | J | 无 | 确定 | ★★★ | 在卫星图像上确认位置 | | — |
| 55 | ε | 无 | 确定 | ★★★ | | | 2012. 10. 26 |
| 56 | δ | 有 | 可能有 | ★★ | 可能存在 | 根据斯坦因平面图确定位置 | — |
| 57 | ζ | 有 | 可能有 | ★★ | 可能存在 | 根据斯坦因平面图确定位置 | — |
| 58 | η | 有 | 确定 | ★★ | 位置确认涉及内部的“可汗堡”墙体 | | 2012. 10. 28/30 |
| 59 | θ | 无 | 确定 | ★★ | | | 2012. 10. 27/11. 01 |
| 60 | ι | 有 | 可能有 | ★★ | 可能现存 | 根据斯坦因平面图确定位置 | 2012. 10. 28 |
| 61 | κ | 有 | 可能有 | ★★★ | 位置确认涉及 λ | | 2012. 10. 28 |
| 62 | Alter Tempel mit neuem Hof | 有 | 确定 | ★★★ | | | 2012. 10. 30 |
| 63 | Gräber | 有 | 确定 | ★★★ | | | 2012. 10. 31 |
| 64 | Tempel Ruine | 无 | 确定 | ★ | | 城墙之外 | — |

# 程 序

## （一）资料及其特点

与高昌故城的布局最相关、最丰富的考古资料，来自德国吐鲁番探险队三次考察中（总共四次）所搜集的数据（探险队由格伦威德尔和勒柯克在1902—1914年发起并组织）[1]。其他辅助资料包括斯坦因的笔记（1907年和1914—1915年的两次考察）、黄文弼的调查报告[2]（1928年考察），以及中华人民共和国成立后中国学者在高昌故城开展的调查和发掘工作。

以下列出查阅的参考资料清单：

1. 城址平面图：

已发表的格伦威德尔1906年绘图（图1）；

未发表的格伦威德尔所绘草图（图2）；

斯坦因1928年绘图（图3）[3]；

梁匡一、徐佑成2010年所绘高昌故城水系图[4]。

2. 单体建筑的平面图和描述，见格伦威德尔1906年和勒柯克1913年出版物，以及斯坦因的记录[5]。

3. 照片和速写：

格伦威德尔1906年、勒柯克1913年、斯坦因1928年出版物中的照片与速写；

德国柏林亚洲艺术博物馆档案中未刊布的德国探险队拍摄照片（部分见于国际敦煌项目数据库）[6]；

斯坦因报告中的照片[7]；

大英图书馆中未刊布的斯坦因探险队拍摄照片（部分见于国际敦煌项目数据库）；

黄文弼报告中的照片[8]。

4. 遗址的卫星图像（谷歌地图中获得）[9]。

格伦威德尔在1906年发表的平面图（图1）是有关高昌故城布局最有用、但使用起来最棘手的资料。

---

[1] 关于德国吐鲁番探险队的历史参见 Härtel and Yaldiz, 1987；张广达和荣新江，1998，第24—28页；Yaldiz, 2000；宗德曼撰写的百科全书伊朗篇条目：http://www.iranicaonline.org/articles/turfan expeditions-2（2016年4月20日）。

[2] 黄文弼，1954；黄文弼，1958。

[3] Stein, 1928, pl. 24.

[4] 梁匡一、徐佑成，2010。

[5] Stein, 1928, pp. 588—609.

[6] 国际敦煌项目（IDP）：http://idp.bl.uk/idp.a4d（2016年4月20日）。

[7] Stein, 1928.

[8] 黄文弼，1954；黄文弼，1958。

[9] https://www.google.at/maps/place/Turpan,+Xinjiang,+China/@42.8536014,89.5301096,868m/data=!3m1!1e3!4m 2!3m 1!1s0x3803114dbc46e581:0x9aaebf31e7d9761c（2016年4月20日）。

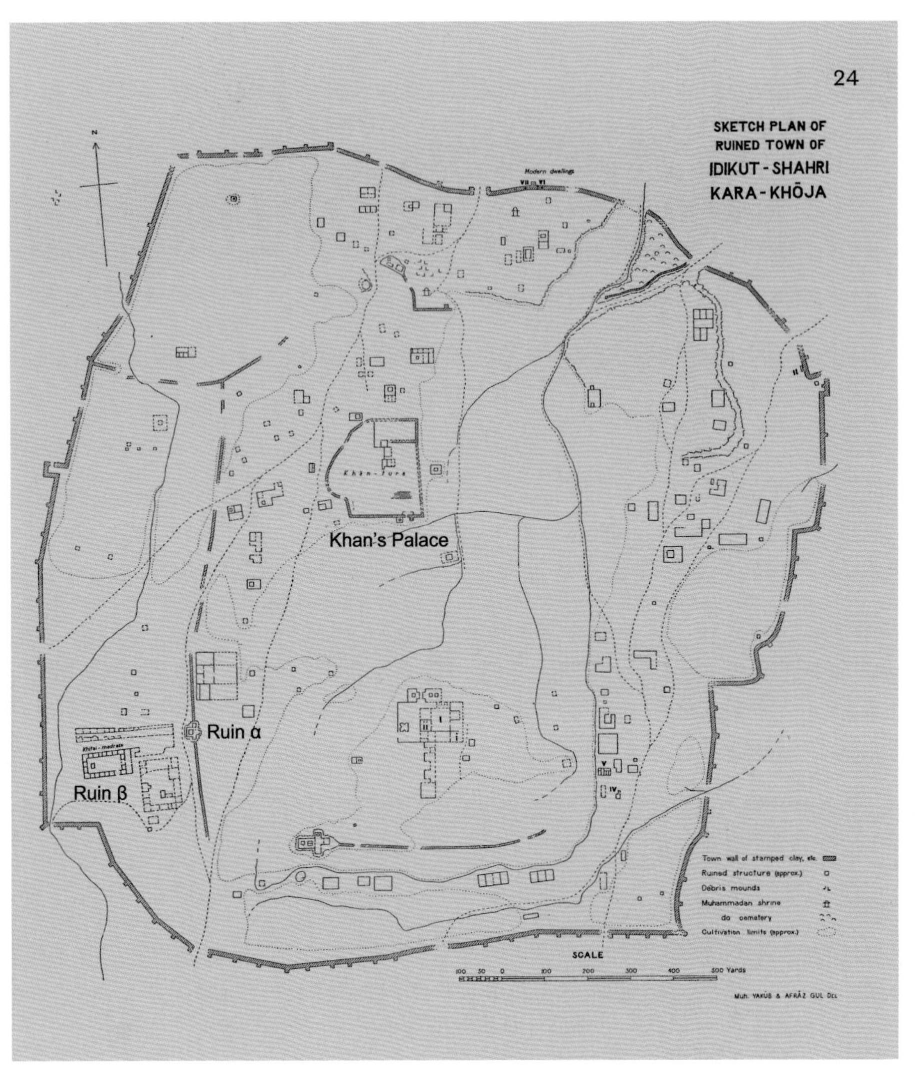


3丨斯坦因发表的高昌故城测量平面图（Stein，1928，pl.24. 西村阳子和富艾莉以较大字体添加了遗迹名称）。

这幅图的优点在于，上面清晰标明了德国探险队调查的遗迹名称，亦是我们至今仍然依赖它的原因。此图是辨识遗迹具体位置的唯一可用资料。

格氏的这幅平面图并非高昌故城精确的测量图，仅为个人使用的示意图[1]。勒柯克率领德国探险队第二次考察期间亦沿用此图，且一直未绘制新的平面图。

我们还参考了格氏在第一次探险时绘制的另一幅未刊布的示意图（图2），这可能是1906年发表平面图的原始草图，并在之后勒柯克的报告中用来标注遗迹名称。这是一份重要材料，因为在这幅图中，个别建筑的位置（例如G遗迹附近）恰好与卫星图中的实际地形相匹配。

[1] 当格伦威德尔在提及该平面图时声明，该图由他自己确认："在城市地图中方向未正确标记。"（"in den Stadtplan ist die Orientierung nicht richtig eingetragen", Grünwedel, 1906, p. 14, n. 1）

1914 年，斯坦因在吐鲁番停留了三月余，亦绘制了一幅高昌故城平面图（图 3）。这幅图对我们的研究来说，最有价值之处在于进行了部分测绘。当时德国人已在高昌故城内做过大量工作，斯坦因从他们的材料中获益颇多。

> 大略巡查此城足以让我认识到，自从我第一次到来（1907 年）至今，整处城址遭受到多么严重的破坏。格伦威德尔教授平面图上的多座建筑，我还清楚记得，但现在均已消失……我用平板仪对遗址作出测量，平面示意图——图版 24 即源于此。……由于格伦威德尔教授绘制的那张粗略示意图未标明比例尺，且他声称那张图仅是供他个人定位使用，因此，我相信这幅以当时情况绘制的、初步测量的平面图将惠及后人。[1]

这一陈述告诉我们两个事实：第一，在德国探险队考察之后的 5 年和 12 年，斯坦因依然能够识别出格伦威德尔和勒柯克记录的遗迹，同时痛惜遗址所遭受的破坏；第二，斯坦因确认格伦威德尔绘制平面图并非为了重现遗迹的实际地形，因此他绘制了一幅局部测量的高昌故城平面图，但他自己可能也利用了格氏的平面图来识别遗迹。

外观上很难找到格伦威德尔平面图与斯坦因平面图之间的关联。斯坦因平面图上标出了他调查过遗迹的确切位置（例如 Kao I，见图 3）[2]。然而，斯坦因标注的仅为当时依然可见的众多遗迹中的少数，因此我们无法从斯坦因的平面图中知晓他调查时建筑物的状况。

在某种程度上，两幅平面图确实存在若干明显可以清晰辨识的建筑信息（比较图 1 和图 3 中的"可汗堡"、连绵的内城墙残余和城址西南角的 β 寺院遗址），有助于我们将二者叠加在一起。此外，我们注意到斯坦因平面图中未将德国探险队的命名标注在现存遗迹上（除一两个之外），所以仅能够以它们的位置假定其一致性。

两幅如此不同的地图各具优点，二者的结合，可以为我们提供不同的成组信息。为此，有必要开发一种使用相同"语言"来解读两幅平面图的方法。

### （二）分析古地图：KML 和 MAPPINNING

谷歌地图技术为展示与比较斯坦因和格伦威德尔的高昌故城平面图提供了一个合适平台。两幅平面图均已被地理坐标参照体系化及格式化为锁眼标记语言（KML），而后它们的特征被导入谷歌地图，因此两幅图能够与卫星图上所见的实际情况并置。尽管平面图在谷歌地图上的叠加仅有一定程度的近似性，但依然能够利用谷歌地图的可操作性来放大卫星图像，且能更好地理解遗址的地形结构。一旦卫星图与在现场拍摄的照片相匹配，将可辨识出高昌故城内的大多数建筑物。

---

[1] Stein, 1928, vol. 2, pp. 589—590.

[2] Kao I 遗址符合格伦威德尔的"K 寺院遗址"（Grünwedel, 1906, pp. 26—27），其已被勒柯克进一步记录为"K 遗址"或"K 摩尼教建筑"（Le Coq, 1913, pp. 7—9）（参见德雷尔文章，第 101—121 页）。

4 | Mappinning 上转换的格伦威德尔平面图和斯坦因平面图。

由于斯坦因的平面图更为准确，因此通过程序将这幅图叠加在谷歌地图上，可以预期获得更高的成功率。实际上，斯坦因平面图上标出的大多数建筑物，均与卫星图像完美对应。相反，由于格伦威德尔的平面图变形度高，当我们试图叠加格氏平面图时，程序呈现出诸多局限性。为了克服此障碍，国立信息学研究所（日本）研发了一种被称为“Mappinning”的工具。Mappinning 是一种地图的交互式地理坐标工具。它允许参照旧有测绘地图上的特定点（遗迹）与其在谷歌地图上的相应位置，并且基于这些信息，将旧有地图中的几何数据转换为谷歌地图使用的坐标参考系统。因此，格伦威德尔平面图与斯坦因平面图在 Mappinning 上已被转换成新的图层（图 4）[1]。原来两幅平面图上的每一座建筑物被固定为点，每一点位置的精确性及其在遗址上与实际地点的对应性均能获得提高。

[1] 亦参见 http://dsr.nii.ac.jp/digital-maps/mappinning/（2016 年 4 月 20 日）。

KML和Mappinning用来辨认、解读格伦威德尔的平面图。下一步，有必要建立地图的概念模型，以厘清最初目的。这时我们专注于格氏平面图的拓扑特征。通常，地图或者用于如实地表示空间，或者作为从一点至另一点的辅助导航手段。在第一种情况下，有必要以准确的方向、对距离的测量和地表特征来精确地再现空间。在第二种情况下，真实空间中的物体仅是导航中需要被连接的点，因此为求清晰，会调整实际距离值、方向和地面测量值。伦敦地铁平面图就是拓扑地图的完美范例，即仅需显示不同线路的不同站点之间的接续信息，不必要的地形等信息则不表现。我们假设格氏平面图有相似功能：虽然未保留街道距离、方向以及其他地表特征的精确信息，但包含了有助于显示前往单一建筑物途经的全部主要地理要素。因此，我们决定在该假设的基础上，通过辨认街道和格氏平面图上表现的地表特征之间的拓扑关系，来识别建筑物。

在2012年10月田野调查之前，我们利用主要资料（参见本文《资料及其特点》部分）进行了辨识工作，以便核对需要被识别建筑物的所有可能性信息。在此阶段，已经作出若干可能的猜测。田野工作期间，被调查建筑物的数据记录在表格中。在现场拍摄了6000余张新照片以便对原有资料进行补充[1]。这些照片和现场考察记录一起，补充了先前的信息。

下文将描述若干研究案例，以说明在调查中为辨识遗迹使用的不同策略。

### （一）辨识建筑物及其位置的策略

第一步是确定容易识别的建筑遗迹位置，因为其位置或在格伦威德尔的平面图上极为清晰（比较图1和表1，如α和β寺院遗址群，或Z寺院遗址），或在旧有资料中绘制的建筑物的轮廓易于识别，并且与谷歌地图的图像匹配（如β寺院遗址或Y平台寺院遗址平面图）[2]。这些建筑物成为确定其他不甚清晰建筑物相对位置的地标。总之，我们采用了多种方式来辨识遗迹：

1. 分析建筑物所在地形特征；
2. 结合地形与拓扑数据；
3. 研究老照片，尤其可参考周围建筑物相对位置的全景式照片；
4. 对比新旧照片资料；
5. 整合其他探险队尤其是斯坦因的记录数据[3]。

当谷歌地图图像与格伦威德尔、勒柯克的资料，尤其是单体建筑物的平面图一致时，结合地形与拓扑数据的方法是有效的。此方法还通过在现场的直接观察和在调查中对遗址测量数据的核实

[1] 多数照片可参见数字丝绸之路网站：http:// dsr.nii.ac.jp/photograph/kara-khoja/（2016年4月20日）。

[2] 格伦威德尔，1906，图44（Y平台寺院遗址）和图59（β寺院遗址）。在Y遗址案例中，虽然在谷歌地图上建筑物轮廓依然可见且我们能够轻易确定其位置，但在现场该建筑物已经无存。因此，如果我们无谷歌地图图像证据，就不可能辨识它。

[3] 对于这些案例，每一则的详细描述，参见西村阳子、富艾莉等，2014。

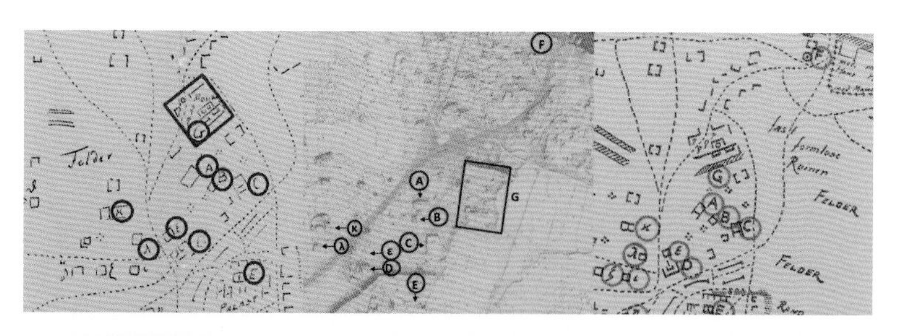

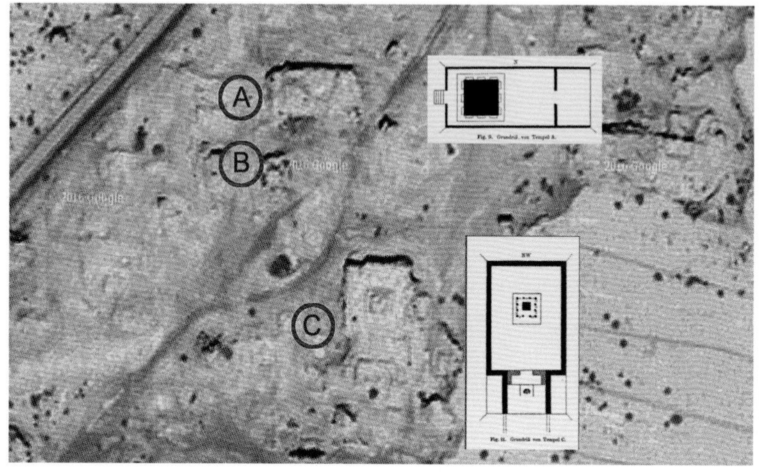


5 | A 寺院遗址附近遗迹的识别。

得到了补充和完善。程序用于识别大致位于格氏平面图北部中心区域的遗址群，即 A 寺院遗址与 G 建筑物遗址之间，包括 B、C、D、E、κ 和 λ 建筑。图 5 呈现了将卫星图像中所见地形数据和格氏平面图中的拓扑数据比较后获得的结果。此案例中，地形特征和格氏资料间有相当良好的一致性[1]。以 A 寺院遗址为例，虽然现场遗迹已很难识别[2]，但如果从高处俯视（图 5 下），可以清晰辨识出轮廓，恰好与格氏绘制的平面图重叠[3]。C 寺院遗址的卫星图像与格氏平面图的一致性更为明显[4]。确认这些遗迹后，周围其他遗迹的位置也更容易辨识。

其他遗迹，如 γ 寺院遗址和 O 佛塔遗址，在地表基本看不到遗迹，其位置的确认，是通过综合比对德国探险队与斯坦因记录的资料、老照片以及我们的考察获取的信息。例如，2012 年拍摄的与老照片相同视角的照片，帮助我们确立了 γ 寺院遗址的实际位置——这是在现场无法做到的（图 6）。

全景式老照片在某些情况下提供了比单体建筑物照片更多的帮助。老照片研究是该项目的最后阶段。2013 年驻留柏林期间，我们查阅了保存于博物馆档案室中且最近被数字化和仔细分类的德国探险队当时拍摄的高昌故城全景式照片[5]。这些照片为探索高昌故城最初被发现时的布局提供了极具

[1] Grünwedel, 1906, pp. 15—16, fig.9, 11.

[2] 当时格伦威德尔记录该寺院外墙依然高耸且彩塑遗迹依然可见（Grünwedel, 1906, pp. 14—15, fig. 8—9）。

[3] 尽管它看起来比实际寺院更长。在现场做进一步测量之后，我们能够确定其与格伦威德尔给出的数据非常接近（Grünwedel, 1906, p. 14）。

[4] Grünwedel, 1906, p. 16, fig.11.

[5] 非常感谢在柏林亚洲艺术博物馆工作期间，毕丽兰和德雷尔友好的合作和有价值的帮助。

6 | γ 寺院遗址的实际位置：相同视角下拍摄的新旧照片比对。

价值的信息。以我们此次调查获得的新信息为基础，借助在现场拍摄的全景式照片和卫星图像，就有可能追溯过去拍摄老照片的视角。因此，我们能够给出迄今为止其他尚未识别的建筑物的名称。

## 成果：高昌故城新地图

项目的最终成果是高昌故城新地图（图 7）和表 1 中可补充的地图信息。新地图呈现了我们已经能够识别的建筑物的实际位置[1]，图中的遗迹沿用格伦威德尔、勒柯克和斯坦因的命名[2]。我们将之转化为测量地图，以重现格氏平面图中的建筑分布，希望它可以成为现场识别古代建筑以及复原高昌故城布局的有力工具。

[1] 该平面图的基础来自由梁匡一和徐佑成调查后绘制的《高昌故城水系图》，我们对其做了适当修改。《高昌故城水系图》原刊于《吐鲁番学研究》2010 年，徐佑成绘制的平面图很可能使用了谷歌地图图像，并且着重绘制高昌故城古代遗迹最终难以保存原因之一的水系。我们决定将水系部分保留，因为其亦是反映高昌城现在情况的重要信息。

[2] 当位置的识别有一定程度的不确定时，该遗迹的名称后面以问号标记。

7 | 西村阳子和富艾莉于 2012 年调查后制作的高昌故城新地图。

在新地图上，首先可以注意到城内中东部无任何标记，这是由于此区域内遗迹保存状况较差，卫星图像中以及现场几乎辨识不出任何形状。例如东北部的 I、I′、T 和 T′ 寺院遗址的位置依然未知。然而，此类不能确认的遗迹数量十分有限。考虑到周围建筑物的位置几乎已被全部确认，且在谷歌地图上若干遗迹的踪迹依然可见，想必此区内的部分遗迹未来可能会被识别出来。

表 1 汇总了 2012 年调查以前与调查期间收集的信息，这是最终确定新地图的基础，且为快速联系和比较来自各种材料的信息提供了参照。列表中建筑物的顺序遵循格伦威德尔 1906 年报告内容的顺序，并根据其他相关的，如斯坦因、勒柯克的记载进行了补充，按字母顺序排列。

每一条目由以下信息组成：由作者指定的常规 ID 号码（1—64，左侧第一列）；德国探险队报告和格氏平面图中的遗迹名称（“格伦威德尔平面图上遗迹名称”）；出现在斯坦因高昌故城平面图中的相同遗迹以及斯坦因提及时最终给出的名称（“斯坦因平面图上的对应”）。在“2012 年考察”一栏中呈现出一组四个数据：位置（确定或未确定）；“确定度”根据相关信息辨识出来的确定性等级——确定度高（★★★）、确定度中（★★）和确定度低（★）。白色五角星（☆）表示在现场不可见的遗迹。某些情况下，即使遗迹不存，依然有可能确立或猜测其位置。对于此类遗迹，它们的位置同样有三种确定度。在确信的情况下（☆☆☆），虽然遗迹已不存，但位置清晰——如 O 佛塔遗址（ID 16）明显位于外城墙西段的一处凹地（比较图 1 和图 7）；而在其他情况下（☆），我们对于位置无任何线索，推测的原始位置处亦无任何痕迹。最后，列出了关于实际位置与格氏平面图和斯坦因资料比较的简要备注以及调查日期。

从新地图上可见，调查和识别的建筑物均位于高昌故城外城城墙之内。格氏平面图中标注在城墙之外的遗迹（见 ID 48—51）目前尚无法确定，一方面是由于我们缺乏一套通过城墙内遗迹识别城外遗迹的信息；另一方面也是因为高昌故城城墙之外的景观，在过去的几十年中已发生了翻天覆地的变化。在城址周围的简短调查表明，辨识并确认城外的遗迹是一项艰难的任务，需要不同的方式和更长的时间，这部分调查需留待其他时机。

## 结　语

迄今为止，依然很难将不同探险队的所有数据及研究成果关联起来，即使它们涉及相同的遗址和遗迹。通过搜集所有相关信息，将之与如谷歌地图等现代地图连接起来，我们就能够将过去与现在不同的研究者、考古学家与调查队的资料关联起来。我们正在创建一个可以作为第一手资料的数据库，该数据库可以容纳不同类型的资料，包括地图、平面图、照片和地理学信息。

这一项目是数字丝绸之路的一部分，目前大部分的参与者来自中国和日本。未来我们希望能够与欧洲、印度、俄罗斯的相关机构开展合作。我们的终极目标是创建一个能够为国际学者和机构提供资料和成果分享与交流的广阔平台。

# β 寺院遗址

德雷尔　孔扎克-纳格

格伦威德尔命名的 β 寺院遗址，今天称作西南大佛寺[1]，是高昌故城中保存现状最好的一处建筑群。由于外城城墙有意将 β 寺院包围其中，它的重要性由此可见一斑。与 P、γ 等其他大型佛教寺院类似，β 寺院亦建在高昌故城内城西城墙之外，这种布局目前尚无法解释。

## 研究史

20 世纪初，古代回鹘王国都城高昌是不同国家探险队的目的地。继克莱门茨最初记录高昌城之后[2]，格伦威德尔是首位调查 β 寺院遗址的学者（1902 年或 1903 年）。鉴于格氏出版的第一次探险活动记录中有关于 β 寺院遗址极为丰富的细节[3]，想必他在此处驻留了相当长的时间。1904 年 12 月，勒柯克接手了相关工作。在一封信件中，勒柯克称自己在 β 遗址的一间房址内发现了文书残片以及一段发辫（1904 年 12 月 11 日，TA 5669）。次年 2 月，勒柯克在 β 遗址开展了大规模的发掘，但并未明确记录发掘地点（1905 年 2 月 20 日，TA 1123）。一个月之后，他以无任何收获为由停止了工作（1905 年 3 月 20 日，TA 1190）。1906 年，格伦威德尔到访高昌故城时可能再次调查了 β 寺院遗址，但他后来的书信、报告与出版物中均未提及，而是详细记录了“可汗堡”遗址和东城墙外的遗址[4]。由于勒柯克认为自己无权利公布格伦威德尔调查过遗址的详细资料，我们也无法从他的记录中获得 β 寺院遗址的信息。因此，关于这处大型建筑群的唯一资料，来自格伦威德尔的《高昌故城及其周边地区的考古工作报告（1902 ～ 1903 年冬季）》[5]。报告中 β 寺院遗址章节部分，格氏收录了 1 张遗址平面图和 13 张根据探险队成员胡特 1902 年或 1903 年拍摄的照片绘制的锌版画[6]。幸运的是，这些插图依据的原始照片保存了下来，其中还有若干张未发表的照片，

[1] 参见陈爱峰文章，第 48 页。
[2] Klementz, 1899, p. 30.
[3] Grünwedel, 1906, pp. 73—95.
[4] Grünwedel, 1912, pp. 332—340.
[5] Grünwedel, 1906. 译者注：本译文使用中译本书名。
[6] 胡特，著名的语言学家与蒙古佛教专家，自一开始就参与了远征计划。在 1902 年或 1903 年，他指导了考古工作，抄写了若干铭文，并拍摄了大约 120 张照片，而这些照片现存不足 50 张。胡特不幸于 1906 年去世。

它们提供了额外的补充信息。

斯坦因第二次中亚探险期间曾在高昌故城考察数日，即1907年11月18日（他在小阿萨古城工作之后离开拜什塔木）至1907年12月1日（前往焉耆）[1]。第三次探险期间，斯坦因在高昌故城，也就是他所称的哈拉和卓[2]停留了两周左右。1914年11月1日斯坦因到达高昌，11月15日转而考察辟展和吐峪沟[3]。由于斯坦因在吐鲁番盆地三个半月中的大部分时间驻留在高昌一带，因此在1915年2月最终离开吐鲁番之前，他很可能在高昌故城做过一些研究[4]。在他绘制的高昌故城平面图上，斯坦因以当地名称 *Khitai Madrasa* 标注了格伦威德尔命名的 β 遗址[5]。我们目前尚不能确定斯坦因是在1907年还是在1914年调查了 β 遗址。

伯希和于1907年10月3—5日从库尔勒至乌鲁木齐途中，在吐鲁番地区短暂停留。两个多月后的12月29日，他离开乌鲁木齐，前往交河故城和吐鲁番城。12月31日，他到达哈拉和卓，并在高昌故城进行了短暂考察。1908年1月1日，他到访吐峪沟、胜金口和柏孜克里克，然后取道阿斯塔那回到吐鲁番城。伯希和驻留至1908年1月11日，等待他的同伴努埃特时，在交河故城和吐鲁番城以北的山前遗址进行了多次调查。伯希和是否再次考察过高昌故城，不得而知[6]。

奥登堡曾先后于1909年10月29日—1909年12月初[7]以及1915年2月或3月[8]两次到访吐鲁番。他于10月在高昌故城首次考察，随后可能于1909年11月再次在高昌故城工作数日[9]。与斯坦因相似，奥登堡随行有专门的测绘人员。绘图员与摄影师杜丁记录了奥登堡率领的两次俄国探险活动，但在吐鲁番地区考古发现的详细成果仍有待公布。到目前为止，奥登堡绘制的高昌故城遗址图极少公之于众。奥登堡的日记表明，他曾在 β 寺院遗址工作，且与斯坦因一样将之称为 *Khitai Madrasa*[10]，但更多的细节依然无法得知[11]。

---

[1] Stein, 1921, vol. III, pp. 1167—1177.

[2] 拼写为 Karakhoja。

[3] Stein, 1928, vol. II, pp. 587—590.

[4] Stein, 1928, vol. II, p. 609.

[5] Stein, 1921, vol. III, pl. 24.

[6] Pelliot, 2008, pp. 202—215.

[7] 奥登堡出版了一份简短的报告，Oldenburg, 1914, p. 28。

[8] 奥登堡第二次中亚探险的主要目标，是对敦煌最古老的石窟进行彻底考察。在敦煌完成该项工作之后，1915年1月28日，奥登堡和龙伯格一起开始踏上返回彼得格勒的旅程，并于1915年4月23日到达（Popova, 2008, p. 168）。在回程途中，他们参观了吐鲁番绿洲的诸多遗址，这些地方是奥登堡在首次中亚探险时已经勘察过的（http://idp.bl.uk/pages/collections_ru.a4d; 2016年2月8日）。

[9] 根据布哈林关于奥登堡第一次中亚探险日记报告，奥登堡于9月29日到达吐鲁番。他于10月17日离开高昌故城（亦都护城）去往吐鲁番地区的其他遗址调查，并于11月14日返回。由于11月14—24日期间他在其他遗址工作，故而他在11月24日至12月2日最后离开吐鲁番绿洲的这段时间内，可能再次投入了数日对高昌遗址进行了研究。现今，布哈林正在准备出版奥登堡的日记。

[10] Oldenburg, 1914, p. 28 “китайскаго медресе”.

[11] 奥登堡在其探险报告中提及了 β 寺院遗址E建筑群的上层楼与其绘画。参见 Oldenburg, 1914, p. 28。

在对高昌故城的考察中，日本大谷光瑞探险队所做的工作几乎不为人知。渡边哲信和崛贤雄于 1903 年 9 月 4—5 日调查高昌故城时未进行发掘。而大谷探险队第二次考察时，野村荣三郎雇用了数人。在吐鲁番地区停留的 47 天中，他们至少于 1908 年 12 月 12—13 日在故城的六处展开发掘（野村荣三郎未指出遗迹名称或作描述）。大谷探险队第三次活动的日记片段中提及三次驻留吐鲁番盆地，其中两次持续了两个月，一次持续了五个月。但仅于 1912 年 5 月 23—24 日和 9 月 10—12 日，由吉川小一郎指挥雇佣工人，在高昌故城开展过发掘，这些发掘细节尚未可知[1]。

黄文弼是首位关注高昌故城的中国探险家，1928 年开始调查故城。关于中国学者对高昌故城的探查和研究，详见本编陈爱峰文章[2]。

## 格伦威德尔工作总论与本文目标

格伦威德尔绘制的 β 寺院遗址平面图（讨论见下文）与报告中的描述，基本呈现了遗址发现时的大致景象。他一定投入了数天时间登上成堆的沙土和废墟，确定各个墙壁和房址的位置。当确定了建筑物的关键转角后，格氏肯定绘制了许多不同的、具有丰富细节的平面图，来记录他所观察到的各区域和房址。根据我们在 2015 年 10—11 月的考察中发现的若干“错误”，基本可以确定，格伦威德尔 β 寺院总平面图是他在探险结束数年之后，将当年在现场所绘的局部图和笔记整理汇总所制。

图中的部分错误无法避免，因为格伦威德尔的时间和人力有限，无法将 β 寺院遗址完全清理至地面。从当时胡特拍摄的照片中可以清晰地见到墙壁周围碎砖石堆积的范围和高度。因此，格伦威德尔的多数测量值需要修正。由于格氏从未将其调查和研究集中于某一处，一旦其他遗迹引起他的注意，他就会将精力转移至此处。因此可以理解为何若干细节会被他忽略甚或可能被混淆。格伦威德尔的目标并非发现和分析建筑物在其存在过程中经历的改变，如建筑物的建造阶段，对建筑物的重建、改造或修复。格氏仅做纯粹的、详细的描述，希望在他短暂的考察期间尽可能多地记录信息与数据。

近几年，西南大佛寺得到了保护修复和部分重建。中国学者在其中作出了卓越的贡献。他们可能在查阅了上述早期考古学家的平面图、照片和报告的同时，重建了房址内的结构性墙体。新竖起的夯土或土坯结构老化迅速，且已经难与原初结构区分。总而言之，重建结构常与原有建筑的残存遗迹联结起来，部分情况下会引起误解。但深入分析建筑的不同阶段（包括最近的修复）仍有可能，不过需要相当长的一段时间。

2015 年，我们按照研究计划调查 β 寺院遗址时，利用了所有可获得的资料。我们分析了藏于

[1] 感谢庆昭蓉欣然为我们提供日记内容，她将在适宜之时发表其研究成果。
[2] 参见陈爱峰文章，第 45—55 页。

柏林亚洲艺术博物馆的照片、平面图和报告等档案资料，将它们与 β 遗址进行比对，并考察了当下考古学理论中考古遗址的发展。

我们的目标，一是对比现存的遗迹与探险队的照片以及格伦威德尔的报告，二是寻找在格氏报告中未提及但可以通过观察遗址现状而获得的额外信息。

柏林亚洲艺术博物馆收藏的木梁、柱顶过梁、柱子和柱头等木构件，是德国探险队在高昌故城发现的。由于大多数木制品已被当地人重复使用甚至烧毁，幸存至今的木制品是原初木构建筑的稀有例证[1]。先前学者对木构件的关注很少。确定它们的发现地是本项目的目标之一。为了确认它们在现存遗址中的大致位置，我们需要重新分析某些建筑遗存。高昌故城内 β 寺院遗址得到了最充分的研究。因此，为了解决我们的问题，最重要的是尽可能汇总该遗址的全部信息。

本文的目标并非重复或详细分析格伦威德尔在 1906 年发表的考察信息。实地考察期间，我们面临着与格伦威德尔相似的情况：一方面承受着巨大的时间压力，另一方面也不具备现场发掘的工具和条件[2]。因此，我们仅论述那些不同于格伦威德尔的发现，希望我们的阐释能为高昌故城的考古工作者提供参考，在他们未来的工作中解决这些问题。

## β 寺院遗址概况

格伦威德尔将 β 遗址描述为北、东、南三面均有建筑物的中心寺院（图 1），现依然可见建筑遗存。格氏认为 β 遗址墙外的建筑是供僧侣居住的僧房，而自 2006 年以来在此处调查和发掘的中国学者认为它们是房屋、作坊或市场[3]。

穿过东门、前院和前厅方能抵达中心塔殿。中心塔殿的北、南、西三面分布着两长列双排小室，皆为两层。前院西侧的南北两段隔墙表明，后院是封闭的。前院的主要建筑是两座宽敞的穹窿顶大厅，大厅东西两侧的排房曾有两层，它们向东延伸至东南角 F、东北角 E。E 区的二层为一座小寺。

1902 年二层的建筑墙体几乎无存，外墙处形成了巨大的裂缝。当时当地居民用手推车将大部分夯土墙运至周围的田地用作肥沃的耕土。格伦威德尔记录了遗址中可辨识的所有建筑：穹窿顶大厅的双重加固墙体、堡垒似的角楼、券顶的两层的双室以及壁画，这些壁画主要见于房址二层，亦见于南侧穹窿顶大厅 J 和北侧穹窿顶大厅 I 的西侧建筑 K 中。尽管建筑坍塌严重，格氏仍然记录了大量细节，但他的个别判断需要纠正。我们的短期调查无法获得精确数据，所以在此亦无法讨论与格氏记录信息的差异。

---

[1] Grünwedel, 1906, p. 175.

[2] 中国考古学家自 2005—2012 年成功进行了高昌故城的发掘工作，希望他们能够继续开展此项工作（参见陈爱峰文章，第 45—55 页）。

[3] 参见陈爱峰文章，第 47—48 页；Hansen, 2005, p. 295。

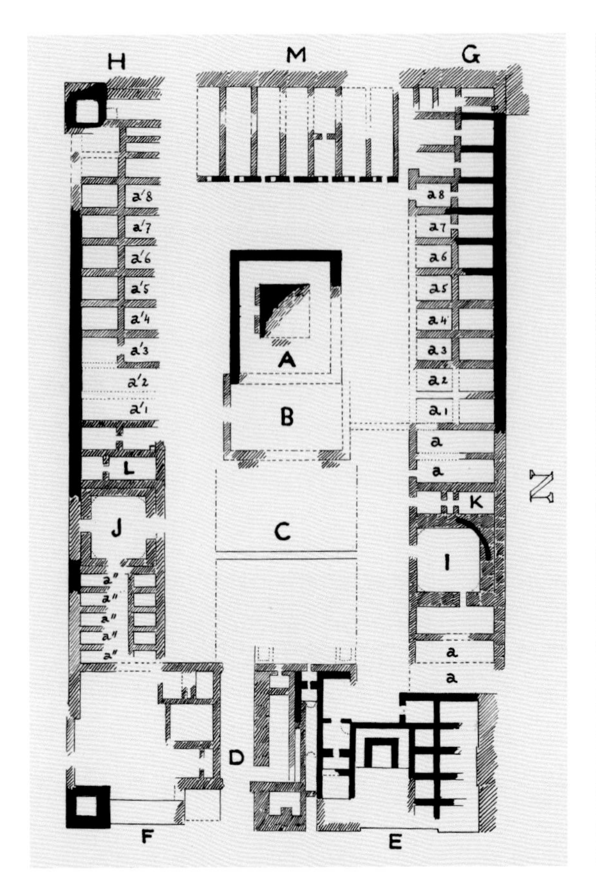


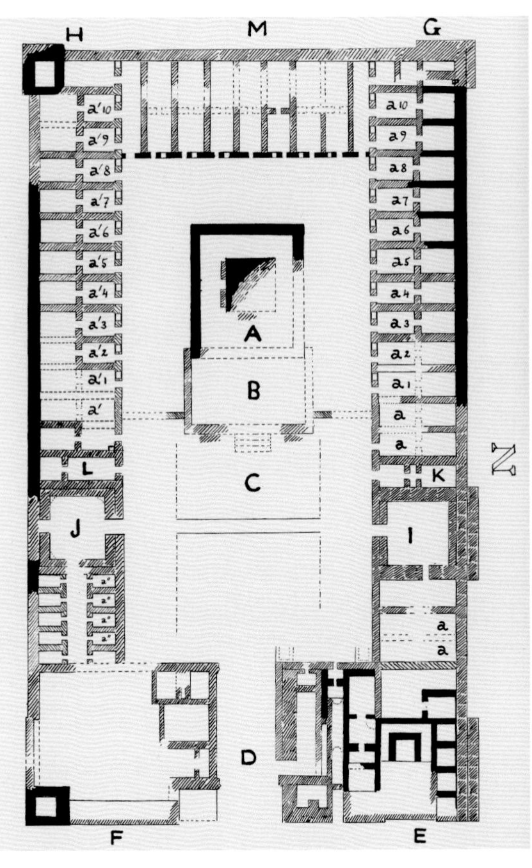


1 | 左：β 寺院遗址平面图，格伦威德尔，1905 年（TA 6577）；右：尝试性修订的 β 寺院遗址平面图，魏正中，2015 年。

根据格伦威德尔的记录，他绘制的 β 寺院遗址平面图（图 1，左）是该遗址 1905 年时的状况，大部分特征可见于他的报告。在我们的实地考察中，魏正中绘制了一幅修订版平面图（图 1，右；参见魏正中文章，图 1），该图以寺院的外部尺寸为基础，且根据相对位置调整了内部结构。

下文主要讨论我们基于实地考察获得的主要认识。更多细节可参见本编魏正中文章[1]。

## 中心塔殿

中心塔殿在重建后低于前厅数阶，前厅已被重建为平台类的建筑，高于后院[2]。格伦威德尔报告中未提到抵达中心塔殿时要下任何台阶。事实上，中心塔殿低于前厅的活动面是令人费解的。

四面开凿有大量佛龛的中心塔轮廓已被修复，现在是部分修复的雉堞墙内的大型建筑（图 2）。

[1] 参见第 92—100 页。
[2] 参见陈爱峰文章，第 47 页，图 3。

2 | β 寺院遗址中心塔及其上开凿的壁龛。左：1902/3 1902—1907 年胡特拍摄（A 379）；右：2015 年德雷尔拍摄（P1060803）。

在 1902 年，中心塔的大半以及绝大部分墙体已经缺失。格伦威德尔在西侧墙体内壁发现了壁画遗存（图 3，左）以及一尊大型坐佛塑像的一截腿部，它应是位于东侧（前部）的主要礼拜像（图 2，左）。根据倒塌堆积中发现的使人联想到蓝白彩绘爱奥尼亚式柱的硕大涡形泥塑残片，可以部分复原这尊佛像的风格[1]。

格伦威德尔曾记录中心塔殿南侧围墙上有一个深 25 厘米的壁龛，在现代修复的建筑上被标记出来。修复建筑的西侧围墙中部亦有一个相似的壁龛。然而，格氏对此只言片语的评论难以解读。

中心塔殿拥有高大的围墙（图 4）。墙体外侧连续的线脚起到了基座的作用。线脚之上墙壁的高处有数排大小不同的槽孔。格伦威德尔认为，泥塑像最初安置在这些槽孔中，或固定在墙上，且上部可能还有遮阳篷顶保护，这种观点与克莱门茨对交河故城的相关研究类似[2]。然而，魏正中认为，这些槽孔用于架设保护围墙外部以及中心塔壁龛的屋顶，此外，他还提出中心塔超过屋顶的部分还有一座佛塔[3]。最初它可能与胡特 1903 年拍摄的高昌故城东部中心塔殿寺院的上层

[1] Grünwedel, 1906, p. 79.
[2] Klementz, 1899, pp. 26—27.
[3] 参见魏正中文章，第 98 页。

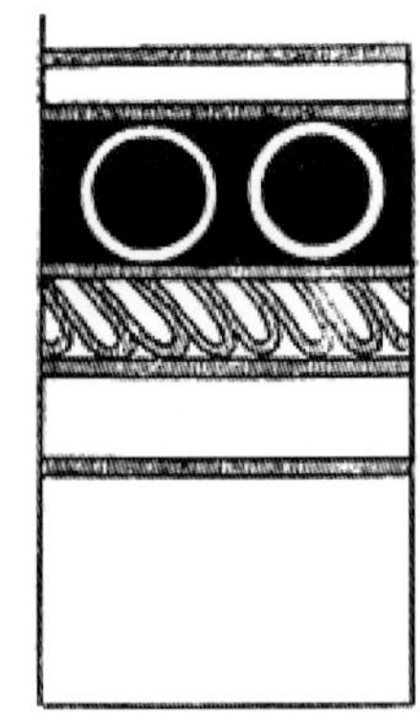

3 | 中心塔围墙内壁上绘制的装饰图案。左：1902/3 年胡特拍摄照片局部（A 379）；右：格伦威德尔绘图（TA 6801）。

建筑类似[1]。格氏认为围绕塔柱的墙体上端的缺口是雉堞，实际上应是固定屋顶木梁向外延伸部分的卡槽。缺口下部四个相应的竖直槽孔用于安插倾斜的木制支架，与下文讨论的安装木栈道的凹槽类似（见下文）。再向下有一横排尺寸稍小的槽孔，很可能是墙体施工过程中搭建脚手架时开凿的[2]。

在 1902 年或 1903 年，前厅围墙南段依然保持相当的高度（图 5）。它几乎直线延伸至中心塔南侧围墙，并与前后院之间的南侧隔墙垂直相交，后院内有大量僧房。

格伦威德尔一定混淆了关于这些残断墙体的记录[3]，他在报告中提到南墙已经不存。然而胡特拍摄的照片中呈现出左侧（南侧）的高墙。同时根据另一张照片可知，当时前厅北侧的部分墙体也依然存在（图 6）。

2015 年调查期间，我们重点关注 β 寺院遗址的后院。后院每层包含有不少于 30 间的双室，皆为前后布局，且后室仅能通过前室的门道进入。

双排房间始于围墙前面的双室。后院南、北两侧的建筑遗迹在 1902 年已处于严重受损状态，但经过我们的实地考察，发现它们与墙体后面的双室有着相同的规模和布局，应该属于同类建筑。

格伦威德尔遗漏了南侧的一间双室（图 1，左）。这导致他的平面图中房间排布并不规整，因此前院的两个穹窿顶大厅 I 和 J 并不对称。事实上，两侧的建筑始终是对称分布的[4]（图 1，右）。这些双室中，围绕在中心塔殿、前厅以及后院南、西、北侧的一间双室，均长 6 米，宽 3.5 米，底层的一间高度均相同[5]。因此，这可以驳倒格氏房间大小不同的判断。中心塔殿后部（即西侧）的

[1] 参见魏正中文章，第 99 页，图 10。

[2] 在此应该注意到，在高昌故城和其他地方的土坯和砖石建筑中发现了许多规则的小槽孔。为了建造和维护高大的土坯建筑，必须在那里竖起木制的脚手架和梁，或至少是暂时的，以分担新造墙体的承重。修复工作已精心保留甚至增强了这些槽孔。在黏土干燥之后，这些木梁会被拆下重新使用，这使槽孔空出。由于作为临时工作平台的横梁可能与用于支撑塑像架子或走廊的横梁大致相同，所以这些槽孔的用途通常很难确定。参见魏正中文章，第 93 页，注释 3。

[3] Grünwedel, 1906, p. 77.

[4] 参见魏正中文章，第 94 页，图 1；陈爱峰文章，第 47 页，图 3。

[5] 参见魏正中文章，第 93—95 页。

4 | 中心塔围墙南侧外立面。上：1902/3 年胡特拍摄（B 1012）；下：2015 年德雷尔拍摄（P1060812）。

5 | 从东侧所见中心塔。上：1902/3 年胡特拍摄（B 1011）；下：2015 年德雷尔拍摄（P1060802）。

6 | 中心塔 A 和 K 房间的北部围墙。上：1902/3 年胡特拍摄（编号 6）；下：2014 年甘佳丽拍摄（DSC_ 02894）。

7 | 从中心塔后部通道所见南侧小室（魏正中编号 9—12）。上：1902/3 年胡特拍摄（B 0920）；下：2015 年鲁克斯拍摄（SAM-9931）。

8 | 从北侧隔墙所见西侧小室和G建筑。上：1902/3年胡特拍摄（B 0921）；下：2015年德雷尔拍摄（P1060826）。

9 | 从后院西南角所见西排小室。2015 年德雷尔拍摄（P1060558）。

一排小室，也与格氏的判断相矛盾，因为它们明显是具有相同轮廓的双室。由于面对后院的小室前壁几乎不存，这可能是被格氏误认作更小房间的原因（图 7）。显然，格氏也未曾尝试清理后院的原初活动面，这使他误信底层小室的高度低于上层小室，且误将底层横向隔墙中的门描述为“爬行高度的门”，即低矮的、仅容一人爬行通过的门[1]。

当格伦威德尔发现上层相似的双室，且前后皆无通道时，如何进入上层房间的问题使他困惑。因此他提出寺院的西南角或西北角内原来应有一段楼梯，但仍无法解释应如何进入侧面无连接门的双室。

格伦威德尔正确记录了 β 寺院四角坚固的“角楼”（F、G 和 H）。由于当时这些转角区比其他区残损得更为严重，因此他的相关记录需要慎重对待。格氏平面图中显示出 G 和 H 内有较小房间，但由于现代修复，我们无法证实他的发现。

中心塔殿后（西）面的一排小室 M，毗邻后院的墙上显示，每间小室均有一扇门和一扇窗（图 8）。窗的下缘略低于门框的上缘，这在 1903 年拍摄的照片上清晰可见。

[1] “Die Quermauer hatte überall unten in der Mitte ein kleines Türchen durch das gerade ein Mensch schlüpfen kann, ...”（Grünwedel, 1906, p. 82）

10 | 从北侧所见 β 寺院遗址北侧围墙和中心塔。上：1902/3 年胡特拍摄（B 3000）；下：2015 年德雷尔拍摄（P1060858）。

11 | 从南侧所见 β 寺院遗址外墙。上：1902/3 年胡特拍摄的照片呈现寺院墙外的附加建筑（B 3039）；下：2015 年德雷尔拍摄（P1060840）。

图 8 展示的老照片（B 0921）亦提供了关于使用木梁的有趣线索。西排小室前壁上端可辨识出的缺口是用来固定木梁的卡槽（图 9）。边长约 20 厘米的缺口位于前壁最上端，硕大的梁插入其内，下方 1.5 米处还有一排倾斜的凹槽。这些凹槽中仅有一个可以在一幅老照片中辨识出来，即在这张照片中两扇窗户之间的门道右侧，然而重建的墙壁上保留了数个凹槽。

魏正中在此处复原了一处木栈道[1]，它既可以遮挡地面层的窗户，从而保持房间的凉爽，同时也解决了进入上层双室的问题。通过该栈道就能够进入上层的双室，如同通过一段沿墙而设的通道进入地面层的房间。双层建筑上搭建木栈道的形制，可根据德国吐鲁番探险队 1902 年或 1903 年第一次考察期间在 β 寺院遗址发现的木构件进行推测。其中一件雕花镶板可能是栈道的构件（见图录编号 III 5024），还有可能用作支架的小件雕花托板（见图录编号 III 5022 和 III 5023）。

地面层的小室前壁上可能开有面向后院的窗户，上层小室可能亦开有可以望见寺院的窗户或小开口。地面层小室的后室通风，且可通过开在前室后壁上部的窗户采光。

胡特从邻近遗址拍摄的 β 寺院照片显示，北部外墙上部亦开有窗户（图 10）。由于外墙倒塌，可以看见墙体下部的拱形结构。墙体坍塌后露出了下层房间的拱形券顶。部分拱形结构是倚靠寺院外墙而建（甚至建于寺院废弃之后）的附属小室或建筑的遗存，但皆已不存（图 11）。

## 前院

β 寺院遗址的前院比后院更加难以解释。前院建筑群以 I 和 J 两座大厅为主，分别位于穿过前院的南北两条连接通道上，两座大厅曾建有大穹窿顶。北侧大厅 I（图 12、14、15）已被重建成最初的形制。两座大厅均经历了至少两个建造阶段。大厅的墙体曾用额外的砖层加固，表明两座大厅的原初屋顶并非穹窿顶。第一阶段，大厅的屋顶可能是由柱子支撑的木制天花板[2]。大厅重建的原因尚不清楚。由于两座大厅的加固方式不同：北侧大厅 I 的墙壁通过在外侧增建夯土墙来加固，而南侧大厅 J 的加固墙体则建于墙壁内侧；这种差别可能意味着两座大厅的穹窿顶非同期建造。

格伦威德尔记录大厅的西侧，即朝向双室的一侧各有一座带前厅的小礼拜堂 K 和 L。由于在这两座礼拜堂中发现了壁画和题记，它们应该有一定的重要性。北侧小礼拜堂 K 的前厅平面呈方形，为穹窿顶（图 14），由两堵带门的墙体与内殿分隔。内殿的平面亦为方形，格氏未发现它的屋顶遗迹。南侧小礼拜堂 L 前厅平面呈长方形，内殿平面呈方形，其内或许原有一尊塑像[3]，原初顶部可能为穹窿顶。

---

[1] 参见魏正中文章，第 96 页，图 6。
[2] 参见魏正中文章，第 96 页和该页注释 [2]。
[3] Grünwedel, 1906, p. 86.

12 | 从西侧所见房间K和大厅I的穹窿顶。上：1902/3年胡特拍摄（编号12）；下：2015年孔扎克-纳格拍摄（P1150595）。

13 | 从前院北部所见房间 K。左：1902/3 年胡特拍摄（编号 10）；右：2015 年孔扎克-纳格拍摄（P1150589）。

鉴于以上这些建筑，尤其是重建的大厅 I 与毗邻房址的保存现状，我们无法进行详细分析。格氏记录小礼拜堂 L 和南侧大厅 J 之间可能曾有一道门连通。

两座穹窿顶大厅的东部南北两侧各可辨识出一组房间。然而，格伦威德尔关于北组房间的记录以及现代的重建，均无法为我们提供关于其形制和功能的信息。格氏平面图中显示南组有 10 间房，对称分布在通向南侧大厅 J 大门的中心走廊的两侧，每间房的门道朝向中心走廊。中心走廊的东侧连接着另一组房间，格氏将此定名为 F，形成了整座寺院东门的南区。由于房间的许多内墙已经塌毁，他仅对 F 区进行了初步调查。

格伦威德尔在 β 寺院遗址的东区还发现了两层楼。如果将位于北侧大厅 I 东部的北组房间复原为与其对应的南组房间一致，即沿中心走廊对称分布，那么可以通过走廊进入小室，故没有必要再单独复原一条进入房间的走廊。因此，楼梯可能位于 E 和 F 区。

东门北侧的 E 区（图 16）是该建筑最重要的部分，格伦威德尔亦对其进行了详细描述。上层有一座与位于内城城墙上的 α 寺相似的小寺。α 寺的回廊内绘有《誓愿图》，格氏对此抱有极大兴趣。本文不涉及壁画，在此亦不作评述。但需要提及的是，奥登堡亦在上层发现了壁画[1]。

[1] 杜丁关于这些绘画的摹绘本（Oldenburg, 1914, p. 28, fig. 31）与格伦威德尔的摹绘本（Grünwedel, 1906, pp. 91—93, figs. 79a, 81a, 82）相比，呈现出一种完全不同的风格。格伦威德尔的摹绘本采用了一种典型的回鹘风格，而杜丁摹绘本的绘画风格与吐峪沟和七康湖发现的古老绘画类似。参见 Konczak, 2014, pp. 322—323。

14 | 从前院西南角所见大厅 I。左：1902/3 年胡特拍摄（编号 7a）；右：2015 年德雷尔拍摄（P1070266）。

15 | 从大厅 J 所见大厅 I。左：1902/3 年胡特拍摄（编号 11）；右：2015 年孔扎克-纳格拍摄（P1150593）。

由内殿、回廊和外围房间组成的这座位于上层的小寺占据了西南大佛寺遗址的东北区域。地面层之下堆满瓦砾。我们尚不清楚这一堆积形成的时间。一种可能是寺院建于地面层倒塌并被瓦砾填满之后，α 寺院就是以这种方式建造的[1]。瓦砾堆积中出土了一件小型木制圆柱雕花柱头（见图录编号 III 5016），这使人联想到印度—科林斯式柱头。或许该柱头曾属于寺院的某一走廊，或第一阶段时期的大厅 I 或 J。

格伦威德尔推测，从前院至 E 区的二层存在一段楼梯。他还认为，从 β 寺院遗址东门至二层小寺前厅南（左）侧也存在一段楼梯。格氏对 E 区的这些记录令人费解。我们不清楚他是否在清理了瓦砾堆积后见到了东门旁的地面层房间，但他在报告中记录了此区的遗存。格氏描述了长走廊，这也被绘制在平面图上。然而，他将整个 E 区向南偏移，压缩了 F 区的空间，进而认为 E 和 F 不对称。格氏如此记述："由于 E 建筑群及附属建筑过于庞大，以至于整个大佛寺的东门门道设在偏左（南）处而不居中。"[2] 现代重建已纠正了格氏的观察，即 E 和 F 两组建筑群规模相当，对称分布在东门门道的两侧，但却封闭了 E 区，导致无法对其内部建筑进行调查。E 区内的墙体布局仅能

[1] Grünwedel, 1906, p. 60.
[2] Grünwedel, 1906, p. 75.

从远处观察。我们认为格伦威德尔的记录并不正确。E 区北侧外墙当时肯定处于完全塌毁状态。与胡特同一时期拍摄的照片对比可知，格氏在二层寺院北侧复原的 5 间房实际并不存在。这些附加的房间使格氏将整个区域向南推移，进而误认为东门门道偏南而非居中。

胡特的照片呈现了 1902 年或 1903 年从东部所见情况（图 16、17）。其中一张照片拍摄于通往 β 寺院遗址的东门，呈现出通过东门径直前往中心塔殿的景象（图 16）。东门虽然与中心塔殿并未精确对齐，但也未偏移至格伦威德尔平面图中所见的程度。另一张照片是在高于高昌故城内城城墙的 α 寺院墙体处拍摄的（图 17），展示出 β 寺院遗址的东面以及 E 区的北部墙体。

通过以上考察和分析，我们认为 β 寺院在其沿革中的某一时段增建了新的建筑，占用了 E 和 F 区之间曾经宽阔的东门的一部分。这些建筑用来支撑 E 区的南部墙体，分担在二层上增建小寺之后所产生的压力。这一看法也得到了遗迹现状的支持，即 E 区北部墙体外侧现存一段夯土墙，从与周围遗存的关系来看，应该是在稍晚阶段专门为了支撑 E 区外墙而建的。

## 结 语

在西南大佛寺遗址中可以确定众多木构建筑遗迹，包括本文未涉及的诸多普通建筑构件：木门与窗框、窗板、支架、固定塑像与装饰的木钉和木销等。木制长栈道、木梁、梯子和栏杆，可能还有带柱础和柱头的柱子，是对土坯建筑的补充与装饰。除现存于柏林亚洲艺术博物馆内的少数木构件外，绝大多数木构件在后来被重复使用或毁坏。因此，我们对木构件的认识主要来自间接证据，也就是土坯墙体上各种大小的槽孔。如果忽视这些，木构件的信息将会完全丢失。这是我们首次开始收集有关木构件存在的证据。

木构件发现的确切地点在格伦威德尔的报告中极少出现，大部分情况下，木构件的发现地并非其原属地。例如前文提及的 β 寺院 E 区房址之下的瓦砾堆积中，即在建筑群下层填满堆积的房间内发现的一件受西方风格影响的圆柱木雕柱头（见图录编号 III 5016）[1]，它可能最初属于 β 寺院。如果事实如此，那么正如魏正中所言，这件柱头原应位于第一阶段的大厅 I 或 J 内，即大厅屋顶变成穹窿顶之前的阶段。由于需要重建新墙并加固外墙，β 寺院前区的新规划想必耗费了大量的人力和物力。由于这些改变，β 寺院可能呈现一种新的非对称布局。对完美对称布局的有意舍弃，应是为满足当时的需求。我们期待与其他研究者展开合作，获得更多关于 β 寺院功能转变的认知。

[1] 根据格伦威德尔记录，当地农民在东北塔（E 区）下层房间内发现了一件精美的木制雕花柱础，高 38 厘米，直径 40 厘米（Grünwedel, 1906, p. 95）。该木构件很可能与从 β 寺院遗址发掘的木制柱头（编号 III 5016）极为相似，虽然后者的高度仅 20 厘米。根据程式化的莨菪叶片装饰设计，将该柱头认为是一个基座或一个柱础，极有可能是错误的。通常，科林斯式或印度—科林斯式柱头的莨菪叶片装饰是竖直的，不会如我们的案例中一样指向下方。然而，也有若干向下指的莨菪叶片装饰柱头的案例。这样一件木雕柱头从位于吐鲁番以西约 350 公里处的焉耆获得，且保存于大英博物馆（MAS. 1107）。参见 Stein, 1921, II, p. 1221; IV, pl. CXXVIII。

16 | 从东侧所见中心塔中心与右侧（北部）的建筑 E。上：1902/3 年胡特拍摄（B 3001）；下：2015 年鲁克斯拍摄（SAM_9923）。

17 | 从 α 寺院遗址向西所见 β 寺院遗址建筑群。上：1902/3 年胡特拍摄（B 1554）；下：2015 年德雷尔拍摄（P1070070）。

# 城市规划与建造技术

魏正中

高昌故城废弃后的数个世纪，占据这座曾经繁华城市大片区域的建筑，多数残破倒塌，且被当地民众开垦为耕地。直至20世纪80年代，整座城址才被列为国家级重点文物保护单位，得到应有的保护。高昌故城的布局被认为与汉地城市布局类似，但主要建筑使用的夯土和土坯建造技术，则明显呈现出中亚建筑的影响。本文关注高昌故城中的木构建筑。由于城中的木构件几乎无存，且土坯建筑内能够保存下的安装木构件的槽孔亦十分少见，故而此项任务极为复杂。在高昌故城，古代工匠通过巧妙的土坯建造技术，将木材的使用量控制在最低限度[1]。

## 城市规划与建造技术

阎文儒曾在文章中指出，高昌故城后期阶段的布局反映出唐代中原城市尤其是长安城的影响，他的主要论据是北面宫城和两座寺院的位置。两座寺院由作坊与市场围绕，一座位于西南，即西南大佛寺；另一座位于与之相对的东南，即东南小佛寺。这三处建筑均位于内城墙与外城墙之间[2]。

高昌故城有内外两重城墙。中国学者对墙址和城门的位置尤为关注，他们根据历史文献及田野工作进行了初步辨识，但是关于城门的位置与数量提出了不同观点[3]。城址的现状并不利于确定城门的实际数量，但对研究而言，可以肯定每处城门均有门扇，而这些门扇很可能是高昌故城最大的木构件。

城内的路网如今虽然近乎消失，但对其研究仍能获得若干有趣的信息。除之前调查辨识出来的部分道路外[4]，在2015年实地考察期间，我们还发现了内城西门内的道路遗迹。高昌故城最初规划

[1] 本文所讨论的数据是在2015年10月进行的一次短暂的实地考察中收集的，并已进行了初步组织，以便对城市建筑的木材使用情况作出评价。关于高昌故城的建造技术，参见毛筱霏等，2012，第45—48页。李肖，2003，第240—252页。

[2] 阎文儒，1962，第28—30页。

[3] 阎文儒，1962，第28—30页；刘建国，1995，第748—753页；李肖，2003，第25—44页；并参见陈爱峰文章，第47、48、51、55页。

[4] 阎文儒（1962，第29页）提供了一张地图，并解释了西南大佛寺遗址东南方的房址。遥感探查可以识别北部地区的部分街道网格设计，然后通过现场评估确认。参见刘建国，1995，第748—753页。

时首先要考虑的因素可能就是道路网，这不仅是城市的骨架，而且废弃的路土还能成为建筑的用材。街道挖至地面以下，深度为2—3米。这种修造方式使得街道相交处形成了高台[1]。修路挖出的黏土堆积在高台之上，而后被制成夯土或土坯，用以建造高台上的建筑。在高台上修筑建筑，不仅使它们更加突出，同时大大节省了运输巨量建筑用土所需的人力。这种设计的另一优势是，城市的不同区域可以逐步建设，而不会对城市的日常生活产生较大影响。

城内的大量单体建筑采用了不同的建造技术：部分用夯土，部分用土坯，其他则为夯土和土坯结合。有的建筑完全或部分修建在地下，后者通常为土坯券顶；有的建筑甚至建在城墙的夯土中[2]。虽然2015年的实地调查并不全面，但依然调查了大部分遗迹。未发现“土木”建筑遗迹：现存建筑遗迹既未呈现出木结构部分，亦无水平排列的槽孔（曾用以安插支撑两层楼间楼板的木梁）。高昌故城中的大多数建筑的屋顶是以土坯建造的券顶[3]。

## 西南大佛寺布局

西南大佛寺，即格伦威德尔命名的β寺院遗址，位于高昌故城的西南角，保存较好，使我们可以对建造技术进行深入的研究。尽管城址内其他建筑遗迹的保存情况不甚理想，但种种迹象表明，西南大佛寺遗址内所见的建造技术适用于城内的所有建筑。格伦威德尔对西南大佛寺遗址进行了系统的调查和记录，他撰写的报告中与遗址实情相矛盾之处，已在本书中的其他文章中得到澄清[4]。虽然在2015年的短期调查没有充足的时间系统辨识西南大佛寺在沿革中所经历的不同阶段，但寺院的东北角和东南角显然经历了可观的改建。寺院的其他墙体仅被简单地修复或加固，其中部分改动是现代的修复。本文对西南大佛寺的分析主要集中于最后阶段采用的建造技术，暂不涉及早期布局及其发展历程。

中心塔殿的三面围绕着多间双层建筑（即大佛寺的后院），它们完美的对称布局表明，曾有统一的规划并在短期内建成（图1）。双层建筑由规模大约相同的房间构成，南、北两侧各13间，西侧7间。通过系统分析现存墙址，其中部分还保存了与上层的连接处，可以相对容易地复原出下层房间的前壁：每间小室的前壁上有一门一窗（南侧为左门右窗，北侧为左窗右门，西侧南边3间小室左门右窗，北边3间小室左窗右门。为了构成完全对称的排列，中间小室的窗户被设置在门的上

[1] 吐鲁番干燥的气候条件使地平面以下的街道无需建立排水系统。
[2] 李肖，2003，第240—253页；张卫喜等，2007，第89页；毛筱霏等，2012，第45—46页。
[3] 在高昌故城的多数墙壁上，可见到水平排列且有固定间距的槽孔，它们具有不同的功能：是在施工期间使用的脚手架的跳板横木的安装孔。值得注意的是，交河故城早期的房址中有铺木地板的柱坑，这种技术在回鹘时期并未发现，当时土坯券顶是常态。参见李肖，2003，第3页。联合国教科文组织驻中国代表处等，1998，图版22—24, 30—36。
[4] 参见德雷尔和孔扎-纳格文章，第76、88、89页。

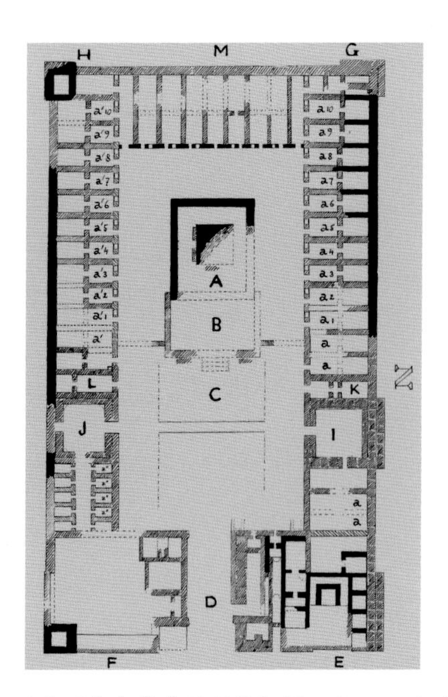


1 | 西南大佛寺平面修订图。在 2015 年现场工作期间对格伦威德尔原图（Grünwedel, 1906, p.74, f. 59）进行修订，保持了格氏原图的风格与名称。魏正中，2015。

2 | 西南大佛寺中两间相邻小室前室之间的墙壁。注意墙壁两侧之上的券顶起拱线（编号 B 2090 局部）© 柏林亚洲艺术博物馆。

3 | 西南大佛寺 a8 小室后室左壁内侧起拱线①和外侧②券顶砌好的土坯。注意墙和券顶③之间杂乱的材料，和与第二层楼在同一水平线上的直线④。

4 | 西南大佛寺 a10 小室前室右壁上部。①内侧起拱线；②外侧起拱线，有部分土坯券顶朝前壁倾斜；③在墙壁与券顶之间的空间内充满破碎的土坯与泥块。

方)(图1)。每间小室内均由居中的一堵墙分隔成前室和后室，墙的中部有一个高且窄的门道，上方是土坯平拱，再上方有一扇窗户，这种做法常见于波斯建筑[1](图2)。虽然上层房间的遗迹残存十分有限，但足以表明与下层房间如出一辙，前壁的门、窗以及内部的分隔墙体很可能与下层房间相同；与下层房间的主要区别在于，上层房间的后室外壁上还有一扇窗户[2]。下层房间可以直接由后院进入，不过僧侣们如何登上上层房间尚不清楚——下文将对此进行讨论。

## 西南大佛寺建造技术

上文对建筑及其布局的深入描述，对理解西南大佛寺采用的独特建造技术非常必要。由于建筑物的墙壁现被上层建筑倒塌的大量土坯碎块堆积遮挡，因此无法讨论地基部分。希望未来的发掘能够确认这一方面的信息[3]。墙体上保存较好的部分，尚能见到屋顶的起拱线，宽度足够放置形成券顶的双层垂直土坯(图2、3)。

券顶与侧壁之间的空间以土坯块和泥浆填充成水平状，从而形成上层房间的地面。而后，自起拱线处继续向上垒砌墙壁至上层房间的券顶处。券顶多已严重受损，且大部分倒塌；但个别房址中的拱线处仍残存少量土坯，这使我们得以窥知券顶的建造方式。券顶的土坯成倾斜状排列，第一排土坯靠在前壁，随后的每排土坯倚靠于前排土坯(图4)。除稳固性强之外，券顶的优点还在于建造时不需要使用临时木构支架，这是一种源自波斯萨珊王朝的建造技术[4]。影响券顶的因素之一是其下部向外侧的张力带来的不稳定性。就西南大佛寺而言，相当厚的土坯墙体和券顶下部能够抵消这种压力。此外，南、北侧房间在西边有角楼G和H的墙体支撑，在东边有大厅I和J前、后的墙体支撑。遗迹现状清晰地表明，券顶不仅用于上下层之间，还用于支撑屋顶，而屋顶很可能是当地典型的类型——平顶。以这种方式建造的建筑，不需要结构性木构件。

西南大佛寺周围多数建筑的平面呈矩形，这些建筑或用土坯块建成，或挖入地下再加盖土坯券顶。显然，券顶是高昌故城最常见的屋顶样式，并不局限于寺院建筑。

---

[1] 前厅B的两侧均有一堵高墙封闭了庭院的主要部分，同时将最东端的三间小室与后面隔离开来，可推测存在一条可以进入后院的通道。每侧的最后三间小室可由庭院进入，并且呈现出与小室a'1到a'10和a1到a10不同的布局：它们被命名为a, a和L; a', a'和K; a-a和a'-a'这两间小室，只有一个可从院子进入的入口，因此它们之间的侧壁上一定有一扇门；小室L和K有独立的入口，但与其他小室相比有不同的空间布局。

[2] 后部房间后墙窗口的存在表明，此墙体非房间的主要中心，但在地面的相应房间内是可能的，这表明该房间可能有不同的功能。

[3] 对交河故城土地的物理力学性能的分析表明，在无适当地基需要的情况下维持墙体十分困难；这可以延伸至整个吐鲁番盆地，即使在高层建筑下亦不需要地基。参见李肖，2003，第3—4页。

[4] 无中心券顶的建造技术曾在古代美索不达米亚使用，然后传播至帕提亚，而在波斯萨珊王朝时期得到了全面发展。通常第一层券顶的倾斜砖块倚靠于无任何缺口的后墙之上；在西南大佛寺遗址中，规模相对较小的屋顶和用于分割两间房间的隔墙之上有一扇门和窗，可能导致了前壁的修建。

5 | 西南大佛寺大厅 I 西北角内角拱。

6 | 西南大佛寺中心塔后面西侧小室前壁：当前状态（上）与复原示意图（下）(数字示意图由吴筱制图)。

西南大佛寺内屋顶最大的建筑是大厅 I 和 J，它们对称分布在前院的两侧[1]。格伦威德尔曾记录 I 和 J 两座大厅的顶部均为穹窿顶，但目前仅有大厅 I 的顶部保存了一小部分，其余大部分为最近的修复。两座大厅的墙壁最初很可能是为支撑木构屋顶而设计的[2]。为了建造穹窿顶，在原有墙壁的内侧又增建一堵墙，从而使厚度增加了一倍，从而可以抵消穹窿顶向下和向外的推力。大厅 I 外墙的夯土扶壁可能属于同一阶段的建筑，或是稍晚的加固措施，以预防潜在的结构缺陷。最关键的部位是方形大厅 I 西北角的巨大内角拱（图 5）；其他三个内角拱基本上是重建的。覆盖方形大厅的穹窿顶必须依靠墙壁支撑，且需要内角拱提供额外的支撑，内角拱使建造者将大厅四壁拱线处由方形过渡为圆形。使用内角拱已被认为是一种源自波斯萨珊王朝的建造技术，用于世俗建筑和琐罗亚斯德教建筑；这种技术在波斯伊斯兰化时期的宗教建筑中得到了进一步发展。在这两座大厅中使用的内角拱类型，流行于公元 7—11 世纪的波斯和中亚。

格伦威德尔曾记录了西南大佛寺内小型房间 L 的方形后室为穹窿顶，K 寺院遗址中心走廊（?）两侧的 4 间小室亦为穹窿顶，表明穹窿顶亦用于较小的厅室。此外，还有几座较大型的方形建筑可能亦建有穹窿顶，例如位于 K 寺院遗址西南角的一座建筑。这表明在面积不等的房间和建筑物中均能找到穹窿顶。

[1] 虽然现今已见不到大厅 I 的屋顶痕迹，但西南角的墙壁厚度增加了一倍，这意味着大厅 I 有可能原先建有穹窿顶；格伦威德尔可能依据当时保存得更好的遗迹作出辨识。

[2] 由于大厅的周边长度超过 13 米，因此可以推测，木制屋顶至少需要四根柱子的支撑，顶部的枓栱群与鲁克斯文章第 149 页图 35 相似。

综上所述，最常见的屋顶类型是平面为矩形房间的券顶，其次是平面为方形房间的穹窿顶；这些均是以土坯结合中亚建筑技术建造的[1]。高昌故城现存的建筑遗迹中未见用于安插木地板的槽孔，而此类技术在交河故城随处可见。交河故城的晚期阶段亦显示出像高昌故城一样的少木构技术。回鹘时期使用这种新型屋顶是何原因？仅仅是一种新的建造方法，抑或是有意在建筑中减少木材用量的权宜之计，还是亦具有象征意义？

## 木制栈道

有证据表明，木材的确是高昌故城中的建筑材料。这使我们能够回到如何登上西南大佛寺后院小室二层的问题。该区域未发现土坯楼梯（格伦威德尔在 E 区中辨识出的两段楼梯离此处太远），原来很可能有木制楼梯。底层的每间小室内均修建单独通道进入对应的上层小室几无可能——修建通道必将钻透券顶，这会使券顶遭到严重破坏甚至倒塌，或至少会缩减上下层小室的空间。上层房间很可能与下层房间一样设有门窗。因此，我们可以合理推测，曾经应有一条悬臂式栈道可以进入每间房间。这一推测可以从遗存现状中得到印证。中心塔殿后面的 7 间小室下层房间的前壁几乎完整地保存下来。前壁外立面上可以见到两排槽孔：第一排位于下层两小室之间的隔墙上部，第二排位于第一排槽孔直线 1.5 米之下，具有清晰的斜向，表明所插的柱子应为斜向上的角度。第一排的每个槽孔中曾放置一根木梁，插入隔墙之中，与下层小室的顶部位于同一水平线，被嵌入下方的斜向槽孔中的托架支撑（图 6）。上述木梁构成了悬臂式栈道的主要支撑结构（大木梁之间可能有辅助小横梁，安插在正立面的同一水平线上），这些纵向木梁与横向木板结合，构成了木栈道。栈道上可能还装有栏杆和轻型顶部。

一张老照片（图 7，亦参见德雷尔、孔扎克-纳格文章，第 81 页图 8）中显示，中心塔殿后面 7 间小室的前壁与北侧小室通过同一条线上的墙体连接，而靠内的小室 a9、a10 则通过一扇拱门进入。这一迹象暗示出，悬臂式栈道是从 a 室沿庭院至 a′ 室的连续结构。木制楼梯被设置在需要或便于登上悬臂式栈道进入上层小室之处。木制栈道并不见于波斯前伊斯兰时期的建筑中，很可能是当地的传统。

西南大佛寺内还有一处木结构，即围绕中心塔的回廊可能采用木制屋顶，格伦威德尔曾在回廊内发现了壁画残片以及一尊塑像残件，这类遗存表明，它们最初处于带屋顶的空间内。回廊外侧壁上方的槽孔痕迹与上文描述的 7 间小室前壁上部相同，据此可推测原有屋顶；这些槽孔可能亦用于安装向外伸出的木梁，且下面亦有类似的倾斜槽孔，用于插入支撑主梁的托架。现存遗迹表明，屋顶由一组木梁支撑，木梁的一端插入中心塔殿，另一端搭在回廊外侧壁且探出，以墙壁及倾斜的托

[1] 波斯和中亚建筑技术和形式的出现，不会令人感到意外；事实上，回鹘绘画受伊朗影响，并且摩尼教群体在吐鲁番地区和高昌故城均曾是强大的存在。参见 Russell-Smith, 2005, pp. 16—17.

7 | 西南大佛寺中心塔后面连接西侧小室的后壁（B 0921）© 柏林亚洲艺术博物馆。

8 | 西南大佛寺中心塔外侧墙壁当前状态和木梁屋顶复原示意图（数字示意图由吴筱制图）。

架支撑（图 8 和 9）。中心塔殿保存完好的南段、西段回廊外侧壁表明，这一木结构在回廊的每侧有三根木梁，每角各一根木梁；格氏曾推测中心塔殿的东壁原有一尊大型塑像，应该也需要屋顶，但无迹象表明回廊屋顶覆盖了中心塔殿的前部（东部）。遗存的槽孔和相关构造表明，中心塔殿曾建有平坦或稍微向外倾斜的屋顶；换言之，人们绕中心塔礼拜时，是在回廊中进行的，回廊内壁绘有壁画，安置塑像，它们均受到上部木构屋顶的遮挡保护。根据高昌故城中的其他寺院遗迹，可以推测，西南大佛寺的这座中心塔殿，最初应高耸于围墙之上，从远处即可望见塔的上部（图 10）。

最后需要提及的是木制门窗问题。2015 年实地考察期间，虽然仔细调查了遗址中门、窗的安装痕迹，但是获取的信息不足以得出可靠的结论。门和窗的上槛由平坦的分段减压拱构成（形成拱

9 | 西南大佛寺后部区域木构建筑复原图。

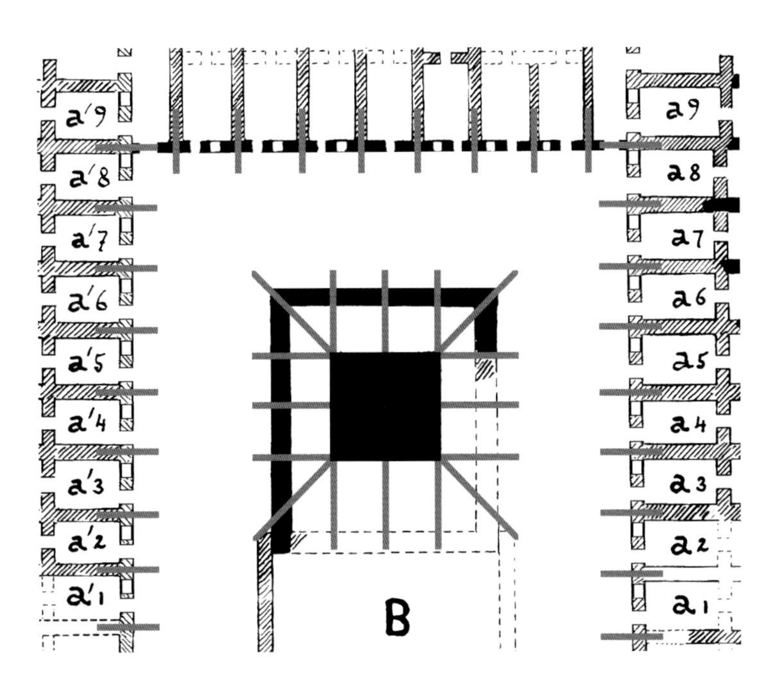

10 | 一座带有回廊的佛塔遗迹，绕墙绕行，部分现存。注意右侧有一条仅存的梁，其是覆盖回廊结构的一部分，构造可能与西南大佛寺相似（编号 B 0981）© 柏林亚洲艺术博物馆。

的土坯呈水平放置）。这些门和窗的开口很容易通过在分段减压拱下插入上槛而拉平，但在所有保存较好的例子中，门、窗的上槛均略呈弧形。可以推测门和窗均各自配备了合适的门扇和窗板，但由于缺乏安装痕迹，无法对门扇和窗板的类型以及安装或固定的方式作出清晰的评价。

## 结 语

通过对高昌故城的短期调查和相关古代文献综览，可以对高昌故城中充分利用当地自然条件的各种建造技术进行总结：有效利用夯土和土坯建造壮观的城墙、高耸的建筑、寺院以及更加宏伟的建筑物。以夯土和土坯为原料，采用多种建造技术，减少或完全取代木料，这显露出浓郁的波斯建筑风格。高昌故城残破的现状以及绝大多数建筑物的消失无存，导致我们对其认识不足。然而我们无法忽略，现存的土坯建筑中残留的稀少木结构安装痕迹——西南大佛寺不知何故是一个例外。遗址中寥寥可数的木构件突显了柏林亚洲艺术博物馆馆藏柱础和柱头的稀有与珍贵。馆藏的其他木构件，如门框、门扇、窗、托板和木板等，对学界同样具有重要价值。原址中木构件的消失和吐鲁番博物馆中木构件的稀缺，突显出将在洪堡论坛新的常设展览中展出的德国吐鲁番探险队收集的木制雕刻与彩绘构件，对高昌故城的复原及文化的研究价值重大。

## 致 谢

感谢卡列宁教授和葛嶷教授在解释古代中亚与西亚建筑方面的帮助。

# K 寺院遗址

德雷尔　孔扎克-纳格

格伦威德尔命名的“大寺院 K”或称 K 寺院遗址，位于高昌故城内东南部中心。K 遗址的北墙，与推测的城内东西向主干道平行，这条大道从外城墙居中的西门经过 γ 和 O 寺院、数座小塔、Y 寺院，直通外城墙居中的东门[1]。

格伦威德尔于 1902 年或 1903 年调查了该区域。当时他认为 K 遗址无法为自己理解高昌故城提供新的关键细节，因此仅进行了一次简短的调查。然而，从格氏将这处遗址纳入他的编号体系来看，K 遗址对格氏而言应是有一定重要性的[2]，但他未绘制该遗址的平面图。

勒柯克于 1904 年 2 月或 3 月在 K 遗址考察[3]，之后格伦威德尔于 1906 年再次短暂调查了 K 遗址（TA 5993）。

目前所知，伯希和于 1907 年或 1908 年没有时间在高昌故城展开发掘工作。奥登堡于 1910 年及 1915 年在高昌故城考察[4]，但未发表格氏命名的大寺院 K 遗址的记录或平面图。

斯坦因于 1907 年 11 月的初次短期考察中，未对 K 遗址展开发掘。然而，当他 1914 年重回吐鲁番时，首先发掘的是他命名为 Kao I 的寺院遗址。斯坦因绘制了遗址平面图（图 1，右）。如果平面图中的编号顺序代表了他的工作顺序，那么他首先发掘的是发现了大量手稿的 I.i 房址群（图 22）。斯坦因其次发掘的 I.ii 可能是勒柯克所称的“三座大厅”的中间大厅。斯坦因知道 Kao I 遗址实际上是格氏命名的 χ 寺院遗址，这处遗址位于 K 寺院遗址的东部，两者在一条直线上[5]。

1906 年，格伦威德尔如此描述 K 寺院遗址：

关于该遗址的情况，我几乎没有更多可讲，因为除了个别券顶和穹窿顶建筑的排列与后面将要提到的 β 寺院遗址有些不同之外，其余则与 β 寺院遗址有诸多相似之处。该遗址毁坏得非常严重，残存的壁画基本都无法揭取，唯一可取出的是东南券顶南墙北侧的一幅，这段墙体也是券顶唯一残存。[6]

---

[1] Grünwedel, 1906, p. 103；Le Coq, 1913, p. 7 and fig. 6e.

[2] Grünwedel, 1906, p. 26.

[3] Le Coq, 1913, pp. 7—9.

[4] 参见德雷尔和孔扎克-纳格文章，第 71 页。

[5] Stein, 1928, vol. II, p. 590, note 3.

[6] “Von dieser Ruine kann ich kaum mehr sagen, als daß sie große Ähnlichkeit mit dem unten zu erwähnenden Kloster β gehabt haben muß, wenn auch die einzelnen Gewölbe und Kuppelbauten anders angeordnet waren, als dort. Sie ist sehr zerstört und von Fresken war nichts mehr zu erblicken, als ein einziges Bild, welches an der nördlichen Seite der Südmauer des südöstlichen Gewölbes-diese Mauer war der einzige Rest des Gewölbes-übrig geblieben war.”（Grünwedel, 1906, p. 26）

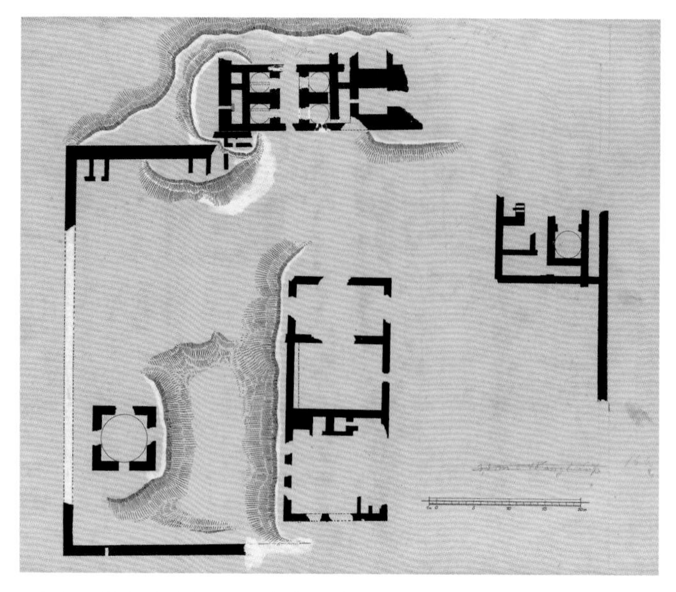

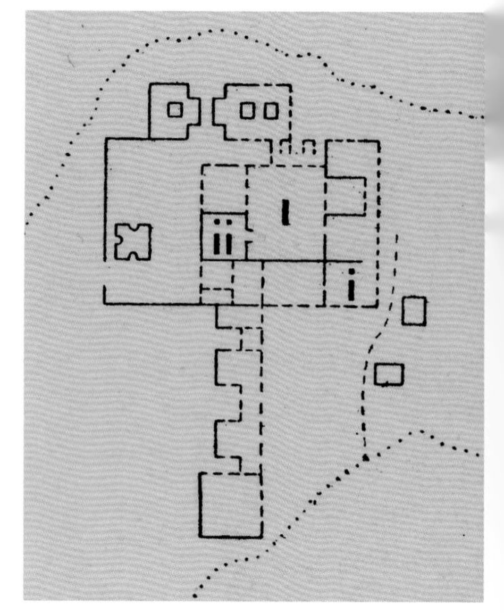

1 | 左：勒柯克绘制的 K 寺院遗址平面图（TA 6497）；右：出自斯坦因哈拉和卓平面图中的 Kao I 平面图（Stein, 1928, vol.III, p. 4）。

格氏写道，他无法临摹的壁画中表现的是一组骑马者。遗憾的是，我们不知道他提及的具体是 K 寺院遗址中的哪一处建筑。

格伦威德尔还提到，在 K 寺院遗址东部区域发现了大量的手稿残片：

> 有人从该遗址中给我们带来些梵文的印刷品和手稿，后来我让人调查核实了情况。事实上，在位于遗址东边房间的整个地下室中堆放着已经腐烂不堪的手稿。这里曾经是堆放图书之处，雨水曾经流进了这些房间，浸湿了这些手稿，而当它们重新干燥之后，又受到了蛀虫无情地吞噬。这些婆罗谜文的手稿已完全被蚀坏，仅剩下一些字母还能辨认出来。这些堆满手稿的白色房间成了一个“字母废墟”，所以我们能够将这些梵文成麻袋全部移走。此情景令人沮丧。[1]

我们无从得知这些房间的确切位置。勒柯克亦提及同样重要的发现，即大量的以印度字体写成的单字母手稿残片（TA 1760）。这些手稿残片被发现于北部大厅的东部或邻近处，勒柯克在叙述自己发现的一名僧侣尸体时提及了这一发现（TA 1759）[2]。格氏在 K 寺院遗址中观察到一个

[1] “Aus diesen Ruinen wurden Sanskritdrucke und-manuskripte gebracbt; ich ließ später Nachforscbungen anstellen und in der Tat fanden sich in den östlich liegenden Räumen ganze Verliesse vermoderter Manuskripte. Hier hatten also Bücher gelegen und es war Wasser aus den Ariq’s eingedrungen, nach dem Trocknen hatten Würmer das Übrige besorgt. Brāhmī-Manuskripte waren so zeressen, daß nur die Buchstaben übrig waren, der weiße Raum zwischen den Akschara’s war durchgefressen und dieser Buchstabenschutt war zimmerhoch, so daß man ganze Säeke von Akschara’s hätte wegtragen können! Der Anblick war deprimierend.”（Grünwedel, 1906, p. 27）

[2] 被提及的尸体与北部的一个大厅有关，但勒柯克在《高昌》一书中指出：在“藏书室”建筑的前厅发现了一个穿有黄色僧袍的僧人遗骸（Le Coq, 1913, p. 8）。

重要现象，即其中未发现任何关于佛教的遗迹，他写道："没有佛教信仰的迹象。"[1]可能正因如此，格氏在缪勒辨识出部分他收集的手稿为摩尼教手稿之后，委派勒柯克于1904年再次前往该遗址[2]。

勒柯克将K寺院遗址描述为"一处巨大的遗址群"[3]。他绘制了遗址北部和西部的平面图（图1，左），并且写道：

>……向东，毗邻的建筑群是面积很大但毁坏严重的遗迹，无疑这也是K寺院遗址的一部分。部分区域保存的厚厚的墙体似乎是这群遗址的东界。南部也有几处遗迹属于K寺院遗址，此区保存的墙体，即位于西南角且在平面图上可以见到，似乎是建筑群的南界。[4]

勒柯克调查了K寺院遗址内的四处建筑群。

第一，西南部的大穹窿顶建筑，被勒柯克视为寺院围墙的一堵墙的北部。

第二，北部大厅的北部建筑群，坐西向东，与K寺院遗址的北界平行。

第三，所谓"藏书室"的东部建筑群，是今天K寺院遗址建筑群的最东端。

第四，"三座大厅"的中间大厅，位于北部建筑群南侧，位于东部建筑群与西部大穹窿顶建筑之间，近乎K寺院遗址的中心处。

自百年前探险队离开后，高昌故城内的这处寺院遗址未得到保护或重建。而且K寺院遗址位于直至20世纪80年代才被农民放弃的农田中，导致该遗址的土坯墙体大部分被拆除。此外，不断增加的湿度给遗址带来了更严重的破坏。

K寺院遗址的新近研究始自2001年数字丝绸之路项目的子项目：西村阳子将格伦威德尔与斯坦因所绘的高昌故城平面图与今天在谷歌地图上呈现的遗址相对照[5]。结果，她将斯坦因绘制的Kao I遗址平面图定位在高昌故城的东南中心处。对于勒柯克K寺院遗址平面图与斯坦因Kao I遗址平面图的最初辨识，是基于特征明显的围墙区域西南隅的方形穹窿顶建筑，而其他建筑则很难进

[1] "Anzeichen buddhistischen Kults waren nicht vorhanden."（Grünwedel, 1906, p. 27）

[2] 第一支探险队期间，摩尼教文书发现品未被记录出自K寺院遗址，而是出自α寺院遗址。

[3] Le Coq, 1913, p. 7.

[4] "Die Skizze umfaßt nur den nördlichen und westlichen Teil des komplexes; nach Osten hin schließen sich noch ausgedehnte, aber furchtbar zerstörte Ruinen an, deren Zugehörigkeit zu diesem System uns unzweifelhaft erschemt; eine an Stellen noch erhaltene, sehr starke Mauer schien die Gruppe nach Osten hin abzuschließen. Auch im Süden schlossen sich einige Ruinen an das System an, hier aber schien uns die Mauer, deren Südwestecke auf unserer Skizze erscheint, der Abschluß der Gebäude-Gruppe nach dieser Richtung hin zu sein."（Le Coq, 1913, p. 7）

[5] 数字丝绸之路项目始于2001年，是与联合国教科文组织（UNESCO）合作的一个项目。西村阳子于2007年参与。同年，丝绸之路遗址数据库项目启动。高昌故城作为丝绸之路遗址数据库项目的子项目始于2012年（西村阳子惠赐此信息）。

2 | http: //dsr.nii.acJp/digital-maps/mappinning/ 上勒柯克平面图和可能以 K 寺院遗址为中心的中心寺院建筑群的尝试性轮廓（魏正中添加，2015 年）。

行比较。由于斯坦因将 Kao I 遗址定位于更东部，且现今该遗址已无法追寻，就我们所知，尚无研究尝试进一步辨识该遗址。在谷歌地图中（图 2），可识别出与斯坦因发现的相似地形。此外，斯坦因记录的从中心向南延伸的一大片遗址，亦可在谷歌地图上得到确认。因此，对高昌故城内这片遗址的新调查是一项重要工作。西村阳子与富艾莉在 2012 年或 2013 年展开了影像调查工作[1]。她们比较了胡特于 1902 年或 1903 年、勒柯克于 1904 年或 1905 年、波尔特于 1906 年或 1907 年拍摄的老照片与遗址保存现状，并且定位了老照片当时的拍摄地点。

这些老照片已在柏林 2008 年或 2009 年国际敦煌项目（IDP）中进行了研究[2]。将 K 寺院遗址的少量老照片与出版物和探险队资料中记录的稀少信息进行比较，发现了若干问题，2015 年的调查中我们试图解决这些问题。令我们好奇的是，报告中记录的墙体遗迹是否仍能见到？这片遗址的原初轮廓是否有迹可循？正是在其中出土了柏林亚洲艺术博物馆收藏的诸多重要藏品，包括数件稀有的木构件。

[1] Nishimura and Forte, 2013；Nishimura et al., 2014.

[2] 在 2008 年或 2009 年欧盟发起的国际敦煌项目——欧亚文化之路（IDP-CREA）框架中，德雷尔分析了先前由柏林民族学博物馆组织的四次德国吐鲁番探险队拍摄的数以百计的遗址照片。该历史照片可在大英图书馆国际敦煌项目数据库中获得，网址：http: //idp.bl.uk/.

## 遗址概述

现今，高昌故城内南部中心的建筑几乎无存。K 寺院遗址北侧的东西向主干道（见上文）已经消失，除一处不规则的大土丘上偶然幸存的建筑遗迹外，K 寺院遗址亦无更多存留。

城内南部区域遗迹的保存情况如此不佳，以至于仅能逐步确立系统平面图。仔细考察之后，我们确认了这片遗址曾经占据的大片区域。如果斯坦因平面图中向南延伸部分，以及大穹窿顶建筑南部沙土之下的延伸部分，均属于 K 寺院遗址群，那么这些建筑可能形成了一个巨大的仪式中心，它南界内城南墙，北临所谓的“可汗堡”，西至 α 寺院遗址西墙，东接引人瞩目的 Y 佛塔遗址。

根据对目前依然可见遗迹的仔细调查，团队成员魏正中绘制了一幅平面图，尝试性勾绘出曾经相连的墙体轮廓（图 2）。

## 第一区

勒柯克曾于 1913 年记述的，也是 K 寺院遗址内唯一保存较好，且至今仍可明确辨识出的建筑，就是大穹窿顶建筑[1]。我们之所以将该建筑称为大穹窿顶建筑，是基于其平面呈方形，推测最初极可能建有穹窿顶。大穹窿顶建筑位于较西部灌溉区地势稍高之处，这使其免遭彻底毁坏。然而对比百年前的老照片，当时建筑的南门依然存在，而今仅可见墙体的下部（图 3）。过去的一百年中，周围农业水平不断提高，人们每年在田地中增加多层泥土以减轻土壤盐碱化，而这些泥土就取自该遗址，其高度自然不断降低。

1904 年大穹窿顶建筑的保存情况已经较差，且就我们看来，勒柯克合理地推测出大穹窿顶建筑原初四座门道中的三座，分别是西、北和东部墙体中的缺口（图 4）。因此，大穹窿顶建筑可能曾是典型的方形穹窿顶建筑，类似于 β 寺院遗址的大厅 I 和 J[2]。建筑的穹窿顶至 1904 年几乎完全倒塌，但通过西北隅和西南隅上部仍可辨识出来。勒柯克测量了南门，宽 2 米，至原拱门顶部约高 2 米[3]。由于墙体表面的灰泥皮已被逐渐移走用作肥料，垒砌墙体的土坯结构就显露出来（图 3）。勒柯克在大穹窿顶建筑中未发现任何遗物。

勒柯克的平面图上，方形大穹窿顶建筑孤立地位于围墙西南隅内，当时南侧围墙依然高耸。勒柯克未提及南墙上的门道。一张老照片显示出这堵坚固但已出现裂缝的南墙，看上去应有数米宽，且从南侧遮挡了大穹窿顶建筑。然而，如今这段南墙几乎消失（图 5）。

---

[1] Le Coq, 1913, p. 9.
[2] 参见德雷尔和孔扎克-纳格文章，第 74 页，图 1。
[3] 勒柯克未给出更多的测量数据，建筑物的边长可以根据斯坦因平面图推断约为 18 米。

3 | 大穹窿顶建筑的南侧入口，通过拱门可见建筑的东北内角拱。上：1902—1907 年德国吐鲁番探险队之一拍摄（B 2463）；下：2015 年德雷尔拍摄（P1070026）。

4 | 从中心“三座大厅”的南部和中间大厅之间的隔墙所见大穹窿顶建筑。远处可见西部内城墙，其上建有 α 寺院遗址。上：1902—1907 年德国吐鲁番探险队之一拍摄（A 613）；下：2015 年德雷尔拍摄（P10600593）。

5 | 从南部所见围墙。上：1902—1907 年德国吐鲁番探险队之一拍摄（B 1458）；下：今天所见的围墙遗迹，未高于北部建筑剩余的墙体。2015 年德雷尔拍摄（P1070033）。

6 | 从西南部所见 K 寺院遗址区域。上：大穹窿顶建筑（右）南侧高耸但已残破的围墙和在西南部（左侧中心）高地上清晰可见的 X 塔寺遗址。1902—1907 年德国吐鲁番探险队之一拍摄（B 1537）；下：今天仅存低矮的土丘。2015 年德雷尔拍摄（P1070100）。

7 | 从西部所见 K 寺院遗址区域。上: 1902—1907 年德国吐鲁番探险队之一拍摄（B 1006 a）；下: 2015 年德雷尔拍摄（P1070040）。

大穹窿顶建筑的北侧能观察到大量建筑遗迹，我们认为它们可能与勒柯克发掘的建筑属于同一时代，但未记录在他的笔记与平面图中。如果这些建筑遗迹确实为同时代，则强化了格氏关于K寺院遗址与 β 寺院遗址有着相似之处的观点[1]，即大穹窿顶建筑可能与一排稍小的建筑属于一体。

大穹窿顶建筑的东侧有一处洼地，勒柯克在此处发现了水生植物的根部，因而认为这里曾是一个池塘[2]。我们认为这片洼地是用来收集雨水或周围灌溉渠中的水，其中可能生长了一些植物。此处洼地也可能是建造土坯墙体时的取土处。虽然我们不能完全排除它是如勒柯克所言的池塘，但其也是高昌故城内仅见的。由于渗入地下的水会破坏土坯结构，因此土坯结构附近不可能存在池塘类设施。

有两幅老照片分别呈现了从K寺院遗址的西南方（图6，上）和西方（图7，上）所见情形：当时尚存有西门的大穹窿顶建筑位于中间，左侧是延伸至北部大厅的低矮遗迹，右侧是宽且高的围墙。这些遗迹的后面，还可以见到属于“三座大厅”之中间大厅的墙壁（图7，上）。在较高围墙的右侧远处，是斯坦因平面图中所绘的向南延伸部分。如今，这片区域内唯一引人注目的是一座佛塔遗迹，也是向南延伸部分的终点。在2015年考察期间拍摄照片的居中处（图7，下），可以见到低矮围墙后面的这座佛塔。我们将之称为“佛塔区”。目前，这些建筑遗迹均未被测绘与研究，无法给出更多信息。

## 第二区

从大穹窿顶建筑向北，经过上文提及的未被记录的矮墙，我们发现了一条自西向东延伸的狭长低丘。此处开凿了许多现代沟渠，渠中偶尔会暴露出小段土坯墙体。这条土丘如今仅比周围地面高出大约1米，但位置与勒柯克描述的北部大厅相符。三张可阐明勒柯克相关描述的老照片保存了下来，且它们对该区的分析助益甚多（图8、9、14）。

勒柯克曾指出北部大厅的建筑位于高低不平的地面上，因而建筑不得不为适应这种地形而作出调整。勒柯克观察到的所谓高低不平的地面，实际上很可能是不同时期的活动面，他当时未能辨识出来，也无法将这些建筑与相应的建造阶段关联起来。

---

[1] Grünwedel, 1906, p. 26.

[2] “Unmittelbar unterhalb der Westmauer dieser Hallengruppe senkt sich das Terrain und bildet eine Art Mulde, deren Boden von einer Schicht sehr leicht zerreibbaren Lösses gebildet wird. In dieser Erde fanden sich unzählige, reich mit feinen und langen Wurzelfasern besetzte umfangreiche Wurzelstöcke; ihr Gewicht war trotz ihrer Größe sehr gering und im ganzen machten die Reste den Eindruck, als ob sie Wasserpflanzen angehört haben müßten. Die mit diesen Wurzelstöcken besetzte Zone erstreckte sich von unterhalbder südlichen Hälfte der Westmauer der Hallengruppe bis in die Nähe des auf einer sanften Böschung, aber ziemlich tief gelegenen quadratischen Kuppelbaues; sie setzte sich dann fort in dem von Ruinenresten freien Gelände zwischen Kuppelbau und der gerade hier in größter Höhe erhaltenen Umfassungsmauer, wo sie ihre größte Tiefe erreicht. Vom Tor des Kuppelbaues nach Westen hin hört das Vorkommen der Vegetationsreste auf; ... Es scheint kemem Zweifel zu unterhegen, dass hier eine Teichanlage bestanden haben muß, da aber die Beschaffenheit des Bodens das frühe Vorhandensein eines gewöhnlichen Teiches unwahrscheinlich macht, wird man vielleicht an eine terrassenartige Teichanlage...denken dürfen. Eine mitgebrachte Probe der Wurzelstöcke, die in einer der Bilderkisten verpackt war, ist leider beim Auspacken der Gemälde abhandengekommen.”（Le Coq, 1913, p. 9）

8 | 从南部所见有“入口通道”的北部大厅。上：1902—1907 年德国吐鲁番探险队之一拍摄（B 1004）；下：2015 年德雷尔拍摄（P1060601）。

9 | 从东北部所见北部大厅，“入口通道”位于右侧［西部（一男子在其上）］。1902—1907 年德国吐鲁番探险队之一拍摄（B 1555）。

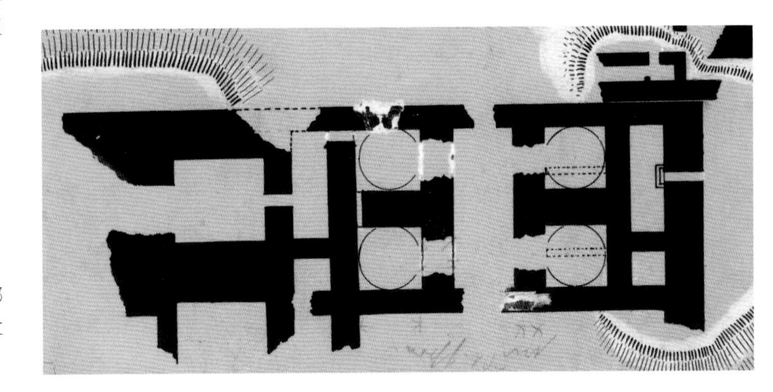

10 | 勒柯克绘 K 寺院遗址平面图局部（TA 6497），呈现出从北侧所见北部大厅西部。

勒柯克仅描述了北部大厅的西部，即“……南北向宽大的入口通道，且可以从这一通道进入东西两侧的两间穹窿顶房间……”他接着写道：“由于东侧墙体已经严重毁坏（可能是地震造成的），且后来东部墙体又被过度重建，因此这些描述仅能视为推测”[1]。

20 世纪初拍摄的照片（图 8）显示，如今松软的土丘上曾自西向东建有一组壮观的建筑，中间有一处大缺口将这些建筑分成东西两部分。大缺口很可能是古代的入口通道。从北侧亦可见到这一缺口。

现今可以确定的是，勒柯克调查的北部大厅区域实际上是前述大缺口西部的建筑群。在编号 B 1555 的照片（图 9）中可以清晰地见到这些建筑，它们继续向东延伸至 K 寺院遗址的东北区域，但勒柯克的平面图中未绘出全部范围（图 10）。勒柯克发表的报告中提及，老照片（图 9）中也展示出所谓“藏书室”的墙壁[2]。

由于整组遗迹几乎完全夷为平地，因此老照片成为分析理解勒柯克发现的基础：

北部大厅的西部建筑群，包括位于入口通道西侧的两间穹窿顶房间；在其西侧，也有两间房，南北分布，北侧是一间矩形的券顶房间，南侧是一间方形小室。勒柯克指出两间穹窿顶房间的门道

［1］“Im Wesentlichen bestand die Anlage aus einem breiten zentralen Gang, der von Norden nach Süden verlaufend, augenschemhch nach Osten und Westen Eingänge in die paarweise auf seiner West-und Ostseite angelegten Kuppelräume besaß. Da die Mauern auf seiner Ostseite sehr stark zerstört (etwa durch ein Erdbeben zerrissen), die auf der Westseite aber sekundär verbaut waren, muß diese Angabe als Hypothese betrachtet werden.”（Le Coq, 1913, pp. 7—8）

［2］Le Coq, 1913, pl. 69 e.

11 | 柱础，木制，碳十四测年：899—1024 年，38.7×36.2×20.1 厘米，馆藏编号 III 303 © 柏林亚洲艺术博物馆 / 利佩。

12 | 柱头，木制，约 8—9 世纪，31.5×28.5×15.3 厘米，馆藏编号 III 7288 © 柏林亚洲艺术博物馆 / 利佩。

13 | 从北侧所见北部大厅西部。图 9 编号 B 1555 照片局部。

开向入口通道，北侧券顶房间的门道朝西，但他显然未清理所有充满倒塌堆积的房间，亦未记录南侧小方室的门道。然而，勒柯克谈及，他在两间穹窿顶房间的上方还发现了晚期增建的建筑，增建之前，穹窿顶房间已被夷平，用来建造其他建筑，在他看来，这一建筑属于晚期佛教阶段。但是，他并未记录任何可以证明这两间穹窿顶房间重建的证据。在券顶房间中，勒柯克发现了摩尼教手稿。在南侧的穹窿顶房间中，他发现了一件简单的木柱础和一件未完成的木柱头（图 11、12），同时在这间房间内还发现了大量尸体，这导致他停止了在那里的工作[1]。

[1] Le Coq, 1913, p. 8.

14 | 从通道东侧和南侧观察北部大厅西部。上：1902—1907 年德国吐鲁番探险队之一拍摄（B 1005）。走廊土坯砖石结构中的迹象可能是木梁所留。下：2015 年德雷尔拍摄（P1070049）。

15 | 从北侧观察北部大厅东部。图 9 编号 B 1555 照片局部。

因此，我们无法获得与木柱础和木柱头相关的建筑信息。在穹窿顶的方形房间中，一根柱子毫无意义，它应来自其他地方。与北侧穹窿顶房间一样，南侧穹窿顶房间内亦充满倒塌堆积。我们仅能推测这些木构件是屋顶坍塌时掉入房间内的，它们可能是上层房间的建筑构件。

编号 B 1555 老照片（图 13）显示，入口通道西侧的墙体保存较多，我们可以推测两间穹窿顶房间位于一堵较高的隔墙（穹窿顶房间和券顶房间之间）前部，后部（男子所站之处）是券顶房间以及小方室。右侧远处是一处未被记录及发掘的区域。

还有一张从入口通道东侧拍摄的老照片（图 14），显示出通道的西侧状况。勒柯克认为其上的竖长凹槽内原应装有木梁，且可能是晚期建筑挡土墙的一部分。根据勒柯克的说法，该照片显示的是北侧穹窿顶房间[1]。

入口通道东侧，勒柯克记录了四间与西侧互为镜像的房间，即与入口通道相连的两间穹窿顶房间，其后是一间矩形券顶房间和一间方形小室。由于该区域塌毁严重，勒柯克未记录任何细节。他在南侧穹窿顶房间内发现了壁画遗迹[2]，在平面图中他也绘出了这两间穹窿顶房间。一张老照片显示出，入口通道东侧的这些建筑几乎延伸至“藏书室”的北区（图 15）。

如果这一北区被视为 K 寺院建筑群的北界，且考虑到它位于前述连接高昌故城外城东西城门的东西向主干道的南侧，那么 K 寺院的主入口位于北部建筑群之间的推测颇为可信。

## 第三区

K 寺院遗址内东区，曾被勒柯克和斯坦因先后考察过，现今已无任何建筑遗迹。此区曾经矗立的建筑已被拆毁，遍布充满沙土与碎石的沟渠。而且，无任何关于此区的老照片幸存，我们无法直观地了解 1904 年勒柯克调查时的保存情况。现存资料仅有勒柯克的平面图与文字描述。勒柯克所谓的“藏书室”周围的房址和北部大厅之间的连接建筑，可由至今仍存的墙体遗迹和图 9、图 15

[1] Le Coq, 1913, p. 8, pl. 69 f.
[2] Le Coq, 1913, p. 8.

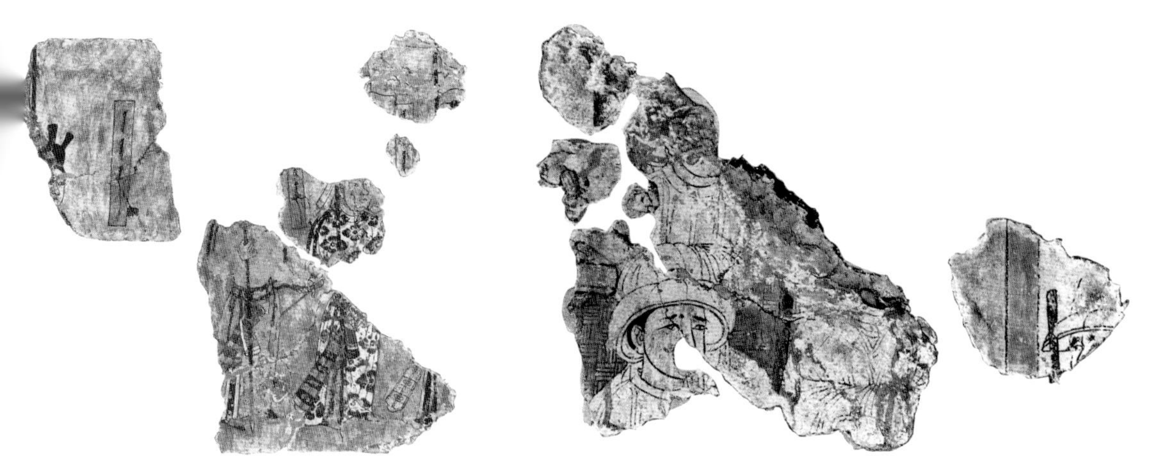

16—17 |“藏书室”出土的壁画残片，绘有供养人与信徒。原存柏林民族学博物馆，第二次世界大战期间丢失。左：IB 6914；右：IB 6915。

的照片来辨识。将照片与勒柯克的“‘藏书室’（向东）与墙角相连，墙角在地图上可见”的记录[1]比较，可知其中呈现的是“藏书室”一角。

勒柯克命名的“藏书室”的位置并不确定。他认为这组建筑位于整个调查区域东侧北部，是值得商榷的。考虑到此区目前的高度和沟渠，“藏书室”的位置可能更为偏南。

勒柯克曾描述一座带有穹窿顶和前室的大型建筑。在此建筑的东侧，他观察到一条矩形通道，可能为券顶；西侧有三间房，其中最南侧的房间延伸至这座穹窿顶建筑后墙之后的走廊。这些建筑倚靠一面坚固的墙体而建，勒柯克认为这面墙似乎是 K 寺院的东侧围墙，几乎延伸至高地的南缘。

“藏书室”这一称谓由勒柯克创造，因为此地他发现了许多重要手稿。他写道，穹窿顶“藏书室”的地板上有许多残破的摩尼教手稿。“藏书室”东部矩形通道内的废弃堆积中也有摩尼教手稿，这些手稿后来被带至柏林；现藏于柏林亚洲艺术博物馆的摩尼教寺院经幡亦在此地发现。勒柯克考察时，穹窿顶房间内依然可见绘于蓝色背景上的壁画遗迹[2]。他详细描述了其中的若干壁画，并将部分揭取带至柏林。这些壁画被认为属于摩尼教，而在西侧房间内发现的壁画残迹，则可能属于佛教或摩尼教（图 16、17）[3]。

勒柯克在“藏书室”的前室内发现了一具裹有黄色织物的人骨架。如同那些被埋于北部大厅入口通道之西的南侧穹窿顶房间内的尸体（见上文），他将这具尸体解释为因宗教迫害而被杀的佛教僧侣遗骸。

---

[1] “Die ‘Bibliothek’ schließt sich ganz links (östlich) an, dort wo auf dem Bildedie Mauerecke erscheint.”（Le Coq, 1913, pl. 69 e）

[2] Le Coq, 1913, p. 8.

[3] Le Coq, 1913, p. 9.

18 | 图 7 左图局部（B 1006 a）。

## 第四区

勒柯克记录的“三座大厅”是一处非常重要的区域。这组建筑位于大穹窿顶建筑的东部，以及K 寺院遗址中心“池塘”的东部。图 18 中，位于西南穹窿顶建筑之后的一处大型建筑，就是所谓的“三座大厅”建筑群。

由于建筑群北墙及西北隅的坍塌，我们无法辨识北部大厅的原初入口。北部大厅曾发现一块刻有汉文题记的石板。鉴于石板上面磨损严重的刻文，推测它曾被重新用作塑像或柱子的底座。北部大厅的东侧，一件巨大的刻有莨菪叶片的柱头（III 1044，图 19）出土于沙土之下 1 米深处。这一硕大的柱头曾经立于一根 35 厘米宽的柱子上。这类尺寸的柱子不可能单独存在。我们至少可以据此复原出四根支撑梁架的柱子。柱头上的莨菪叶片装饰暗示出这间大厅或栏杆的最初装饰风格。

德国探险队考察期间，“三座大厅”的中间大厅保存最好。中间大厅的北墙中间部分未保存，但东墙中部的门道依然可见，还保存有用于安装木门框的槽孔。

中间大厅中最重要且惊人的发现是一幅大型摩尼教壁画。壁画是从西墙上抢救下来的，隐藏在第二道墙体之后，与柏孜克里克第 38 窟的双层墙体类似。勒柯克揭取了这幅壁画中身着白色长袍的男信徒部分并带至柏林（图 20），但不幸的是，壁画在第二次世界大战期间丢失。壁画的另一部

19 |“三座大厅”最北侧废墟中发现的柱头，约 8—9 世纪，55.5×54.7×25 厘米，馆藏编号 III 1044 © 柏林亚洲艺术博物馆 / 利佩。

20 |“三座大厅”中间大厅中的摩尼教壁画残片。原存柏林民族学博物馆，第二次世界大战期间丢失（IB 6918）（Le Coq, 1913, p. 1.1）。

21 | Kao I.ii. 房间中的摩尼教壁画残片（Kao I. ii. 021、022、030），新德里国家博物馆（Stein, 1928, vol.II, p. 600）。

22 | Kao I.ii. 遗址上的工人。1914 年斯坦因拍摄，大英图书馆惠赐（Stein 392 29 179）。

分由斯坦因揭取，并带至德里（图 21）。这证明了斯坦因编号 Kao I 遗址，实际上与 K 寺院遗址为同一处。因此，可以将斯坦因关于该遗址的记录与勒柯克所做的记录联系起来。斯坦因拍摄的一张该区域的老照片就显得尤为重要（图 22）。他记录照片是从 Kao I.i. 房址中拍摄的，照片中亦显示出 Kao I.ii. 遗迹，即“三座大厅”中的中间大厅。大幅摩尼教壁画极有可能就隐藏在照片中一名站立着的工人身旁的墙壁之后。这张照片揭示了诸多方面的内容：

照片中心是“三座大厅”的北侧两间房，此外，还展示出北部大厅的西侧以及前文提及的入口通道（见上文《第一区》）。后者的识别是基于挡土墙上遗留的安插木梁的槽孔，它们在 B 1055 照片中已经被辨识出来（图 14，上）。这表明，照片中的工人们最可能坐在北部大厅的边缘。他们的另一边，是分隔北部大厅和“三座大厅”的空间。因此，该区域的面积应比勒柯克平面图中展示的更为狭窄。

“三座大厅”的东壁在勒柯克的平面图中以粗重的墨线表示，表明当时尚保存一定高度，但斯坦因的照片中未见东壁。而且，在实地考察期间，由于遗址的保存状况不佳，亦未发现东壁的踪迹。但再度核查斯坦因的照片之后，我们注意到，斯坦因极有可能拍摄了部分其他墙体，它们在沙土之下留下成排的破碎土坯块，可在照片上的工人右侧见到。2015 年的实地考察中，我们辨认出“三座大厅”东部的矩形房间，这令我们联想到 β 寺院遗址内西南的券顶小室。斯坦因照片中地面上堆积的大片破碎土坯块，可能就是这组矩形房间。勒柯克的第二次探险报告中可能也提及了这组建筑。他写道：“城址中心坐落着一处庞大的寺院（参见平面图编号 K 寺院遗址），寺院内有三座相邻的大厅，旁侧有带券顶的房间。”[1] 这是关于券顶房间的唯一记录。斯坦因的平面图中未绘出这些建筑，但它们在今天的谷歌地图上依然清晰可见（图 2）。

---

[1] “Im Zentrum der Stadt befinden sich die Ruinen einer sehr ausgedehnten Anlage（K der Karte）, die ich als einen Komplex von drei sehr grossen aneinanderstossenden Sälen mit seitlichen Gewölbeannexen beschreiben möchte.”（TA 1757，TA 1758）

值得注意的是，这张照片拍摄的角度是从东南向西北。因此，斯坦因编号为 Kao I.i 的房间与勒柯克几乎未谈及的“三座大厅”中的南部大厅在同一直线上。勒柯克仅记录在南部大厅的北侧有两间小室。此地他还发现了几件陶器碎片和回鹘钱币。

这就引出了斯坦因编号 Kao I.i 房间位于何处的问题。在斯坦因的平面图中，它被定位于 K 高地的东南隅。斯坦因还在 Kao I.i 中发现了若干摩尼教手稿（Kao 0107-110）和一小块刺绣（Kao I. I 01）。仅据这些遗物就可推断，斯坦因编号 Kao I.i 房间，很有可能对应勒柯克“藏书室”东侧的通道，此地勒柯克在考察中发现了诸多摩尼教手稿残片、绘制和刺绣寺院经幡。但正如斯坦因平面图所示，Kao I.i 比勒柯克“藏书室”旁狭窄通道的位置更偏南，这一问题现在仍未解决。

此外，我们至今仍无法确认上文提及的格伦威德尔发现了大量手稿小残片的房间（上文第 102 页）。由于格氏将这些手稿字母定为婆罗谜文，它们并非摩尼教手稿，因此，该房间非勒柯克提及的堆放着数百件摩尼教手稿小残片的“藏书室”。

## 结 语

上述勒柯克与格伦威德尔调查的区域应属于更大的建筑群。这可从斯坦因的平面图和今天依然可见的墙体遗迹推断出来。我们可以合理地认为，K 寺院遗址的南界比勒柯克平面图中所示的南部围墙更偏南（图 1，左和图 23）。这一推测是基于已被破坏的南部围墙的南侧还有券顶建筑的倒塌堆积（图 5）。K 寺院遗址的北部边界很有可能就是北部大厅。然而，我们不能确定，面向东西主干道的北侧是否还有属于寺院的小型建筑。K 寺院的东、西边界亦无法确定。如果我们假设 K 寺院遗址范围内亦包含 X 遗址，那么 K 寺院曾经应是一片广大的方形区域，几乎位于回鹘时期高昌城的中心。

K 寺院遗址极度糟糕的保存状况，不仅令勒柯克为之叹惜，亦使我们无法确定无疑地复原 K 寺院遗址中任何较大的房间或建筑。现藏于柏林亚洲艺术博物馆的出自 K 遗址的稀有木构件是仅有的孑遗，它们难以复原单个房间或整个建筑群的建筑风格。然而，以本文首次展示的证据为基础，学者能够将 K 遗址出土遗物置入原境中进行研究。

23 | 从西侧内墙所见 K 寺院及邻近遗迹。1902—1907 年德国吐鲁番探险队之一拍摄（B 1278 局部）。

# Q 寺院遗址及其木制建筑构件

鲁克斯（孔扎克-纳格协助；梅尔策撰写附录）

柏林亚洲艺术博物馆馆藏50余件出自古代回鹘都城高昌故城的木制建筑构件。其中多数木构件的具体发现地点不明。要厘清原始情况，唯一的方式是仔细研究德国吐鲁番探险队于1902年11月末至1903年3月初首次考察时的报告与所有档案资料。幸运的是，我们确定了一组彩绘横梁（III 4435 a-f）的出处。在格伦威德尔撰写的《高昌故城及其周边地区的考古工作报告（1902～1903年冬季）》[1]"Q遗址"章节中，有一段记载可以确认是对这组横梁的描述。他提及其上有婆罗谜文：

……还有倒塌的门框和木柱，因为每当冬季来临之际，维吾尔人就从遗址中将木构件挖出来用作薪柴。这些横梁上绘有丰富的花卉图案，其中一角甚至还绘一尊佛像，旁有婆罗谜题记。[2]

其中保存有一尊彩绘佛像（实际上残存三尊佛像）以及婆罗谜文题记的横梁，恰好和柏林亚洲艺术博物馆所藏的两根横梁上的装饰一致（III 4435 b、c）。因此，可以肯定柏林亚洲艺术博物馆收藏的编号III 4435的三件横梁，出自高昌故城Q遗址。三件横梁上标记的德国探险队发现它们时的编号D 46，亦是上述推断的有力佐证[3]。格氏的一份发掘品清单中收录了编号D 46："附配件、底座及涡形饰的木柱和门梁，出自有题记的Q寺院遗址。"（TA 657）（图1）[4]

---

[1] Grünwedel, 1906. 译者注：本译文使用中译本书名。

[2] "Beim Aufrämen des Ganges kamen die übrigen stücke [der Brâhmî-In-schrift] zum Vorschein, zugleich aber auch die umgestürzten Türeinfassungen und die Säulen, welche sonst sehr selten sind, da die Türken, wenn der Winter naht, darnach in den Ruinen graben, um sie als Brennholz zu benutzen. Diese Balken sind alle reich mit Blumenmustern bemalt, an einer Ecke ist sogar eine Buddhafigur mit Brâhmî-Inschrift erhalten."（Grünwedel, 1906, p. 35）

[3] D即指代达克雅洛斯城（Dakianusshahri）或亦都护城（Idikutschari）或高昌（故城）（Kočo/Kocho）。

[4] 第一支德国吐鲁番探险队的发掘品清单共有三份。一份是胡特所作（TA 78-710），另外两份是格伦威德尔所作（TA 241-248、TA 654-675）。这里引用的是出自格氏的第二份清单（TA 657）。该清单似乎比第一份清单包含的内容更多，并且进行了若干修改（TA 654-765）。上面写道："Holzpfeiler mit Zubehör, Fuβ und Volute u. Thürbalken aus dem Inschriftentemppel Q。" 短语"和门梁"（"u. Thürbalken"）是格氏在其原初清单后加上去的。另外两份清单（TA 681和TA 242）未提及该门梁。

D46. Holzpfeiler mit Zubehör, Fuss und Volute u. Thürbalken aus dem Inschriftentempel Q.

1 | 格伦威德尔高昌故城发掘品清单摘录（TA 657）© 柏林亚洲艺术博物馆。

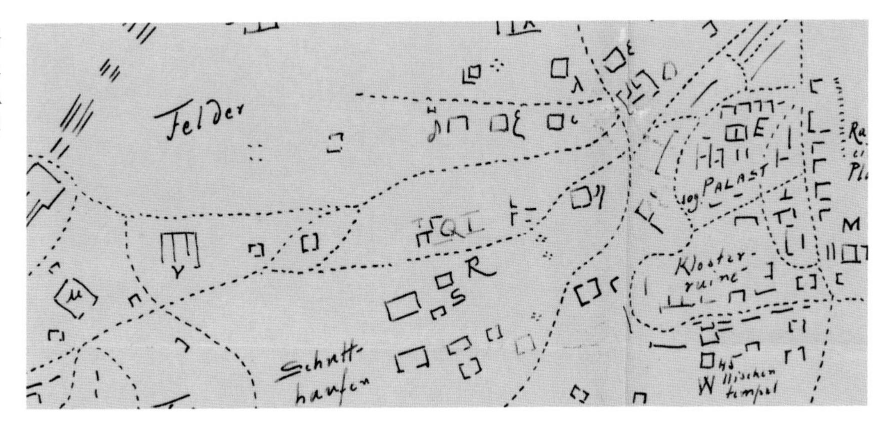


2 | Q 寺院遗址位置。格伦威德尔在高昌故城遗址现场绘制的草图局部（TA 253）© 柏林亚洲艺术博物馆。

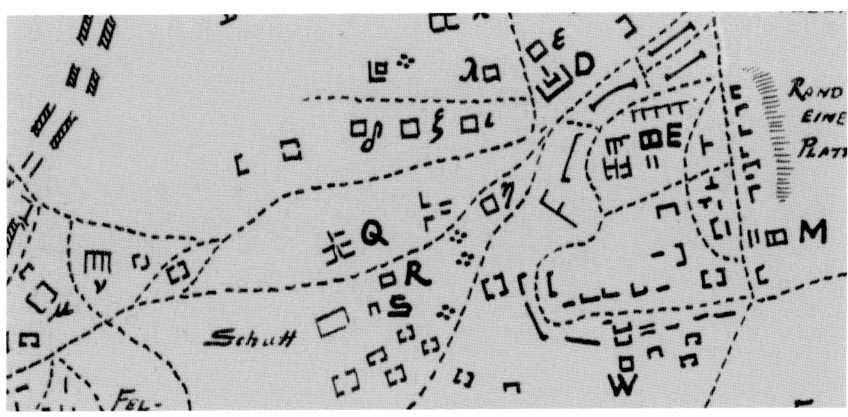


3 | Q 寺院遗址位置。格伦威德尔报告中修订后的高昌故城遗址平面图局部（TA 6575；Grünwedel 1906, fig.2）© 柏林亚洲艺术博物馆。

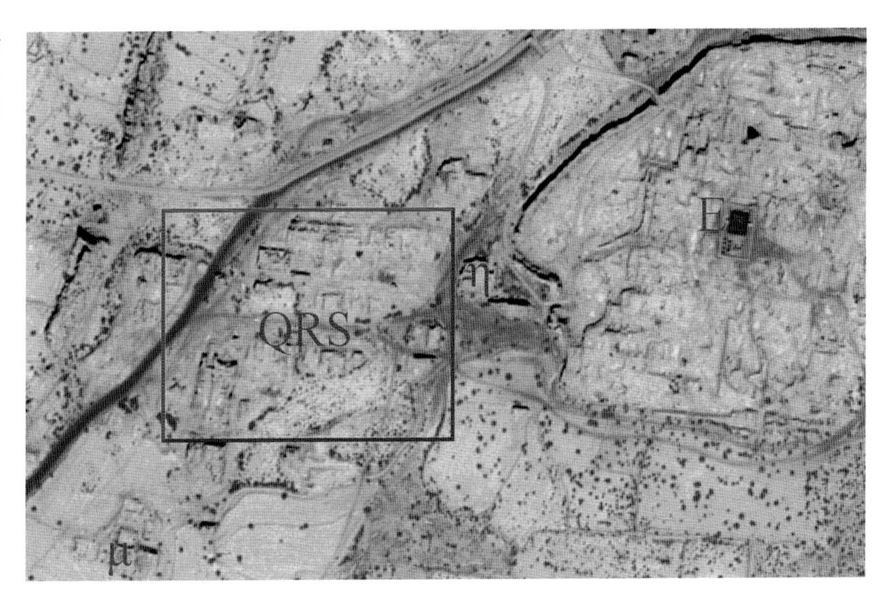


4 | Q 寺院遗址位置。西村阳子和富艾莉识别的高昌故城地图局部 © 柏林亚洲艺术博物馆。

## 遗址位置

1902年11月，格伦威德尔和队友胡特、巴尔图斯首次考察高昌故城，绘制了一幅平面图。图中在“可汗堡”西侧，以大写字母“Q”标记了一处遗址。Q遗址与η、μ两处遗址几乎分布在一条直线上（图2、3）。即便在当年，Q寺院遗址已存留无几。格氏在报告中写道，此遗址已被严重破坏，几无可能绘制平面图，要辨认遗址的每处细节需耗费大量时间[1]。因此，他决定仅绘出遗址内保存最好的部分，即遗址的西南隅，这也是他认为的Q寺院的主要部分（图5）。百余年后的今天，高昌故城内遗址的保存情况更为堪忧。“可汗堡”西侧区域已被严重破坏，几乎无法辨识其内的Q寺院遗址。2015年10—11月考察高昌故城期间，我们试图根据西村阳子和富艾莉重识高昌故城已发掘古代建筑的开创性研究[2]寻找Q寺院遗址。西村阳子和富艾莉二人已初步确定了η与μ遗址之间Q、R和S遗址的位置（图4），η与μ遗址特征明显，可根据德国探险队的照片和报告辨识出来。然而，即使在仔细研究之后的实地考察中，我们仍未发现可与格氏绘制的Q寺院平面图匹配的遗址。

## 建筑及其特征

据我们所知，Q寺院遗址仅德国吐鲁番探险队在1902—1903年间考察过，因此唯一的资料源于此次调查[3]。格伦威德尔在报告中仅描述了Q寺院遗址内保存状况最好的西南隅（图6）。这处遗存是大约一人高的平台，33米见方，约1100平方米，上有两间矩形房间，房间中部各由设有门道的一面墙体分隔（图5中的1a+b和2a+b）[4]。两间房的北侧，是另一间充满堆积的房间的墙体。他并不清楚这间房是否亦位于同一高台，若如此，则高台会更大。

格伦威德尔的报告中对Q寺院遗址的文字记述旁，还附有一张胡特拍摄的照片[5]。根据记录，照片由西侧拍摄，呈现出Q遗址西南隅，还包括遗迹上方的一小段土坯墙，它是南侧房间中间门道的一部分（见图5，1a和1b之间）。该门道向东通向有中心塔柱的房间（1b），内部发现众多题记，因此被命名为“题记屋”[6]。我们几乎无法在现场辨识出照片中显示的房间和墙壁。如果照片是

[1] Grünwedel, 1906, p. 33.

[2] Nishimura et al., 2014, p. 184.

[3] 斯坦因于1907年和1914年到达高昌故城（哈拉和卓），他曾绘制了一幅城址平面草图（Stein, 1928, III, plan 24）。在该草图上，斯坦因在所谓的“可汗堡”西南方向标注了几处遗址，其中有一处可能和格伦威德尔标注的Q寺院遗址一致。然而，从斯坦因出版的报告来看，并不能确定Q寺院遗址是否在其草图上标注，因为他未对该遗址作任何描述。

[4] Grünwedel, 1906, p. 33.

[5] 关于胡特，请参见本书德雷尔、孔扎克-纳格文章，第70页，注释[6]。

[6] Grünwedel, 1906, pp. 34—35.

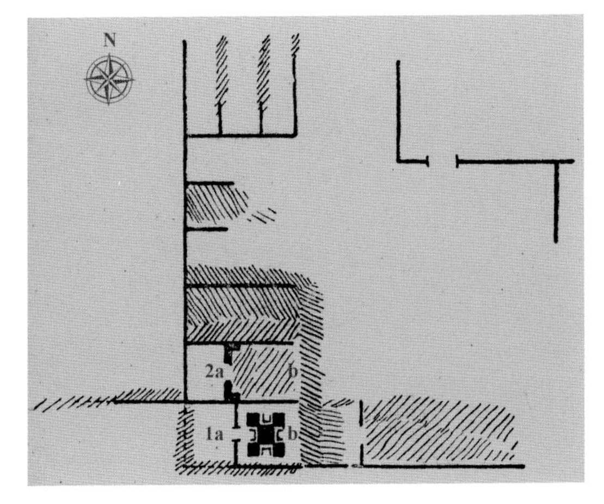


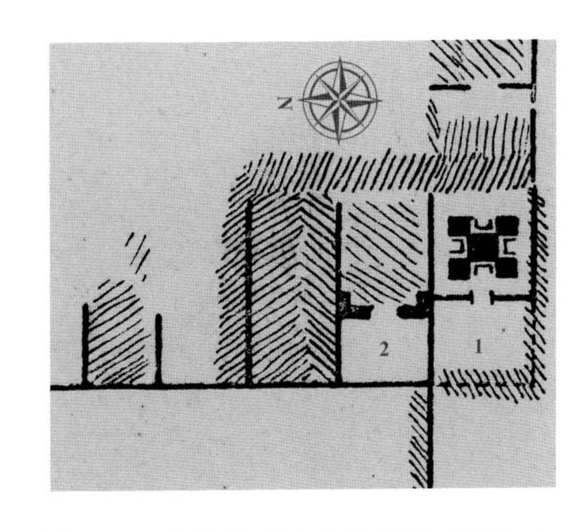

5 | Q 寺院遗址示意图（TA 6773; Grünwedel 1906, fig. 28）© 柏林亚洲艺术博物馆。
6 | Q 寺院遗址示意图局部（TA 6773; Grünwedel 1906, fig. 28）© 柏林亚洲艺术博物馆。
7 | 从西侧所见Q寺院遗址西南部（TA 6712; Grünwedel 1906, fig. 29）© 柏林亚洲艺术博物馆。

从西侧拍摄的，那么通向"题记屋"（图 6，编号 1）的门道及其两侧的墙壁应该可见。然而，照片中仅有门道一侧的墙体存在。即使我们假设照片上仅可见门道左（北）侧墙体，以及北侧毗邻的房间（图 6，编号 2），但仍无法解释背景中一段似乎平行于门道左侧墙体的墙壁。

根据格伦威德尔 1903 年 1 月 2 日给柏林皇家民族学博物馆管理处的一封信件可知，在发掘工人令人措手不及地发现一块题记之后，他才进入 Q 寺院遗址[1]。这种略带戏剧性的情况，在格氏出版的报告中却只字未提，报告中这样写道：

当时胡特博士正在拍摄 A 寺院遗址，发掘工人带来了一块于"韦伯手稿"中使用的婆罗谜字体书写的题记残块，事实证明这些工人先前一直在 Q 遗址发掘，而胡特博士在前一天曾在这里的墙壁上发现过"满文"。所有题记均出自这座平台上的南侧房间。[2]

[1] "Der Tempel Q war von nichtgeworbenen Gräbern-Bauern, die auf eigne Fraust wählten-angehauen worden-ich betrat ihn gerade in dem Augenblicke, wo die Leute eine Inschrift freigelegt hatten, welche in der Brahmī Abart der Weber Manuscripte geschrieben und in unbekannter Sprache abgefasst war und ursprünglich über der Türe des W.Ganges von Q aufgemalt gewesenist." 根据 1903 年 1 月 2 日格伦威德尔给柏林皇家民族学博物馆行政管理处的信件（TA 238），同时亦可参见 Grünwedel, 1906, p. 34。

[2] Grünwedel, 1906, p. 34. 鲁克斯由德文译成英文。

8 | 从北侧所见 P 寺院遗址（T 1276）© 柏林亚洲艺术博物馆。

我们也许会遗憾，德国探险队未在发现题记之后立即发掘 Q 寺院遗址，但另一方面也要考虑到，当时仅有格伦威德尔、胡特与巴尔图斯三人，且他们还要考察更多遗址。

“题记屋”（图 5，1b）平面呈方形，边长 16.3 米，面积达 266 平方米。由于墙体已部分毁坏，且东墙完全塌毁，高度不能确定。房间中部距墙壁 6.7 米处，立有一根边长 2.9 米的方柱，方柱的四角还各立一根同样大小的方柱。这类方柱，无论其四角附或不附方柱，在吐鲁番地区的佛殿中极为常见，格伦威德尔认为它是塔的替代[1]。而在我们看来，每根方柱上建一座塔的可能性是存在的，例如中心柱之上建塔可见于 β 寺院遗址的老照片中[2]，γ 寺院遗址的照片中呈现得更加清晰[3]。事实上，不仅是中心柱，中心柱所在的建筑似乎均被视为塔。因此，我们就可以理解为何 Q 寺院遗址“题记屋”的一面墙上残存的吐火罗 B 语题记写道：“任何已经进入这座窣堵波者……”[4]

中心方柱及其四角各附一相同或稍小的立柱，除见于 Q 寺院遗址外，亦见于 B、H′ 和 P 寺院遗址[5]。由于格伦威德尔到来之时柱子已仅存下部，故而我们无从得知原初面貌。从德国探险队拍摄 P 寺院遗址的老照片（图 8）与格氏当时所绘的平面图（图 9）[6] 可知，中心柱上立塔的形状应与交河故城中名为“塔林”的中心建筑类似[7]。这一建筑类型可追溯至印度菩提伽耶的摩诃菩提寺，该建筑建于传说中佛祖释迦牟尼于菩提树下悟道成佛之处。

---

[1] Grünwedel, 1906, p. 173.
[2] 参见本书德雷尔和孔扎克-纳格文章，第 77 页图 4、第 78 页图 5。
[3] Grünwedel, 1906, pp. 96—97.
[4] 参见本书贝明文章，第 156 页。
[5] Grünwedel, 1906, p. 173.
[6] Grünwedel, 1906, p. 32, fig. 25.
[7] 关于雅尔和屯（交河）“塔林”建筑，参见 Kozicz, 2014。

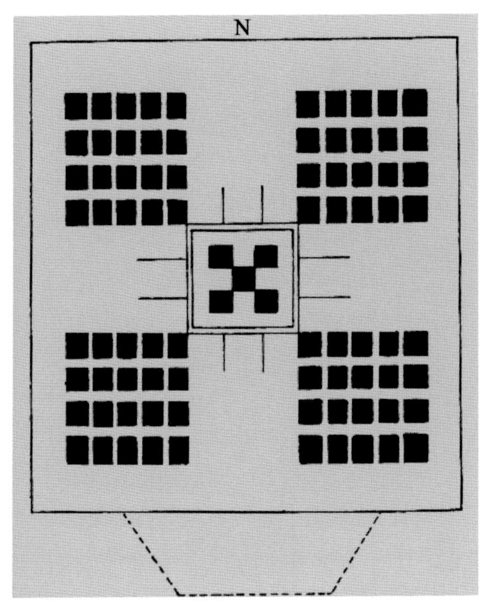


9 | P 寺院遗址平面图（Grünwedel 1906, Fig.25）© 柏林亚洲艺术博物馆。

当德国探险队进入 Q 寺院“题记屋”时，内部满是倒塌堆积。清理之后，柱子之间显露出小底座，这在遗址平面图中已清晰标出。底座遗迹之上是身光遗迹，其上还饰有翅膀，左右两侧配有阶梯金字塔形装饰构件[1]，均为泥塑，其中两件现存于柏林亚洲艺术博物馆（III 4699 a、b），上有彩绘贴金（图 10）。其他带有装饰的泥塑残块出自堆积中，这些堆积可能亦曾属于底座。此外，还发现了一尊大佛像的残块，稍小塑像的珠宝饰物，如项链、耳饰、王冠残件，以及若干小塑像，它们均为泥塑，施以彩绘且部分还有贴金[2]（图 11）。中心柱南侧走廊内出土了众多琉璃瓦残件。正对门道的中心柱间隙，德国探险队发现了一幅精美壁画的残片，上绘两身人物——一身为神祇或菩萨，另一身呈忿怒相，可能为金刚手菩萨[3]（图 12）[4]。壁画被揭取并运送至柏林，但在第二次世界大战期间遗失。据发掘品清单可知，还有数件出自 Q 寺院的壁画残片被带至柏林，然而，现仅存一件绘制光环的残片（III 9212）（图 13）。

---

［1］ Grünwedel, 1906, p. 34.

［2］ Grünwedel, 1906, p. 34—35. 这些精美的彩绘泥塑仅有一件保存完好。其他发现品仅为人物头部。大多数文物均藏于柏林亚洲艺术博物馆，具体为：III 4488、III 4498、III 4499、III 4501。其中一件泥塑佛头（IB 4500）在战争中遗失。

［3］ Grünwedel, 1906, p. 35.

［4］ 该壁画在战争中遗失，并且似乎有清单编号 IB 4429，清单上记录为：“两个头，其中一身是魔鬼，Q 遗址，亦都护城（高昌）。”然而，该壁画在柏林印度艺术博物馆的遗失目录中被归为 III 9243（Dreyer et al., 2002, p. 206），目录册中记录为：“［一］魔鬼［着］镀金盔甲，［以及］在下方左侧，［一］模糊的神祇，高昌。”此条目亦提供了一则信息，即壁画的旧编号已丢失。鉴于此，两幅壁画 IB 4429 和 IB 9243 极有可能实际上是同一幅壁画，且后来给出的更大编号仅是由于早期编号已经遗失。壁画呈现出一身神祇或菩萨与一身忿怒相神祇，其极有可能是金刚手菩萨，为公元 10—12 世纪回鹘时期风格。格伦威德尔描述人物皮肤为白色，有华丽的贴金首饰（Grünwedel, 1906, p. 35）。目录册中的附属条目罕见地以铅笔而非钢笔书写，上面写道：“身着金色盔甲的魔鬼，下方左侧有一身难以辨认的神祇，旧编号丢失。”吐鲁番藏品索引卡上的信息表明，这幅壁画残片源自高昌故城 Q 寺院遗址，位于中心柱西侧，1906 年格氏的出版物中亦曾引用了这一信息（第 35 页，图版 III—图 3）。人们不能确定“旧编号丢失”具体为何意。一种可能是该壁画原来的清单编号遗失，因此其被列入清单册的时间要相对晚一些，编号数字已高达 IB 9243。然而实际上，清单手册上的条目 IB 4429 所指的文物亦在战争中遗失，可能和 IB 9243 是同一件文物。该条目写道：“高昌故城 Q 遗址壁画残片和两个头，其中一个是魔鬼”，且第一支德国吐鲁番探险队发现品清单上给出的参考编号为 D 143。正如第 122 页注释［4］中已经提及的，这份清单有三个版本。胡特版本以及格伦威德尔的第一个版本中，该文物被列为“D 143，出自 Q 遗址的壁画”（TA 698、TA 245）。然而，格氏的第二个版本中则加上了“出自面对门的中心建筑的基座西侧，有婆罗谜文题记，相同地点出土有 D 46［有涡形纹和基座的木柱］以及 D 92［有一个或更多的婆罗谜文字的题记残片］”（TA 666）。后面的附加内容以不同的墨水书写，但明显为格氏本人所写。因此，有一种可能是，遗失的旧编号 IB 9243 就是 IB 4429，并且实际上这两件遗失的壁画残片为同一幅壁画。

10 | Q 寺院遗址的阶梯金字塔形泥塑装饰构件，III 4699 a（高：9.8 厘米），III 4699 b（高：8.5 厘米）© 柏林亚洲艺术博物馆 / 利佩。

11a | Q 寺院遗址的泥塑，III 4488（高：48.3 厘米）。

“题记屋”内壁涂以白灰，南、北壁的近中心部位至建有门道的西壁上写有回鹘文和若干汉文题记。所有题记均被揭取且运送至德国。其中编号 III 386 的回鹘文题记即是一例（图 14），根据哥廷根科学与人文学院教授拉施曼的识读[1]得知，Q 遗址可能曾经是一座寺院[2]。“题记屋”内通向前室或西室门道前的堆积尤高（图 5，1a）[3]。清理过程中，德国探险队在门道上方发现了婆罗谜字母写成的当时未辨认出、后来识读为吐火罗语的题记。此部分堆积中还发现了更多吐火罗语和梵语题记残片。格伦威德尔抄写且出版了其中若干件[4]。这些残片上的字体较大，超过 10 厘米高，当时应易于观者阅读。部分存留的吐火罗语题记残片的抄本或照片，在本书中由贝明识读、分析和翻译[5]。

[1] 第一支德国吐鲁番探险队列出的清单号写在该残件上，释读为 D 77 Q，这是达克雅洛斯城（高昌故城）Q 寺院遗址的编码。同样的清单号亦见于若干出自 Q 寺院遗址的题记。根据格伦威德尔（TA 243）和胡特（TA 685）所列出的发掘品清单，题记大多是蒙古文字和语言。此说明是错误的，格氏后期修正过的清单上已将之改为回鹘文（TA 660）。在他早期的清单上，格氏亦提及几处 Q 寺院遗址的汉文题记（TA 243），并且胡特在其清单（T 685）上添加了一则婆罗谜文题记。

[2] 拉施曼给出了 III 385 回鹘语题记的转写与翻译：
转写：/1/ *ıt yıl altınč ay [...*
/2/ *bo saŋram [...*
翻译：/1/ 狗年，六月 [⋯
/2/ 这座寺院（古回鹘语：*saŋram*）[⋯
拉施曼指出单词 *saŋram / säŋräm*（两种读法均经过证实：后元音和前元音），表示该建筑物曾经是一座“寺院”，因为该术语通常作为联绵词 *v(ı)rhar säŋräm*“*vilhāra, sanghārāma*”中的一个要素。
不幸的是，该建筑上幸存的题记并未给出太多信息。并且由于狗年每 12 年就轮转一次，所以该题记的具体日期亦不确定。我们对拉施曼的解释表示感谢。

[3] Grünwedel, 1906, p. 35.

[4] Grünwedel, 1906, fig. 30.

[5] 本书第 154—162 页。

11b

11c

11d

11b-d | III 4498（高：23.9 厘米），III 4499（高：15.4 厘米），III 4501（高：23.5 厘米）© 柏林亚洲艺术博物馆 / 利佩。

12 | 神祇 / 菩萨和金刚手菩萨（？），32×33 厘米，IB 4429（战争中遗失）（Grünwedel 1906, pl. III, fig. 3）。

13 | Q 寺院遗址壁画残片，呈现出光环的一部分，9×12 厘米，III 9212 © 柏林亚洲艺术博物馆 / 利佩。

14 | Q 寺院遗址墙壁上的回鹘文题记，20×9 厘米 © 柏林亚洲艺术博物馆 / 利佩。

## 木结构

格伦威德尔在报告中提及，西壁门道装饰有彩绘木构件和雕刻的杨木柱[1]。下文将详细讨论 Q 寺院遗址中发现的能够装配成一组的 10 件木构件，包括拼在一起的长纵梁，梁的两端下有起支撑作用的短替木、枓和栱，可支撑于自身的从中心插入的短横梁。这组构件常见于汉地唐宋时期

[1] Grünwedel, 1906, p. 35.

（7—13 世纪）的木构建筑中。两者的不同之处在于，此地木梁的两端嵌入夯土或土坯墙中，而在汉地，栱或木梁两端总是由木构件支撑。此地呈现出汉地木构建筑与中亚夯土建筑的融合。

在展开讨论之前，有必要说明两点。首先，格伦威德尔、胡特以及勒柯克，均曾亲至高昌故城，之后返回柏林，始终未注意到这些现象，被他们忽略为何？因为他们均是印度与中亚语言和文化专家，无人涉足汉学。从柏林至吐鲁番，他们走的是途经俄国的陆路，之前未曾到过中国本土。乌鲁木齐虽有部分汉式建筑，如格伦威德尔在 1906 年给他妻子的信件中曾提及所见的汉式建筑，但这些建筑包含多种地方风格，与首都北京的宫殿和寺院中见到的大型枓栱建筑并不相同[1]。格氏曾将之与印度建筑进行对比，而非他几乎不知晓的汉地建筑进行对比。

其次，汉—回鹘和中亚的木构建筑传统泾渭分明。源于古希腊建筑的中亚木构建筑使用大量的雕刻木构件，如出自 β、α 以及 K 寺院遗址的木构件。这些木构件似乎未见彩绘。但是，汉式木构件基本不采用雕刻，而是以明亮的颜色绘制精致的图案，如出自 Q 寺院遗址、高昌故城或胜金口一座未辨识的大型寺院以及柏孜克里克的木构件。就我们目前观察，这两种风格从未同时见于同一建筑。一种可能的解释是，制作这两类木构件的木匠属于不同语言、宗教或种族群体。

Q 寺院遗址发现的木构件均位于中心柱与开有门道的西壁之间的区域。目前共有 35 件木构件收藏于柏林亚洲艺术博物馆。它们均被记录在“二战”前的清单册上（编号 III 4435—4442）。格伦威德尔和胡特早年在高昌故城已对出土遗物作出易于管理且有意义的分组，编号为 D1—216[2]。分组中部分仅包含数件，部分遗物数量则较多。出自 Q 寺院遗址的遗物分为 11 组，包括壁画、题记与灰泥制品。仅编号为 46 的一组为木构件。当时共有 216 组遗物装入 59 个包装箱运至柏林，其中仅有 4 箱装载 Q 寺院遗址的木构件[3]。记录在清单册上的 Q 寺院遗址木构件中，仅丢失了编号 III 5018 的木构件，其记录为“一件木柱头、彩绘、圆形。Q 寺院，D 46”[4]，这令我们庆幸[5]。本文开篇提及的 D 46 这一组木构件，在运送前，在编写于高昌的遗物清单中有过描述，即“附配件、底

[1] Dreyer, 2015, pp. 24—31.

[2] D 指代达克雅洛斯城（Dakianusshahri）。

[3] 包装箱清单上记录第 32 箱装有编号 46 的木构残件、一只铁壶、一个罐子、编号 69 的塑像的一部分、佛头，具体编号如下：185、190、192、195、205、208。更多 Q 寺院遗址木制残件包含在包装箱（*Colli*）40—42 中（TA 251、TA 716—717）。在包装箱清单上，“*Colli*”仅出现两次，并且肯定是有意的：其见于 40—42 三个包装箱和 44 包装箱，包含有两卷壁画底图、两支来福枪以及画架的杆。这些包装箱极有可能都是长方形箱子——德雷尔 2015 年的出版物第 48—49 页公布了当时拍摄的照片，其中可以看到，箱子的尺寸大约为 75×60×100 厘米。包装箱（*colli*）一定是来福枪、长杆与超过 100 厘米的 Q 遗址文物更长的箱体，而柏林亚洲艺术博物馆的 35 件文物中，有 4 件大约为 160 厘米长且极重，有 5 件在 110—135 厘米之间。两个栱亦极重。在第 32 箱中，较小的木构件例如“枓”和 8 个短栱一定也是被包装的，并且同其他文物一起，以稻草仔细包装。另外较长较重的部分也以稻草包装起来以保护绘画层，这正好说明，用三个大的包装箱（*Colli*）是为了便于管理。

[4] 在汉式建筑中，唯一的圆形构件是石柱底座或柱础。柱的顶部有一个大的带凹边的方形枓。其他枓在清单册上标记为“灯座”，说明中“rundlich”（德语“略带圆形的”）可能指的是枓的凹面，也可能该木构件为圆柱的顶部。

[5] 最初，1945 年之后原本有其他 5 件文物遗失，然而 20 世纪 80 年代，它们从苏联归还至原德意志民主共和国的莱比锡，然后在 1992—1993 年间又运到柏林亚洲艺术博物馆：III 4435 e, III 4437 a, b, f, h 和 III 4440 e。

15 | 木料，彩绘，7.8×25×24 厘米，出自高昌故城未辨识遗址，10—11 世纪，III 7293 © 柏林亚洲艺术博物馆 / 埃贝勒和艾斯费尔德。

座及涡形饰的木柱和门梁，出自有题记的 Q 寺院遗址”。柏林亚洲艺术博物馆收藏的 35 件木构件中，仅有 3 件标有“D 46”，但从内在逻辑以及清单册中分组的情况来看，它们显然均出自 Q 寺院遗址。3 件标有 D 46 的木构件分别为 1 根替木、1 件枓和 1 根凸出的小横梁，根据其上的小佛像和题记，可以确认，它们属于带枓栱的纵梁与横梁组合。毫无疑问，“底座”指的是枓——对于不熟悉汉地寺院和宫殿建筑的人而言，难以理解屋檐下成排枓栱的功能（用于转移木柱上承接的沉重屋顶的重量——与中亚建筑不同，汉地建筑中的墙体无论多厚，均无承重功能）[1]。翻过来的枓类似于“底座”（图 15）。将枓误称为“底座”，从而使枓在 1977 年前的博物馆记录和出版物中被赋予了有趣的功能。如“底座”在清单册中被解释为“灯座”（Lampenständer, III 4436 a，b 或 Leuchtenständer, III 7293，甚至加上现代维吾尔语翻译拉丁字母转写 *čirāy payä*）。很可能是当地人错误地告知勒柯克其为何物。同样基本无疑的是，“涡形”指的是栱，露在外的一半雕刻看似“涡形”。在汉地木构件中，栱的确是唯一与涡形近似的构件。

格伦威德尔在报告中提及了 Q 寺院遗址的木构件：“饰有彩绘镶板的门和杨木雕刻的柱子”[2] 与“倒塌的门框和柱子”，“木梁全部彩绘丰富的花卉图案，且在一角绘一尊佛像，旁有婆罗谜文题记”。毫无疑问，中心柱西侧墙体上曾有木门，门道两侧的夯土墙中安装有木门框。我们了解该地

[1] 参见 Bhattacharya, 1977, p. 141，no.501，对 III 4436 a 的描述。

[2] “aus Pappelholz geschnitzten Säulen”.

16 |《誓愿图》细节，上有建筑和花卉纹饰，柏孜克里克第 15 窟壁画，370×227 厘米，11 世纪，俄罗斯圣彼得堡国立艾尔米塔什博物馆 Ty-775（鲁克斯摄影）。

区的门框样式，由两根立柱和横向延伸至立柱外的门楣和门槛构成。柏孜克里克《誓愿图》壁画中即描绘有此类门框。藏于俄罗斯艾尔米塔什博物馆的柏孜克里克第 15 窟壁画上，一座融合了中亚和汉地风格的建筑提供了此类门框的佳例（图 16）。大门及上部呈洋葱状的窗户为中亚样式，带有垂鱼装饰的歇山顶和屋檐下的一排枓栱则为汉地样式。这种样式简单，且在柱子之间有倒 V 型人字栱的枓栱，在 12 世纪之后已不再使用。汉地与中亚的门扇均靠木制枢轴转动，枢轴插于门槛与门楣中的凹槽内，无金属合页。1906 年拍摄的克孜尔第 76 窟（孔雀洞）的老照片中可见这种典型的门。它的水平门板由公母榫接合入平且无雕刻的两侧竖的大边内，不用横的抹头和通过槽榫安装的门心板。带有门枢插槽的木质门槛实例，见于柏林亚洲艺术博物馆的藏品中，它出自库车附近的基利什（森木塞姆）。

门的部分构件似乎未被带至柏林。唯一无法解释的 4 件长而形状不规则且绘有涡形纹饰的木构件（III 4440 k, l, m; III 4442），不属于门的构件。

其他木构件可以装配成有意义的组合（图 17、18）。虽然下文读起来略显繁琐，但是带有彩绘且很可能是公元 10—11 世纪的木制建筑构件的组合，罕见且重要，而且还是首次公布，对它们进行详尽的描述是十分有必要的。

两根纵梁，即下梁和上梁。下梁长 317 厘米，高 11.5 厘米，宽 15 厘米。上梁长 310 厘米，高 18 厘米，宽 15 厘米（实际宽 11.5 厘米，还有一件宽 3.5 厘米的木板通过上梁背面的 8 个木销及下梁上的 7 个木销固定）。在上梁中，有 3 个半搭接卯口，宽 15 厘米，深 7.5 厘米，高 10.5 厘米——分为两阶，每阶足有 5 厘米高。卯口相距 110 厘米，用于连接长 135 厘米、宽 15 厘米、厚 10.5 厘米且附有 5.5 厘米长叠榫的短横梁。仅有一根短横梁留存，叠榫与纵梁中央的阶梯型卯口完美匹配。横梁的底面以及两个窄边上施以彩绘，彩绘区域长 121 厘米，上有长 7 厘米的无彩绘半搭接榫，很可能原来插入了一根未留存的纵木梁。

木梁上连续的装饰清晰表明它们原是组合在一起的，形成一个约长 330 厘米、高 29.5 厘米、宽 15 厘米的组合纵梁[1]。实际上，在上下两根木梁中，有三对相应的榫接，间隔 128 厘米，并且由墨线整齐标示，借助方形木销将这些木梁组合在一起。木梁左侧末端的彩绘已经损坏，右侧末端素面；这似乎表明，木梁的两端嵌入夯土或土坯墙中。露在外的木梁长 235 厘米（与墙中门道的跨度相同）。有相似彩绘但稍短的木构件（106 × 12 × 15 厘米）可以被放置在大梁右侧下方，左侧边缘为弧形且有彩绘，右侧 33.5 厘米素面。以此方式，三根叠加木构件的彩绘与素面区域之间的界限可完美对齐。这件短木构件的作用是在大梁与业已存留的两个枓栱之间起到缓冲作用，尺寸亦与枓栱相称（枓口 15 厘米，栱高 22 厘米、宽 13.5 厘米）。

枓栱上彩绘区域为 36 厘米；素面区域即粗糙突出的末端约 38 厘米，木栱在距前端 39 厘米处的素面上有墨线，可能说明墨线以外的部分应嵌入墙体（图 19）。藏品中亦有一根边缘为弧形的垫木，或可以置于木构件组合的左侧，图案与右侧垫木几乎相同，长 93 厘米，宽 15 厘米，仅高 9 厘米，距前部 65.5 厘米处有墨线。然而，这一木构件似乎最初不属于此，顶部表面的两个榫眼与纵梁上相应的两个榫眼并不匹配——两者相距甚远。木构件组合的右侧，榫眼完全匹配，显然垫木是通过矩形木销固定在上面的纵梁上的。木构件组合的整体均由与右侧枓栱相似的枓栱构件支撑。两个栱的裸露末端也嵌入土坯墙中，且有彩绘，与素面之间的界限亦与横梁上的边界线对齐。

由垫木和水平栱支撑的长纵梁组合，在成书于北宋崇宁二年（1103 年）的《营造法式》中称为“枋”、“替木”和“泥道栱”。所有木构件均位于同一平面，左侧和右侧插入夯土或土坯墙中。长梁应是由重复使用的木料制成的。首先，上部原初较薄，后来由一块厚木板填补，以达到和下部一致的厚度。其次，彩绘不只一层。组合纵梁的左侧末端，可见格伦威德尔曾经提及的上方有题记的三尊小佛像上半身。本文附录中梅尔策对此进行了探讨。佛像的下半身及莲座未见，应绘于未保存下来的木构件上。有佛像与题记的图案在纵梁左侧的不规则末端突然中断，最初的图案应有更多内容。最右侧的佛像和题记保存完好，中间的佛像与题记保存较差。纵梁顶部绘有花纹图案，在阶梯状卯口处终止；虽然彩绘和素面区域间不如右侧有明显的分界线，但似乎至少一部分卯口与插入其中伸出的短横梁是嵌入夯土墙或土坯墙中的。如此，现存的位于中央伸出的短横梁三面有彩绘；

[1] 现今上梁和下梁均被锯成两截，探险队成员这样做是为了便于运输。

17 | Q寺院遗址有枓栱的木梁组群，正面视图 © 柏林亚洲艺术博物馆 / 利佩。

18 | Q寺院遗址有枓栱的木梁组群和套斗顶，仰视图 © 柏林亚洲艺术博物馆 / 利佩。

19 | 有枓栱木梁的右侧末端呈现出墨线 © 柏林亚洲艺术博物馆 / 利佩。

目前已不存的左右两侧伸出的短横梁，可能仅在露出来的一面有彩绘。

Q寺院遗址出土的其他木构件中，有九根较小的彩绘木梁，长约80—110厘米，宽11厘米，稍长的厚9厘米，稍短的厚7厘米。有的为斜刻半榫，有的为正刻半榫，还有的为十字刻半榫。重要的是彩绘区域亦为斜接，即有45度角。稍长木梁的彩绘部分为长约80厘米和60厘米的梯形；稍短木梁的彩绘梯形长约58厘米和43厘米。显然，它们是套斗顶（方井）的构件，能够且最有可能安装于伸出的短横梁之间110厘米的间隔内（图18）。该认识需要感谢魏正中和卢湃沙。

上述带有测量数据的冗长描述是对照片和绘图的必要补充。重要的是，格伦威德尔对该建筑的测量，因测量时建筑已荒废许久，结果只近似于最初数据，而我们从这组木构件中获得的数据是精确不变的。如果这组木构件跨越了一处门道（我相信很可能如此），则该门道宽235厘米。从长梁的搭接卯口伸出的短梁为121厘米（不包括搭接半榫），并且间隔为110厘米。

图18中的大型木构件组合原初位于Q寺院遗址何处？最初我试图证明它被固定于隔墙门的上部[1]，是门楣上方的装饰构件，两者之间还有一定空间。而实际上这讲不通。门意味着可以封闭，上部有开口是令人费解的，至少开口内应填充木条，但并无任何迹象证明如此。同样，伸出的短横梁表明，原来应有类似走廊的结构存在。当开始绘制一幅实测图并且尝试给出连贯的结构时，就更为复杂。还需要撩檐枋——方形长檐梁或圆形檩，简单的枓栱；门旁及沿墙的不同尺寸的套斗顶构件。

另一种可能是，这组木构件来自塑像之上的顶部，包括平台上中心建筑四面硕大壁龛中的大佛像。塑像需要保护，然而，大型壁龛290厘米见方，而木梁组合的跨度仅235厘米。格伦威德尔的测量值为近似数据，且经过700余年的侵蚀，原初泥质部分可能已经变得更大。尽管如此，我们亦无法对其展开绘制。同样，我们不知道中心柱的上部情形。上部很可能有土坯券顶，或全部笼罩着壁龛，对塑像起到了保护作用，正如下文提及交河故城的若干例子所示。或者，从格氏对P寺院遗址中极为相似的建筑的描述和绘图来看，显然木柱靠近土坯墙体而立，很可能是为了支撑木梁或狭窄的华盖。格氏写道：

（中心柱四角的夯土或土坯柱）可以明显看出，木构建筑的痕迹到处存在：带有凸起的印度风格式柱子，支撑起木结构的华盖。木柱与华盖上曾有彩绘（参见Q寺院），置于壁龛内的主尊塑像旁的次要佛像组，或作彩绘泥塑，或仅彩绘壁画。[2]

[1] Ruitenbeek, 2015, pp. 106—107.
[2] Grünwedel, 1906，pp. 31—32.

20 | III 4435 c 木梁上绘制的佛像 © 柏林亚洲艺术博物馆 / 伦格。

从硕大的泥塑身光可以推断出，四个壁龛中皆有大型主像[1]。由于 P 寺院未发现木构件，因此不知道这些木构件是中亚式雕刻风格，抑或是汉—回鹘式彩绘风格。尽管 P 与 Q 寺院遗址的中心柱的下部相似，但它们仍有不同之处。Q 寺院遗址中，柱子间的壁龛内有小型基座式底座；而 P 寺院遗址则未见类似结构。P 寺院的中心柱更大，边长 3.7 米，而 Q 寺院中心柱的边长为 2.9 米。Q 寺院中心柱南侧走廊内发现了众多琉璃瓦碎片[2]。德语“Ziegel”有“砖”及“屋顶瓦”之意，然而在如此早的时期，不可能使用琉璃瓦。柏林亚洲艺术博物馆收藏的出自高昌故城和吐鲁番地区的 4 件直径约 10 厘米的小瓦当（III 1051、471、472、729），均未上釉，且均为唐代常见的兽面纹。它们的年代约为 10—12 世纪，个别可能更晚（图 21）。

除上文提及的“塔林”，交河故城内还有部分遗址与 Q 寺院遗址“题记屋”相似：即带有塑像龛的中心柱，外有高墙围绕。例如 94TJD2 小佛殿以及西北小寺。前者围墙长 5.65 米，宽 4.8 米，

[1] Grünwedel, 1906，pp. 31—32，fig. 25, 26.
[2] glasierte Ziegelfragmente.

21 | 陶瓦当，直径 10 厘米，出自高昌故城未辨识遗址，10—12 世纪，柏林亚洲艺术博物馆 III 729 © 柏林亚洲艺术博物馆 / 布什曼。

墙高约 3 米，厚 0.7 米，仅部分北墙和东墙保存下来；南墙近年来已被重建。土坯中心柱长 3.2 米，宽 2.9 米，高 4.7 米，壁龛约宽 1.5 米，高 2 米，深 0.4 米。中心柱与侧面和后面墙体的距离是 1 米，与前面（西面）墙体的距离是 1.4 米。壁龛上方、中心柱四角以及对应的四面墙上各有两个孔槽，其内最初可能插有木梁，用于支撑水平屋顶。中心柱上可能有类似佛塔塔刹的突出部分[1]。西北小寺规模更大，平面呈方形；四周围墙边长 21.6 米，南侧有一个入口，中轴线北部有一周内墙，边长约 5.35 米。中国学者根据 1906 年巴尔图斯测绘的平面图（图 22）认为，这周内墙的中心建有一方形带壁龛的土坯柱，约 3.1 米见方，但现今已无迹可寻。巴尔图斯写道：

1906 年 8 月 26 日，雅尔和屯。平台上佛塔四面壁龛内有四尊坐佛。其中前部和左侧的两尊坐佛在我来到这里之前是完整的，另外两尊坐佛的底座和身体下部依然保存。而今所有塑像均被砍去。巴尔图斯[2]（TA 4119）。

平面图中，巴尔图斯绘制了四尊佛像，并且记录平台高 80 厘米。内墙高约 5.6 米，距离平台 1.18 米。2 米宽的门道前是狭小的一间前厅或门房，与内围同宽，即宽 5.35 米，进深约 2 米。1993 年

[1] 解耀华，1999，第 246—247，274—275 页，图版 12:1；Franz, 1979, p. 23, ill. 14。
[2] 鲁克斯由德文译为英文。

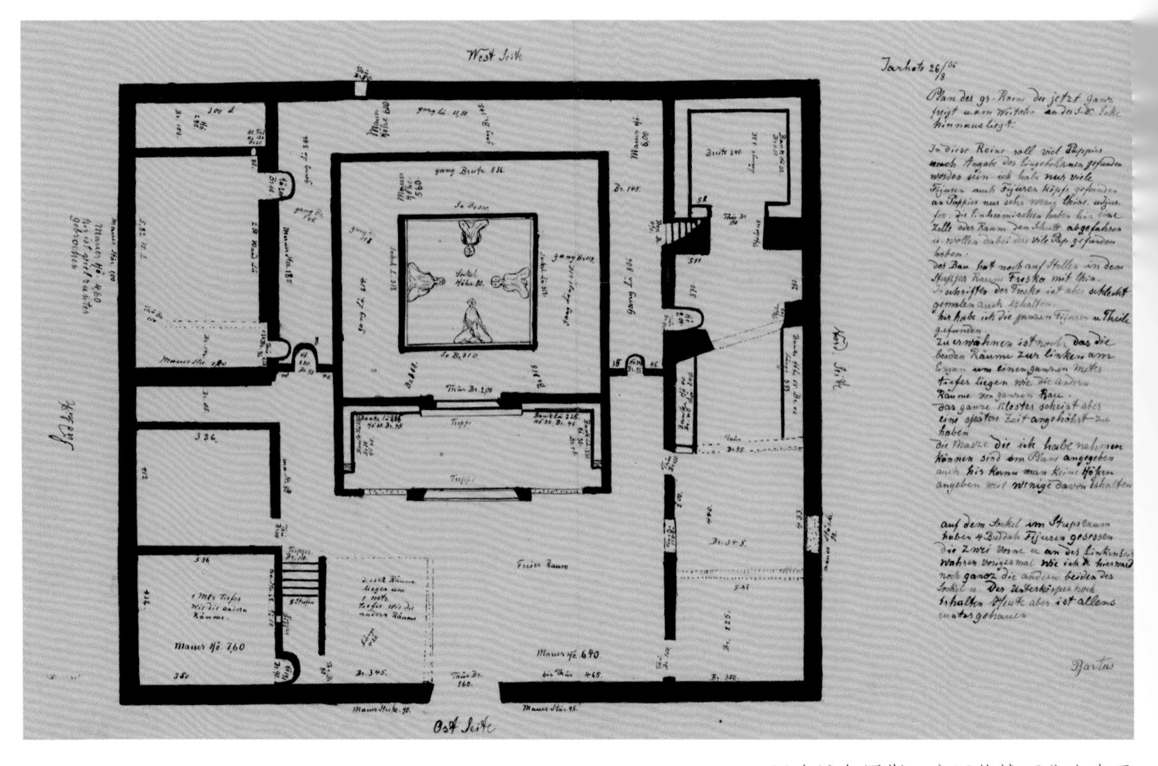


22 | 巴尔图斯，交河故城西北小寺平面图（TA 4119）© 柏林亚洲艺术博物馆。

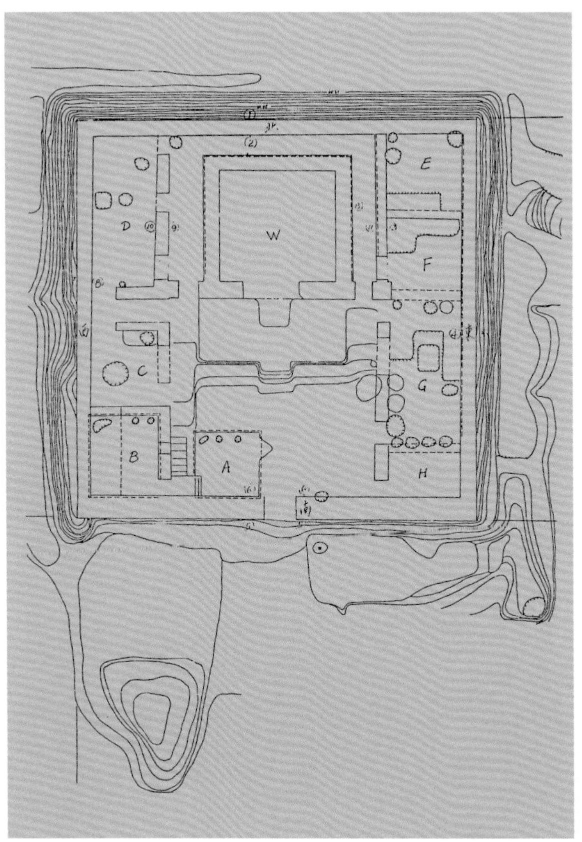


23 | 交河故城西北小寺发掘平面图（解耀华，1999，第 184 页）。

24 | 复原的交河故城西北小寺（解耀华，1999，彩色图版 7:1）。

西北小寺被调查与发掘[1]，随后经过了加固与部分修复。发掘平面图[2]与巴尔图斯的平面图极为相似，但并未呈现出有佛像的平台（图 23）。另外，发掘平面图表明中轴线为南北向，而巴尔图斯绘制的平面图则为东西向。大概是巴尔图斯在方位上出现了错误。中国学者还在附近复原了西北小寺[3]：券顶、方形围墙，围墙前为前室，有带木椽的平顶。中心柱高 12.95 米，上面加盖七层相轮—塔刹（图 24）。寺内满饰灰泥塑像及壁画。尽管绝大部分重建工作只是推测，但仍是一次有意义的尝试。虽然遗址中并未发现木构件，无法获得准确数值，但以巴尔图斯的平面图与说明以及 1993 年的发掘成果为基础，较容易作出令人信服的复原。

我们面临的情况则不同：拥有土坯遗址的草图，其上提供的尺寸具有可信度；直角和斜接角连接的一组大型木构件提供了绝对尺寸，这需要与土坯建筑相应部分的尺寸进行比对。一个方案是把带有两个套斗顶的木梁结构恰当地置入门房中。这意味着通向中心耸立着五根土坯柱的院落的入口，不仅是简单的带有门扇的门框，而应该是有屋顶的小型建筑。门房位于大型中心建筑物的院墙内，在

[1] 解耀华，1999，第 45—46 页。
[2] 解耀华，1999，第 184 页。
[3] 解耀华，1999，第 46—55 页，彩色图版 6:1；图版 7:1、2。

25 | Q 寺院遗址门厅仰视图、正视图及截面图（鲁克斯绘图）。

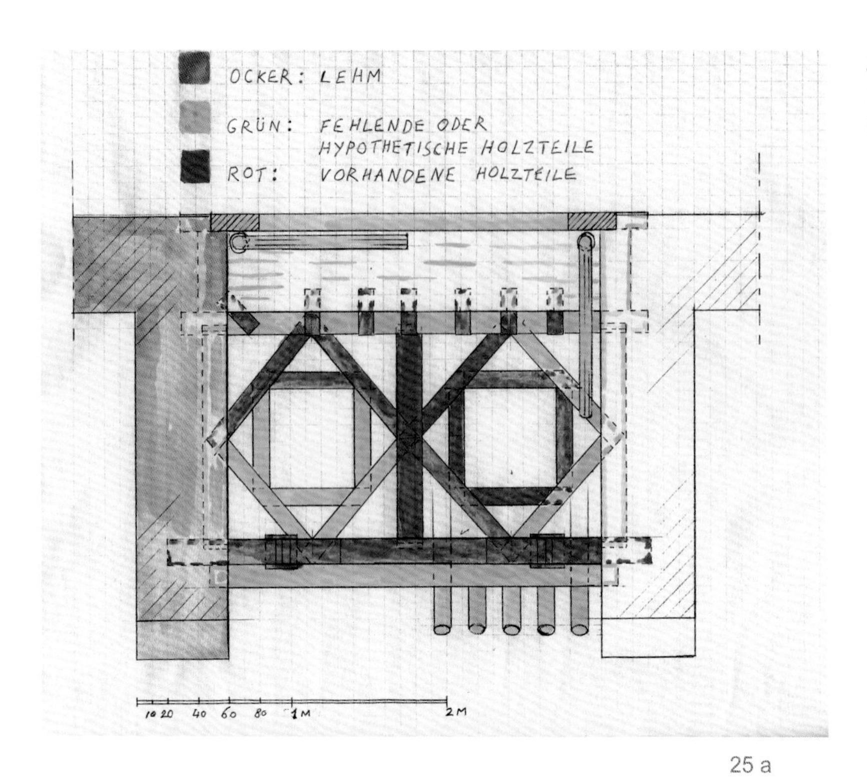


25 a

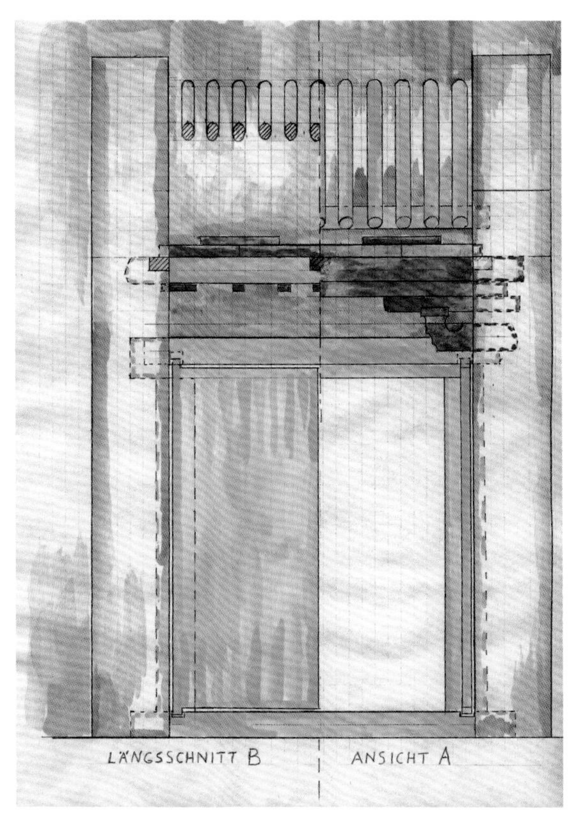


25 b

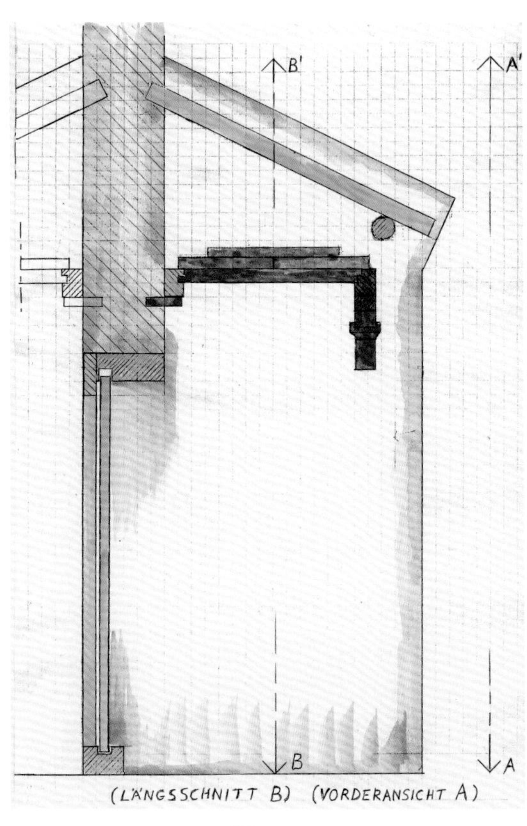


25 c

汉式建筑中非常普遍，亦见于柏孜克里克《誓愿图》壁画描绘的建筑中[1]。勒柯克在乌鲁木齐拍摄的照片[2]是晚清时期的另一例证。Q 寺院遗址的门房与标准门房有些许不同，其融合了中亚与汉地元素。两扇门朝西开，带枓栱的梁在东侧，朝向中心柱，嵌入横向的短土坯墙中。这些似乎在格伦威德尔的图中亦有体现——除非他在门道两旁添加的两条短线是为了更清晰地标记门道开口。两个套斗顶构件的东侧由带枓栱的纵梁支撑，西侧由紧挨着墙体且纵跨门道的木梁支撑（现已不存），木梁下由七个插在墙体的短栱支撑（III 4437 a、b、d-h，图 25 a、b、c 和图 26）。（根据格氏报告木构件的发现地点，我认为门房在隔墙的东侧，面朝中心柱。然而亦可能在西侧或在两侧对称分布，见下文描述。）短栱支撑紧靠墙体（此例中为过道）的木梁，并且带有套斗顶的精密结构，这见于柏孜克里克第 18 窟甬道中立体感强烈且逼真的以错视画技法绘制的装饰（图 27）。在套斗顶之上曾有带椽和瓦的斜顶。椽的上部末端可能直接嵌入土坯墙，下部可能以木梁加固。椽的下部末端紧靠橑檐枋，被固定在横向墙体内。在隔墙另一侧甚至亦有可能建有相似的门房。这就可以解释，为何套斗顶的某些构件以及长梁下方的左侧替木并不完全适合：该木构件原初是另外一侧门房的一部分（图 17、18、25c）。

当然，高昌故城 Q 寺院遗址与交河故城西北小寺的平面布局和比例不同，然而两者的核心区有着相似之处，即被高墙环绕的佛塔，入口处有门房。在对 Q 寺院遗址的复原中，门房宽 2.35 米（不包括侧壁），深 2 米，高 5 米。交河故城，门房宽 5.36 米（巴尔图斯的测量值，不包括侧壁），深约 2 米，可能高 5 米，可能包含四个套斗顶，而非 Q 寺院遗址的两个。

## Q 寺院遗址与《营造法式》

Q 寺院遗址出土的木构件，饰有丰富且独特的彩绘图案，年代可追溯至公元 10—11 世纪。与北宋（960—1127 年）编修的建筑手册《营造法式》年代相近。《营造法式》最早于 1103 年在北宋首都汴梁（今开封）刊行，而编修则在若干年前。即使 Q 寺院遗址中出土的木构件来自北宋首都西北 2500 公里之外的吐鲁番地区，但它们饰有彩绘，且年代接近于李诫（约 1065—1110 年，伟大的建筑学家，《营造法式》的编修者，并督查了书中大量图样的创造）生活的年代，因而仍极为珍贵。吐鲁番在唐朝的大部分时间是西州的一部分；7 世纪中期至 8 世纪中期，西州在唐朝的统治之下，且文化上直接受其影响。唐朝建筑及建筑规范与北宋的关系显而易见[3]。Q 寺院遗址木构件的

[1] Le Coq, 1913, pls. 17, 19, 24, 26.
[2] Dreyer, 2015, p. 29.
[3] Guo, 1998, pp. 1—5.

26 | Q 寺院遗址有枓栱的木梁组群和套斗顶，仰视图（克吕格尔虚拟复原）。

27 | 柏孜克里克第 18 窟甬道顶部彩绘，7—8 世纪（陈爱峰摄影）。

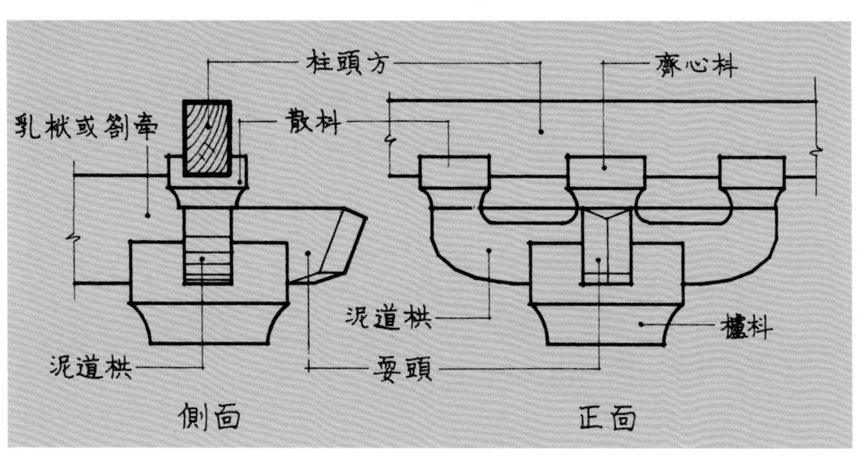


28 | 泥道栱侧面与正面视图（梁思成根据《营造法式》绘图，1983，第 244 页）。

木作工艺、将绘画层施于木料之上的技术，以及彩画装饰中的花卉图案，均与北宋时期（1103 年）《营造法式》记录的内容相关。《营造法式》于 20 世纪初被重新发现，其中关于建筑木作部分得到了大量研究。有关《营造法式》中带有大量插图的建筑彩画部分的研究著作，则鲜有专文问世，直至 2011 年李路珂的重要研究成果《〈营造法式〉彩画研究》出版。

《营造法式》于 1103 年刊行，1145 年重刊。宋代刊印的这两个版本目前仅存若干孤页，且无任何木刻插图存留。20 世纪初出现的插图版本是基于明代（包括《永乐大典》中的部分内容）及清代刊行的宋代刻本的手抄本，其中插图复制得极差[1]。原初木刻版画以黑白二色印制，但标注了颜色名称。然而在明清时期的手抄本中，未能精确复制连接颜色名称与其施彩区域的线条，存在较多不确切之处。尽管如此，1925 年的木版印刷版本《营造法式》中加入了彩色插图——然而需要谨慎对待[2]。

## 木作与《营造法式》

《营造法式》采用了一种模数来度量建筑物的所有木构件——“材”。“材”被定义为 15 分高和 10 分宽的木材。“材”源于枓栱的栱，横断面是精确的“一材”。“材”分为八个等级，最大的高 9 寸（北宋时期，1 寸相当于 3.1 厘米）、宽 6 寸，最小的高 4 寸 5 分、宽 3 寸。《营造法式》中，木构件的所有尺寸使用“分”的倍数来表示[3]。

在柏林亚洲艺术博物馆收藏的木构件组合中，两个栱的横断面是 22 × 13 厘米或约 7.1 × 4.2 寸，近似《营造法式》中 15∶10 的比例，大概相当于第 4、第 5 或第 6 等材（分别是 7.2 × 4.8、6.6 × 4.4、6 × 4 寸）。在下面的考察中，我以第 5 等材为基准，以分数——0.44 寸（1.36 厘米）作为计算单位。栱截至嵌入墙中墨线标记的长度为 39 厘米。这两个栱皆为半栱，全栱长度应是半栱的两倍，即 78 厘米或 25.2 寸。《营造法式》中区分了若干栱的类型。其中，泥道栱的长度是 62 分。62 × 0.44 寸得出 25.28 寸——栱的尺寸与之非常匹配。然而，由于带替木，也许将此栱称为“令栱”更恰当；那么它应该长 36 分或 15.84 寸（半栱 49.1 厘米，全栱 98.2 厘米），尺寸并不匹配。栱两侧挖出的弧形部分和栱的弧形下端形成弓形或涡形，与《营造法式》中的栱类似，但在尺寸和比例上有些许不同。栱下端弧形的“瓣”同样如此：在“泥道栱”中是 4，在“令栱”中是 5[4]，在柏林亚洲艺术博物馆收藏的栱中仅为 2，导致了较不平滑、多棱角的效果（图 28）。

[1] Glahn, 1975, p. 264.
[2] Glahn, 1975, pp. 260—261；李路珂，2011，第 49—53 页。
[3] 梁思成，1983，第 240 页；Ruitenbeek, 1993, p. 27。
[4] 梁思成，1983，第 241 页。

柏林亚洲艺术博物馆收藏的栱，与《营造法式》的相似性比差异性更为重要。在中国现存的11、12世纪的少数木构建筑中，没有哪座单体建筑与《营造法式》完全一致。我们无法确知高昌故城和柏孜克里克是否使用了《营造法式》中详细规定不同尺寸的模数系统。但这或许不太可能，因为《营造法式》主要用于大型木构复合建筑物，如宫殿、寺院等建筑群，其完全的系统化与1069年王安石变法有关[1]。似乎更为可能的是，高昌故城汉式木构建筑体现了更为古老的唐代风格，可能追溯至西州时期。根据阿斯塔那第501号墓发掘出的木构亭子模型，可以明显看出，木柱之上架设醒目枓栱群的纯粹唐风建筑，确实存在于7—8世纪的吐鲁番地区（图29）[2]。前述精确却乏味的关于木构件形状及尺寸的描述有其作用，提醒我们，该木构件的尺寸和形状是流传数代的木作手艺的一部分，且要经过若干年的学徒学习。即使来自Q寺院遗址的木构建筑不如《营造法式》中描述的大城市木构建筑那样复杂，但枓栱以完全一致的方式制作，使用的也是同样的工具。对此有力的证明是，以墨斗绘制的墨线精细地指示出榫眼、连接处和其他需要使用锯、斧或凿子区域的准确位置，事实上，这些墨线几乎见于所有柏林亚洲艺术博物馆馆藏的木构件（图19）。这里需要指出的是，墨斗在吐鲁番地区似乎有着特殊意义。该地区7—8世纪的若干墓葬中，发现了绘有伏羲与女娲的帛画。自东汉（25—220年）以来的标准图像中，通常是女娲手持一副"规"，而伏羲则手持一件木匠的"矩"。据我所知，只有在吐鲁番地区，伏羲手持的是木匠的"矩"和"墨斗"，如吐鲁番博物馆展出的一幅出自巴达木墓地的绘画中，就清晰地呈现出墨斗（图30）。

## 彩画与《营造法式》

本书中伦格文章描述了柏林亚洲艺术博物馆所藏木构件上的彩画：

> 高昌故城彩绘木构件上彩画层的顺序是一致的，具体如下：最下是以稀释的胶水形成的透明底层，上施一层薄的白色地仗。地仗之上预绘设计图案，如花瓣、缠枝纹等。然后将图案填绘色彩。赋色的绘画为单独一层。在若干木构件中可见白色区域，就是存留下的地仗。最后，以轮廓线与补充色块等进行修整，创造出丰富多样的图案。需要指出的是，最后的白色轮廓线以铅白色勾勒。[3]

[1] Guo, 1998, pp. 3—4; Glahn, 1975, p. 236.
[2]《世博会文物：重回高昌城下盛世唐朝》，2010。
[3] 伦格文章，第174页。

29 | 带枓栱的木亭模型（顶部遗失），高 20.8 厘米，阿斯塔那 M 501, 7—8 世纪（陈爱峰摄影）。

30 | 伏羲女娲图，7—8 世纪，吐鲁番博物馆（鲁克斯摄影）。

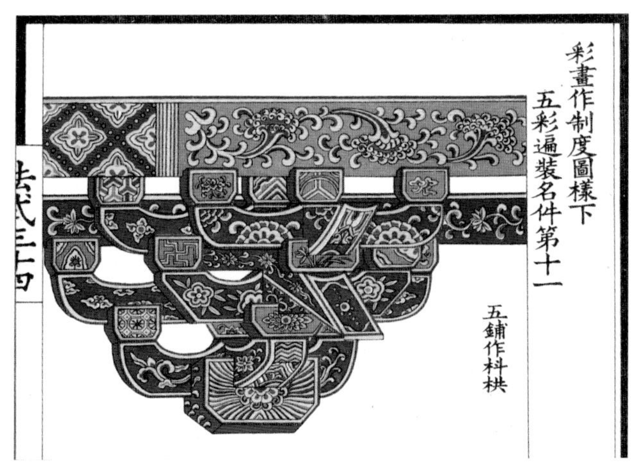


31 |“五彩遍装”建筑彩画（《营造法式》，1925，卷三四，第 2a 页）。

32 | Q 寺院遗址 III 4435 e 和 III 4435 c 木构件彩画特写 © 柏林亚洲艺术博物馆 / 利佩。

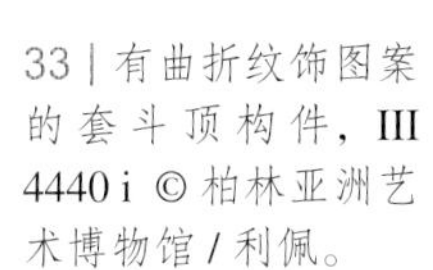

33 | 有曲折纹饰图案的套斗顶构件，III 4440 i © 柏林亚洲艺术博物馆 / 利佩。

李路珂对《营造法式》中有关建筑彩画部分（卷二、一四、二五、二七、二八，其中涉及历史资料、技术方法、耗费的劳动时间及所需材料等）做出了详尽分析。她亦论及了颜料的使用[1]。柏林亚洲艺术博物馆馆藏高昌故城木构件彩画，主要属于《营造法式》中最为精致的彩画种类“五彩遍装”(图31)。可以观察到，即使在据推测已损坏的《营造法式》的原始插图中，亦能发现与Q寺院遗址木构群相似的花卉图案，比如低栱（泥道栱）上面左侧末端的图案。彩画的其他分类包括“碾玉”、“叠晕”和“对晕”等，指的是以某一种色彩的不同深浅或有限范围内的几种颜色作画，不需要太多劳动力。《营造法式》卷一四中提及了“方法”，首先打衬地，如下：“凡枓栱梁柱及画壁，皆先以胶水遍刷。[其贴金地以鳔胶水。]”原文继续写道：“候胶水干，先以白土遍刷。候干，又以铅粉刷之。”在此衬地上面，“次以草色和粉，分衬所画之物。其衬色上方布细色”。白色轮廓线以留粉晕或以白色颜料盖住深色形成，其他细节以刷子涂黑[2]。

成书于11世纪的《营造法式》的描述与伦格的现代分析基本吻合，不同之处在于，《营造法式》中记载了在完成后的彩画上以一团丝线最后涂一层薄桐油：“每平方尺彩画用0.16两熟桐油。”[3]《营造法式》卷二七7b页中进一步具体讲道：“1斤桐油需要0.4两丝线。”高昌故城的建筑彩画不可能僵化到如此程度。然而与木构建筑一样，《营造法式》中带有许多技术术语且精确编纂的建筑彩画步骤提醒我们，高昌故城的画师想要从事这项并不简单的行业，同样必须经过学习，包括准备颜料与涂料以及精心规划实施步骤并将之施用于木构件上。

值得注意的是，柏林亚洲艺术博物馆的木构件上能观察到白色地仗层，正如《营造法式》中描述的一样，是薄薄一层，并非明清时期建筑彩画之下发现的、以细黏土和着胶水或猪血、并以大麻纤维加固的厚厚一层。只有重新使用的木构件要上第二层彩画时，正如在Q寺院遗址出土的若干木构件中观察到且被伦格描述出的，一层薄薄的由黏土混合细草制成的隔离层才会首先施于原始绘画层上。这里需要提及的是，在《营造法式》卷二五《诸作功限二》对“功限”的描述中，并未单列出地仗的功限，而是将之包括在彩画作的整体之中。但在1734年的清代建筑规则《工部工程做法》中，施用“地仗”是单独计算的，因为“地仗”至清代已经发展成复杂的、劳动力密集的程序[4]。

## 彩画装饰

Q寺院遗址木构件上的彩画，代表着10—11世纪典型的回鹘风格。其中最常见的图案是包括花卉与叶片在内的植物纹饰。花卉包括彩绘牡丹花开（III 4435 a、b、c、f），胜金口的木梁上亦见

[1] 李路珂，2011，第113—131页。
[2] 李路珂，2011，第107，110—111页。
[3]《营造法式》，1925，卷二七，第5b页。
[4] 王璞子，1995，第43页。

有相似的图案（III 7294）。此外，还有样式化的花卉图案，有突出的细长叶片，叶尖向侧方摆动。这些植物纹饰在回鹘艺术中颇为常见，例如在壁画中作为边饰。然而，向侧方摆动的细长叶尖是高昌故城的艺术特征，例如 11 世纪早期出自 α 寺院遗址的壁画残片（III 776），以及 9—10 世纪出自胜金口的苎麻绘画[1]，当然，最为精彩的是 III 4435 e 短横梁上的彩画（图 32）。

第二种常见图案是缠枝纹（III 4435 a、b）。这种边饰容易使人联想到 9—10 世纪 K 寺院遗址出土绢画残片上的装饰[2]。柏林亚洲艺术博物馆馆藏木梁上的花卉与卷草图案，在俄罗斯圣彼得堡国立艾尔米塔什博物馆馆藏柏孜克里克《誓愿图》壁画上亦能得见（图 16），且与自盛唐至宋代（7—13 世纪）中国西部、北部地区建筑彩画上的图案非常相似，这可参见李路珂在《〈营造法式〉彩画研究》中的再现[3]。相似的图案亦见于《营造法式》的印刷插图中[4]（图 29）。

木构群中唯一有棱角的几何纹饰，发现于 III 4440 i 木构件上，红黑相间的图案（图 33）亦见于盛唐（8 世纪）及以后其他地区的文物中，例如敦煌莫高窟第 45 窟的 8 世纪壁画、敦煌 10 世纪宝塔状纸本佛经的边饰[5]、据报道出自高昌故城 β 寺院遗址的麻布上绘制的千手千眼观音像（俄罗斯圣彼得堡国立艾尔米塔什博物馆，Ty-777，见本书扉页和第 iii 页）。

III 4435 c 木梁左侧末端呈现了并坐的佛像（图 20），源于著名的“千佛”图式，且自公元 6—7 世纪以来常见于吐鲁番地区，如柏孜克里克第 18 窟的千佛[6]。

正如我们所见，Q 寺院遗址木构群中的若干木构件是重复利用的，它们之前曾用于其他建筑。它们在此过程中被重新绘制，故与原初彩画的质量标准并不总是一致。上述 III 4435 c 木梁上的三尊佛像就是一例。由于我们将纹饰认定为 10—11 世纪，可以设想，重绘亦发生于此时。

套斗顶（方井）的部分木构件进行过重绘。这种三角桁架构造屋顶的建筑类型源于西亚，公元前 4 世纪已为人所知，例如土耳其墓室中使用的结构[7]。随着时间的推移，套斗顶传遍亚洲，包括中国、朝鲜半岛与日本，在实体建筑与绘画中皆可得见。在中国，套斗顶以藻井为名融入了寺院与宫殿建筑，以至于达到不再被认为是外来产物的程度[8]。最著名的例子是北京紫禁城太和殿宝座上方的藻井（1406 年，多次重建）。北京地区套斗顶最早的例证来自一座墓葬，年代令人惊叹，可追溯至公元 105 年，然而这座东汉墓融合了纯中亚风格的元素，包括带狮面柱头的凹槽石柱，这可能源于印度或波斯，然而源头应是古希腊建筑[9]。

高昌故城建筑最引人注目的是明显受古希腊建筑影响的木制建筑构件，它们与同时期的回鹘—汉样式的建筑并存。这些深受古希腊建筑风格影响的木制雕花柱头，最初位于木柱之上，是科林斯式

[1] III 6618 b；Bhattacharya-Haesner，2003, cat. No. 679.
[2] Bhattacharya-Haesner，2003, cat. No. 711.
[3] 李璐珂，2011，第 142、150、350、359 页。
[4] 李路珂，2011，第 244、247、279 页等。
[5] Bibliothèque National de France, Pelliot chinois 2168, reproduced in Karlsson and Przychowski 2015, p. 48.
[6] Haewon, 2013, cat. nos. 8, 9.
[7] Fischer, 1974, p. 41, 43.
[8] 参见《营造法式》卷八，1103 年。
[9] 苏天钧，1964，第 14 页。这些构件现在首都博物馆展出。

34 | β 寺院遗址发现的木尺，III 5959 © 柏林亚洲艺术博物馆 / 利佩。

大理石柱头的晚期与改造样式，且呈现出与古希腊、罗马建筑的直接联系，抑或通过印度建筑取得间接联系。这类柱头主要发现于两处遗址，且伴随有较小的雕刻构件：β 寺院遗址——格伦威德尔曾详细记录的高昌故城西南部的一座大型建筑群[1]；K 寺院遗址——格伦威德尔仅对其进行简单描述[2]。然而格氏曾经写道，β、K 两座寺院遗址应颇为相似，两处遗址的建筑均有穹窿顶与券顶。我在此无法进行具体分析，不过作为对魏正中创新且大胆复原的支持，我想指出 β 寺院遗址中的木制栈道由呈 45 度角的木梁支撑，这当然不可能是汉地风格的建筑（在中国，常会避免源于西方木结构的稳定三角框架，而倾向于灵活性更好的直角结构），但很吻合印度或西亚样式。类似的构件在印度北部的尼泊尔实体建筑中可见，并且年代可追溯至 9—12 世纪的南印度建筑手册 *Mayamata* 中亦有相关描述[3]。

由于 β 和 K 寺院遗址雕刻木构件的风格与 Q 寺院遗址木构件的汉地风格完全不同，因此，我们认为 β 和 K 遗址的木构件，可能属于粟特时期或更早年代。但是，当我们对两组样品进行放射性碳年代测定，得出的结果却近似："粟特"组，β 寺院遗址编号 III 5016 木构件的年代为 878—982 年、K 寺院遗址编号 III 1044 木构件的年代为 777—960 年。取自 Q 寺院遗址大型组件的 5 件样品年代为 775—888 年（III 4435 b、c 木梁，上有佛像和梵文题记）、885—983 年（III 4438 a 栱和 III 4440 c 方井构件）、778—966 年（III 4439 "加厚木板"）[4]。当然，我们必须意识到，以放射性碳测定年代并不总是准确的，且木材可能在使用之前的很多年就已被砍掉。然而，这些年代数据可以支持一个假说，即在第二绘画层有彩绘佛像和梵文题记的木梁是被重复使用的，因为该木梁的年代比推测为新造的栱、"加厚木板"和套斗顶构件早了一个世纪。

格伦威德尔曾写下一段关于 β 寺院遗址发现木构件情况的有趣言辞，似乎是在最后顺便提及的：

> 我也应该指出，维吾尔农民从东北塔的低洼处一直在挖掘各种文物。其中，我们得到了一件非常漂亮的木雕柱础（高 38 厘米，"基座" 直径 40 厘米），发掘者原本是想将其作为薪柴。

[1] Grünwedel, 1906, pp. 73—95；另参见本书德雷尔、孔扎克-纳格文章和魏正中文章。
[2] Grünwedel, 1906, pp. 26—27，亦参见德雷尔、孔扎克-纳格文章和魏正中文章。
[3] Dagens, 1985, ch. 18.
[4] 参见本书伦格文章，第 173 页，注释 [2]。

在藏品中未见与上述尺寸相应的木构件，该木构件可能是 β 寺院遗址发现的 III 5016 柱头的大尺寸版本，或是 K 寺院遗址发现的 III 1044 柱头的小尺寸版本。有意思的是，在 β 寺院遗址亦发现了一件分成 10 寸的木尺，长 36.3 厘米，宽 2.5 厘米，厚 1.3 厘米，由坚硬而密实的类似榜属的木材制成，这比中国历代古尺都长。从上文对木构件测量的结果以及墨斗线间的距离来判断，木匠使用尺的长度很可能接近 30 厘米。出土于阿斯塔那的两件唐尺分别为 30.4 厘米和 30 厘米，支

35｜柏孜克里克的枓栱，7—8 世纪，吐鲁番博物馆（鲁克斯摄影）。

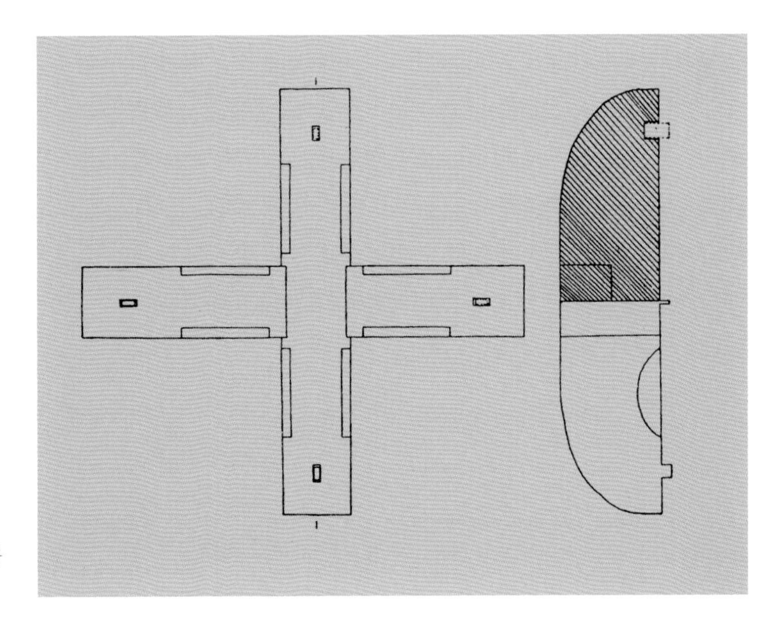

36｜柏孜克里克的枓栱线图（吐鲁番地区文物管理所，1985，第 59 页）。

37 | 柏孜克里克的枓，10—11 世纪，III 8592
© 柏林亚洲艺术博物馆 / 埃贝勒和艾斯费尔德。

持了上述观点[1]。可能 36 厘米长的尺年代更晚。在中国且也可能在中亚，不同行业用的尺长度不同。相比木匠，裁缝习惯用更长的尺[2]。

最近，吐鲁番地区发掘出土的较大型建筑构件之一，是一个大的枓栱构件，包括在中部呈 90 度相连的两个“栱”，四个末端分别带有一个“枓”，据推测，属于唐西州时期（7—8 世纪）。当时吐鲁番地区在唐朝统治之下，是唐帝国的一部分。枓栱构件上有墨斗线，并且有锈褐色漆痕，发现于柏孜克里克石窟的瓦砾堆积中[3]，现今在吐鲁番博物馆展出（图 35、36）。有意思的是，有一件来自柏孜克里克的“枓”藏于柏林（III 8592），发现于主平台，尺寸为 10.8 × 17.2 × 16.2 厘米，上面绘有精美的花卉图案（图 37）。枓口宽 11 厘米，与吐鲁番博物馆的枓栱构件相同。我们想知道自唐西州至回鹘时期有多少木构件被重复利用——这可能是相当可观的。

格伦威德尔曾提到，当地维吾尔民众多次挖掘收集木构件以作薪柴之用。毫无疑问，这是当时的真实情形。无论人们怎样看待 1902—1914 年德国吐鲁番探险队奔赴新疆时的政治背景与“大博弈”语境，出自高昌故城的诸多木构件，无疑只有被带回柏林且在博物馆中保护，才得以保存。同样显而易见的是，格伦威德尔是一位才华横溢且有责任感的实践型学者，他和其他探险家于 20 世纪初在高昌故城、克孜尔以及其他遗址拍摄的照片、绘图和文字记录，对全世界学者，尤其对中国学者的研究而言价值重大。另一方面同样明显的是，这些记录只有与后人勤勉的研究成果，和中国学者对高昌故城、克孜尔与丝绸之路上无数遗址进行的持续的考古工作相结合，才能充分发挥出所有潜能。格达 · 汉高基金会支持的高昌故城木构建筑遗存研究项目及展示项目成果的本书的出版，说明上述愿景正在成真。

[1] 吐鲁番学研究院，2014，第 37、52 页。
[2] Ruitenbeek, 1993, p. 80, note 197.
[3] 吐鲁番地区文物管理所，1985，第 59—60 页；曹洪勇，1998，第 86—88 页；另外还有 16 个木枓在同一遗址中发现。

38 | III 4435 b 木梁上残存的梵文题记 © 柏林亚洲艺术博物馆 / 利佩摄影；反射红外线照片由柏林国家博物馆图片库 C. 施密特提供，梅尔策制图。

# 附录：Q 寺院遗址木梁（III 4435 B）上残缺的梵文题记

梅尔策

Q 寺院遗址的一根木梁（III 4435 b）上残存有以婆罗谜字母书写的梵文题记，这些文字被一层黏土覆盖了一部分，因此难以识读。在反射红外线摄影后，我们得以清楚地识别这些单字，现谨慎识读如下：[1]

1 [rathiḥ] .[ā]..[d].v. .. .[u]..

2 ..[ṃ]bud[dh]o [bha]gavāṃ i[da]

3 ..[v]ocat* bhagavāṃ a[ptamana]sas[2] te bhikṣavo [bha]gavato

如果我们识读的保存较差的首行文字正确，那么该文本恢复后可能如下：

(...tathāgato 'rhan samyaksaṃbuddho vidyācaraṇasaṃpannaḥ sugato lokavid anuttraraḥ puruṣadamyasā)(1)rathiḥ (ś) ā(s)t(ā) d(e)v(aman)u(ṣyā)(2)(ṇā)ṃ buddho bhagavāṃ ida(3)(m a)vocat* bhagavāṃ āptamanasas te bhikṣavo bhagavato (4) (bhāṣitam abhyanandan* ||)

"……如来，阿罗汉，彻底觉悟者，拥有智慧和善行，善逝者，认识世界者，善御者，众神和众人的师尊，佛陀，圣尊。

圣尊布道，（集合）僧众心领神会，赞同圣尊的教诲。"[3]

前两行文字是普通习语的一部分，因而可部分复原为前述文本。此佛陀称谓的集合，或指佛陀在世界中的形象，或是描述佛教徒修行的一个重要方面，即对佛陀良好品德的忆念（*anusmṛti*）。其见于佛教文献中的不同场景。例如，作为禅定的一部分，或在佛教居士的布萨仪式中念诵（**Upoṣadhasūtra*），或对抗恐惧（*Dhvajāgrasūtra*）。尽管该称谓亦常见于大乘佛经中，但大多数已经出版，高昌故城发现的显示同样书写形式的梵文残损手稿，均属于一种大概代表（根本）说一切有部的背景[4]。根据桑德开创性的研究（1968 年）[5]，该书写字母对应的是北突厥婆罗谜文 VI

[1] 使用下列惯例：在转写中，[…]代表已破坏了的字（或片段），* 代表停顿，(…) 代表难以辨认的或丢失的文字（或片段），其修正部分以下划线表示。红外图像上的第一行和第二行之间仍有几个小黑点未能放到某个字上。

[2] -ā 标识未被保存或被省略。

[3] "... the Tathāgata, Arhat, fully awakened one, endowed with knowledge and conduct, the well-gone, knower of the world, best charioteer of men to be tamed, teacher of gods and men, the Buddha, the Blessed One.
Thus spoke the Blessed One. With pleased minds the [assembled] monks approved of the speech of the Blessed One."

[4] VI:SHT 557，567，581，596，612—615，627？，1027（V—VI 型），1064—1065，1078，1087，1089，1114，1146，1166，1173—1174，1176，1697（V—VI 型），1707，1713，1716，1739，1741—1742，1752，1814，2289，2329—2330，3504，3949，3969，4442，5029。未经确认的有 SHT 1694（V—VI 型），1722（VI 型）、2279（V 型），SHT 2290（VI 型），SHT 2316（VI 型），2360（VI 型），4228—4229（VI 型），4540（VI？）。大乘佛经残片 VI 型中仅见于少数残片：575，631，1191，3817，1385，1587，1755，1757，1759，1762，2327，3401 a，e，f 以及在伊斯坦布尔的若干残片。亦有若干大乘佛教文本和残片用其他无法确定的印度文字书写：SHT 645（S III 型），646（S III 型），1015（II 型），4181 CP 和 DG（II 型）。SHT 4358（VI 型）医学文献是否来自高昌故城还未确定。幸运的是，我们从高昌故城 K 寺院遗址中堆至一间屋子高的不可复原的 *akṣara* 手稿遗迹堆中获得的手稿具有代表性（参见德雷尔文章，第 102 页，注释[1]）。

[5] 值得注意 virāma *t** 的书写跟前面的 *ca* 的高度一致，然而有一个点在上面，跟一条细的水平线连接起来。该形状在桑德 1968 年著作的相关表格中未被记录。

型（字母 u），这在公元 7—14 世纪非常普遍[1]。不幸的是，目前我还不知有哪一种契经，在一串佛陀称谓之后直接以一句契经中的套话作为结束句。人们可以推测它是一件众所周知的文本的缩写版本[2]；或第二行的结尾应读作 i [ *t* ]( *i* )，而非 i [ *da* ]( *m* )，如此，则意味着更多的文本可能丢失，或可能在另一件木梁上，但这仍不确定。无论如何，它为我们提供了珍贵的保存于建筑构件上的契经引文。在中国中原与西藏，书写于墙上的契经并不罕见，但在印度和中亚地区多未保留。

另外一个仍有待回答的问题是，该假定的契经是如何安排在木梁上的？如果我们的识读正确，似乎可以肯定，三行文字最初是上下紧邻书写的，旁边有一条直线作为边线。文字之前的文本位置尚待展开推测。它不太可能用在 Q 寺院遗址中，因为木梁的左侧末端进行了雕刻，准备连接在建筑结构上，并因此破坏了题记。然而，由于这些木梁可能是从别处拿来重复利用的，因此与其左端相接部分建筑木梁上的契经文本，很可能是相接续的。设想中，书写了契经最终部分的第四行，亦可能被添加在未保存于博物馆的绘有三尊佛像的某一根木梁下方。

[1] Sander, 1968，p. 186.
[2] 例如，斯奎因藏品中来自犍陀罗地区的铜书卷铭文 *Śrīmatībrāhmaṇīparipṛcchā*（Melzer，2006）。

# Q 寺院遗址出土的吐火罗 B 语题记[1]

贝　明

众所周知，在吐鲁番地区已发现以多种语言和字体书写的写本，识别出了 17 种不同的语言[2]。其中大部分显然并非吐鲁番本地语言。有些是只有特定精英才使用的书面语；部分写本甚至是从其他地方带至吐鲁番地区的，如巴克特里亚语、希腊语、新波斯语、巴拉维语、梵语、古代叙利亚语和西部中古伊朗语等。个别语言，如粟特语和图木舒克语，可能仅在小群体内使用。另有若干语言来自周边地区，如阿拉伯语、汉语、蒙古语、西夏语、古突厥语和藏语等。其中，仅有汉语和古突厥语在公元 1000 年之前发挥了重要作用。在古代吐鲁番，唯一不容易被摒弃的语言是本地的吐火罗 A 语和 B 语。

然而，确认吐火罗语自何时起扎根于吐鲁番地区，亦非易事。有压倒性证据表明，吐火罗 B 语是库车地区的当地语言[3]，可更准确地称其为“龟兹语”。虽然证据并不充分，但仍有有利证据可以推断，吐火罗 A 语是焉耆（喀喇沙尔）、库车和吐鲁番地区之间的当地语言[4]，其中最重要的地区是锡克沁[5]（硕尔楚克）。这两种语言的写本在吐鲁番均有发现，但二者在此地的确切地位尚无定论。

发现地中，两种语言所占比重亦极具意义（图 2）。近一半的吐火罗 B 语残片发现于库车，且此地未发现吐火罗 A 语。吐火罗 B 语第二大发现地是焉耆地区的锡克沁，这也是吐火罗 A 语的最大发现地。吐鲁番地区出土吐火罗语最多的遗址是胜金口和木头沟，而高昌故城则发现较少。统计数据呈现出吐火罗语文书与梵语文书的平行性，梵语文书出土遗址的分布与吐火罗语尤其是吐火罗 B 语出土遗址的分布类似[6]。

---

[1] 感谢孔扎克-纳格（莱比锡）给予我宝贵的题记资料与高分辨率图像，感谢布什曼（柏林）帮助检查原文和拉施曼（柏林）提供关于探险队记录的重要参考文献，也感谢梅尔策（慕尼黑）提供关于梵文 *Pradakṣiṇagāthā* 有价值的评论。

[2] *Turfan Studies*, p. 20.

[3] Lévi, 1913; Peyrot, 2008.

[4] Ogihara, 2014.

[5] 锡克沁遗址亦写作七个星遗址，锡克沁遗址南部还存有夏热采开遗址，二者距离较近。

[6] 下面的图表表示了图木舒克、库车、焉耆和吐鲁番地区（雅尔和屯和吐峪沟名称的变体分别是 Yargol 和 Tuyuq）不同地点发现的吐火罗 A 语、吐火罗 B 语和梵文手稿的分布。所使用的数据具有代表性，但并非详尽无遗。吐火罗语文本数量参考由西格和西格凌编辑的残片页数（1921、1949、1953 年）。梵语文本数量参考由桑德（Sander, 1968, p. 23）所给出的由不同数量的页和残片组成的手稿。

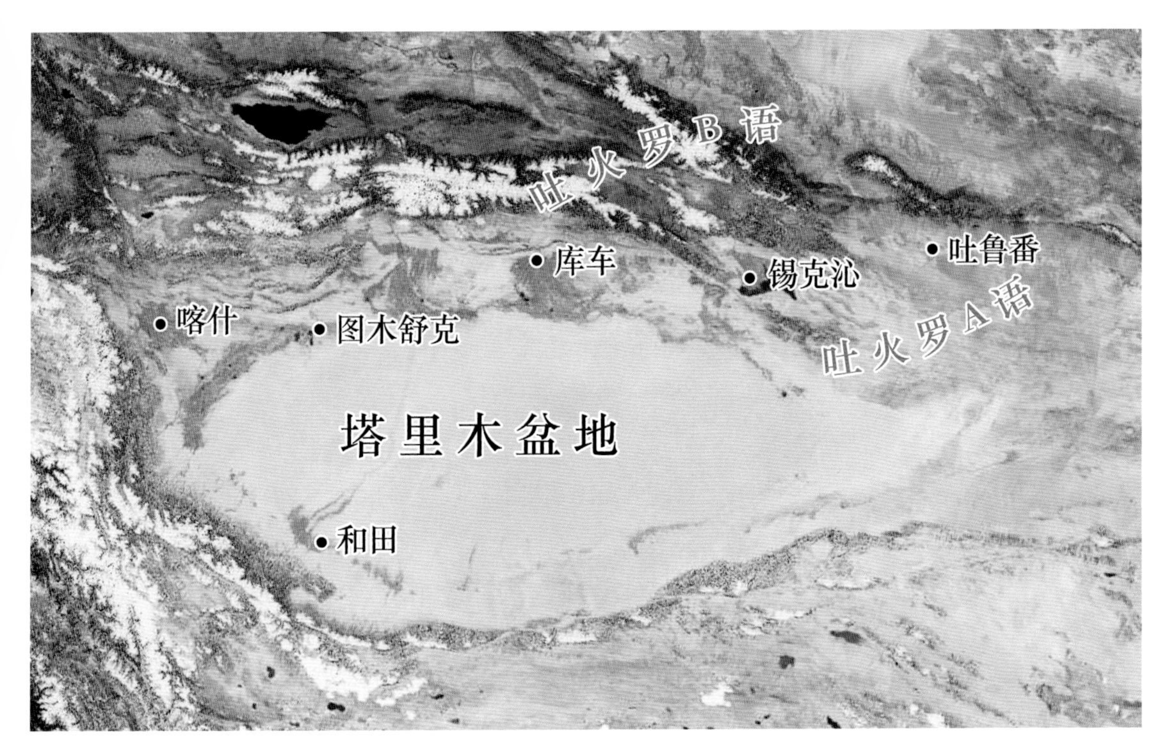


1 | 吐火罗 A 语和吐火罗 B 语文书残片发现地。

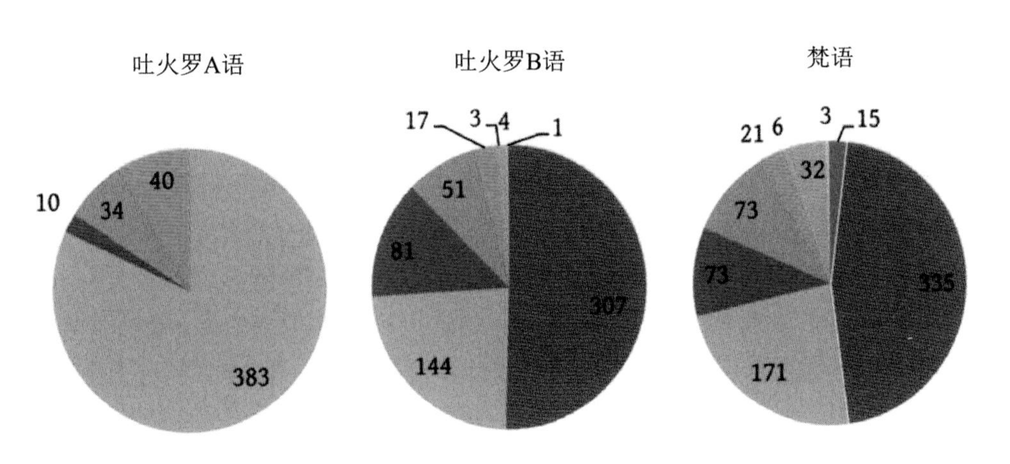


2 | 沿丝绸之路北道发现的吐火罗语和梵语文书遗址分布情况图表。

3 | 格伦威德尔摹写的高昌故城 Q 寺院遗址题记残片 © Grünwedel 1906，p. 35，fig. 30 b。

7 | 俄罗斯圣彼得堡国立艾尔米塔什博物馆编号 ВД 757 残片 © 俄罗斯圣彼得堡国立艾尔米塔什博物馆。

音译：1 */// – sv·(–)·[ś]·///*

2 *$k_u$se kca pa<u>t</u>ne ykuwermeṃ [ā] ///*

3 *ṣamāññe phal[yṣ]a śpāl[m]eṃ ///*

4 *[ñ]·ktets̱·śa – ///*

转写：1 */// ·ś· ///*

2 *$k_u$se kca patne ykuwermeṃ ā ///*

3 *ṣamāññe-phalyṣa*[2] *śpālmeṃ ///*

4 *(pa)ñ(i)ktets śa – ///*

翻译：1 ……

2 任何已经进入这座窣堵波者[3]……

3 ……极好的……僧侣的成果的[4]……

4 ……佛陀的……

4 | 高昌故城 Q 寺院遗址题记残片黑白照片细节（B 3014）© 柏林亚洲艺术博物馆。

5 | III 336（左）和 III 332（右）的复原。下部左侧依然丢失 © 柏林亚洲艺术博物馆 / 布什曼。

重构后残片尺寸（高 × 宽）：13.4×23.7 厘米

音译[1]：1 *// mhākarūntsa keke ///*

2 *wi-yk·ec[c]e winas[·]ema[n]e ///*

转写：1 *mhākarūntsa keke(nu) ///*

2 *wi-yk(n)ecce winas(k)emane ///*

翻译：1 ‘拥有极大的同情……

2 ……在两方面尊敬……’

6 | 格伦威德尔摹写高昌故城 Q 寺院遗址题记残片 © Grünwedel 1906，p. 35，fig. 30 c。

---

[1] 在吐火罗语音译中，为如实表达原件，以方括号表示不确定的读法。上升标注的点 · 代表一个缺失的或不可读的辅音或元音元素，连接号表示一个不可读的字符。在转写中，括号表示复原的字母。在转写中有下划线的字母，例如“<u>t</u>”，与转写中无下划线的字母相同，除了“<u>a</u>”转写为“ä”。

[2] 这一主格单数阴性词（nom.sg.f.）*phalyṣa* 最有可能阅读。然而，极长的〈l〉字母的上半出头部分被完全擦掉，所以不能完全排除 *e* 发声。在这种情况下，*phalyṣ(e)* 将是主格或倾斜（宾格）单数阳性词（nom./obl.sg.m.）。

[3] 有人可能会希望在这个短语中看到关于 *stūpa* 的绕行，但是吐火罗语的原文不允许这样的解释：*patne* 是一个位置格单数（loc.sg.），即“in the *stupa*; into the *stūpa*”，并且 *ykuwermeṃ* 意思是“走了”。

[4] 对于该表达，比较下面由梅尔策所编辑的（Melzer, 2010, p. 63）梵文诗节 *Pradakṣiṇagāthā*: *āryasatyāni catvāri indr̥yāṇi balāni ca · śrāmaṇyaphalalābhī ca stūpaṃ kr̥(t)v(ā) pradakṣiṇaṃ ·* 〈*39*〉“做出塔的绕行，某人获得四圣谛、（五）能力与（五）力量和僧侣的成果。”

8 | III 360 a © 柏林亚洲艺术博物馆 / 利佩。
尺寸（高 × 宽）：6.9×5.2 厘米。字行间距 3.4 厘米。
音译：1 */// su ṣṣe ñ[a] ///*
2 */// [ls](·)[o]: anity[ā] – ///*
转写：1 */// su ṣṣe ña(ke) ///*
2 */// (pa)ls(k)o: anityā – ///*
翻译：1 '…… 现在……'
2 '……精神。瞬态 ……'

9 | III 360 b © 柏林亚洲艺术博物馆 / 利佩。
尺寸（高 × 宽）：6.3×6.6 厘米。
音译：1 *///--[ā w]· ///*
2 */// [pai] ali·e ///*
3 */// ··[ṃ] ///*
转写：1 *///--ā w· ///*
2 */// pai ali(n)e ///*
3 */// ··ṃ ///*
翻译：2 '……双手……'

10 | III 360 c © 柏林亚洲艺术博物馆 / 利佩。
尺寸（高 × 宽）：6.9×6.5 厘米。
音译：1 */// ·[t]· ///*
2 */// – cimpa ś·a –˛ ///*
3 */// – ///*
转写：1 */// ·t· ///*
2 */// – cimpa ś·a – ///*
3 */// – ///*
翻译：2 '……和你一起……'

11 | III 360 d © 柏林亚洲艺术博物馆 / 利佩。
尺寸（高 × 宽）：7.8×5.6 厘米。字行间距 3.3 厘米。
音译：1 */// ·[y]· [ṣe] śi[k]t· ///*
2 */// [k]āre- ñ˛ – ///*
3 */// ·e ///*
转写：1 */// ·y· ṣe śikt(ālye) ///*
2 */// (ta)kāre-ñ – ///*
3 */// ·e ///*
翻译：1 '……一粒种子……'
2 '……我有……'

12 | III 360 e © 柏林亚洲艺术博物馆 / 利佩。
尺寸（高 × 宽）: 7.0×5.9 厘米。字行间距 2.5 厘米。
音译：1 /// – ///
2 /// *karpoññai*[1] ///
3 /// – *s·a ya* ///
转写：1 /// – ///
2 /// *karpoññai* ///
3 /// – *s·a ya* ///

13 | III 360 f © 柏林亚洲艺术博物馆 / 利佩。
尺寸（高 × 宽）: 7.0×6.3 厘米。
音译：1 /// – ///
2 /// *[st] ·moy ꞉ [s]e* – ///
3 /// – ///
转写：1 ///–///
2 /// *st(a)moy se* – ///
3 /// – ///
翻译：2 '……愿他站立……'

14 | III 360 g © 柏林亚洲艺术博物馆 / 利佩。
尺寸（高 × 宽）: 2.7×4.2 厘米。文本无法识读。

15 | III 360 h © 柏林亚洲艺术博物馆 / 利佩。
尺寸（高 × 宽）: 5.1×4.4 厘米。
音译：1 /// *[ṣa]rya mā*[2] ///
转写：2 /// *ṣarya mā* ///
翻译：3 '……心爱的人……不……'

[1] 该词的意义不确定，其出现的其他地方是 PK DA M 507.37 + 36 a88 *karpoññaṃntsa* 和 THT 1267 b2 *karpoñña*，还有可能出现在 PK LC 11 a1 *karpo* ///。

[2] 第一个 *akṣara* 的阅读还不确定，但例如 *āryamārg*"（八）正道"，*āryamārga* 可以排除在外。

16 | III 360 i © 柏林亚洲艺术博物馆 / 利佩。
尺寸（高 × 宽）: 5.5×6.3 厘米。
音译 : 1 /// ·[s]· ///
2 /// [yai]mwa kṣān[t]i – ///
转写 : 1 /// ·s· ///
2 /// yaimwa kṣānti – ///
翻译 : 3 '……已经获得宽恕[1]……'

17 | III 360 j © 柏林亚洲艺术博物馆 / 利佩。
尺寸（高 × 宽）: 4.2×7.5 厘米。
疑似书写字母痕迹，但无法识读。

18 | III 360 k © 柏林亚洲艺术博物馆 / 利佩。
尺寸（高 × 宽）: 10.1×9.0 厘米。字行间距 3.6 厘米。
音译 : 1 /// [ñ\] p a s mussi y[ä]kt· – ///
2 /// wa m a kte āñme : sā – ///
转写 : 1 /// ñ päs mussi yäkt· – ///
2 /// wa mäkte āñme : sā – ///
翻译 : 1 '……来解除……小的……'
2 '……作为 [ 一人 ] 祝福……'

[1] 在此翻译中，已经获得（have attained）需要 *yaimwa* 替代 *yainmwa*. *kṣānti*, 宽恕（forgiveness）经常以 *yam*-do 构造，但 *yāmwa* 在此不能识读。

19 | 格伦威德尔摹写的高昌故城Q寺院遗址题记残片 © Grünwedel 1906, p. 35, fig. 30 a。

20 | 高昌故城Q寺院遗址题记残片的黑白照片细节（B 3014）© 柏林亚洲艺术博物馆。

21 | III 328 © 柏林亚洲艺术博物馆 / 布什曼。
音译：*/// [·]s· [–·]s· ṣṣe ·m[yo] tā ///*
*/// [l]e ///*

下文中有关吐火罗B语题记残片的研究以此为背景。相比题记的内容，其出自高昌故城Q寺院遗址这一事实更为重要[1]。题记的语言并不古老，有可能属于8世纪或之后，因此这些题记对探索公元500年之前吐鲁番地区的语言情况并无多少帮助。尽管如此，它却能帮助我们了解吐鲁番地区吐火罗语的分布范围。显然在某段时间内，高昌故城Q寺院内的团体，部分甚至全部讲吐火罗B语。

[1] 正如拉施曼指出的那样（私人谈话），对于该题记残片中的一部分甚至全体残片，最清楚的参考出处是吐鲁番文书档案（Turfan-Akten）。D92 词条“1903年1月2日达克雅洛斯城遗址包装件清单”（Verzeichnis der bis zum 2. Januar 1903 verpackten Stücke aus den Ruinen der DAKIANUS-Stadt=D）中记录：“韦伯手稿中以婆罗谜字母书写的一件或多件题记残片出自Q寺院遗址手稿残件，参见D.77。”（Fragmente einer oder mehrerer Inschriften in der Brahmī-Abart der Weber=Manuscripte aus Tempel Q vgl. D 77）（扫描编号244，运行编号304）。当时，吐火罗语尚未破译；“韦伯手稿”指的是早期以复写形式公布的吐火罗B语手稿。

22 | III 4671 b © 柏林亚洲艺术博物馆 / 利佩。

第一块残片由于格伦威德尔的摹写且标记为 b 残片[1]，其早就为人所知（图 3）。存于柏林亚洲艺术博物馆的一张黑白照片记录了高昌故城 Q 寺院遗址的题记残片，其中就包括第一块残片（图 4）。照片的档案编号是 B 3014。现在，柏林亚洲艺术博物馆仍保存原残片中的两块，即编号 III 336 和 III 332。残片语言可以明确辨识为吐火罗 B 语。由于题记的残缺，难以确定确切内容，或许为一则佛赞，即一首对佛陀赞颂的诗歌。

第二块残片亦被格伦威德尔摹写过[2]，现藏于俄罗斯圣彼得堡国立艾尔米塔什博物馆，库存编号为 BД 757[3]（图 7）。德国吐鲁番探险队的原初编号为 D 92；柏林亚洲艺术博物馆的库存编号为 IB 4443。题记语言是吐火罗 B 语。文本内容似乎是与称作 *pat* 即“窣堵波”建筑相关的虔诚发愿。

第三块残片编号为 III 360，由 11 块固定在一块沉重石膏板上的泥皮残片组成（高 31 × 宽 37.5 厘米）。根据博物馆的记录，此板属于德国吐鲁番探险队编号 D 92，根据探险队的记录，出自高昌故城 Q 寺院遗址[4]。除了编号 g 和 j 的残片，其余残片均保留可识读的吐火罗 B 语文本。这些残片的字体与颜色颇为相似，很可能属于同一条或同一系列题记。f 残片相较 a、d 和 k 等残片颜色更浅，但由 b 残片灰色的墙皮外层可见从较深至较浅的过渡，显示出题记背景颜色深浅不均。同时，行间距亦非固定。a、d 和 k 残片有着相似的行间距（3.3 与 3.6 厘米之间），但其中亦有细微的变化。然而，e 残片的间距明显更小，为 2.5 厘米。

[1] Grünwedel, 1906, p. 35；TA 6776.

[2] Grünwedel, 1906, p. 35，标记残片 c，见图 6；TA 6777。

[3] 关于 BД 757 残片，参见蒲契林、荻原裕敏、庆昭蓉，2017，第 123—140 页和图版 1。

[4] 在柏林亚洲艺术博物馆中有更多同样保存了吐火罗 B 语残片的石膏板，但该残片至目前为止还不能追溯自高昌故城 Q 寺院遗址。编号 III 334 包含了 12 块这样的残片，但书写风格略有不同，且最上层较淡；在所有可测量的残片中字行间距为 3.0 厘米。编号 III 335 的 7 块残片更类似于编号 III 360，但是上层较深，并且字母稍低，且尺寸更宽一些。在 a 残片上的字行间距为 2.4—2.9 厘米，在 f 残片上的字行间距为 3.5 厘米。但必须指出的是，III 360 和 III 335 属于一起的情况很难明确排除。拉施曼向我指出（私人谈话），在“吐鲁番文书档案”（Turfan-Akten）中有另一份有趣的文件，装箱单名为“1903 年 1 月哈拉和卓包装箱 1—12 简要内容”（Kurzer Inhalt der Kisten 1—12 Kharakhodža 3. Jan. 1903）（扫描编号 257，运行编号 318）。在该列表中，区分了 1 号箱中“来自 Q 寺院遗址的蒙古残片与婆罗谜题记”（Fragmente mongol. und Brahmī-Inschriften aus Tempel Q.）和 12 号箱中“来自 Q 寺院遗址的四块题名板”（vier Inschriftenplatten aus Q）。包含残片的这些木板可能在被包装起来运往德国之前处于原状。这可能意味着，除编号 III 360 肯定来自高昌故城 Q 寺院遗址外，编号 III 334 和 III 335 也属于这四块木板，因此也出自高昌故城 Q 寺院遗址。

23 | 高昌故城 Q 寺院遗址题记残片的黑白照片细节（B 3014）© 柏林亚洲艺术博物馆。
音译：
*/// –·[w] ··r· [s]k··r· [s]k· [t] ··[y]· ///*

24 | 高昌故城 Q 寺院遗址题记残片的黑白照片细节（B 3014）© 柏林亚洲艺术博物馆。
音译：*la[k]au ·e [ś]* · –

这些残片缺损，无法确定内容，亦无法根据内容证明是否属于同一件文本。然而，从规范的书法和少数可读懂的短语中可见它们出自文学文本。k 残片第二行的标点可能表明这是一段韵文。或许全部文本均为韵文。以 c、d 和 e 残片所示，如果残片属于同一文本，则至少有三行。h 和 j 残片存有深红色框的痕迹。

第四块是格伦威德尔摹写的 a 残片[1]。题记的最右侧部分亦见于上文提到的来自 Q 寺院遗址题记残片的黑白照片（图 20），现存柏林亚洲艺术博物馆。如今这一小块残片的库存编号为 III 328（图 21）。由于残破，该残片题记尚未被解读出来。不过，推测它可能是吐火罗 B 语，因为其中出现了吐火罗 B 语中常见的后缀 *-ṣṣe*。

图 22 和图 23 所示题记，在柏林亚洲艺术博物馆库藏中的编号为 III 4617 b，很可能为吐火罗 B 语，但难以恢复。

图 24 所示题记残片见于柏林亚洲艺术博物馆藏黑白照片 B 3014，出自高昌故城 Q 寺院遗址，或为吐火罗 B 语残片。如果对其释读和字词拆分正确，第一个单词是 *lakau*，即“我见到”或“我将会见到”。

[1] Grünwedel, 1906, p. 35；TA 6775，参见图 19。

# 木构件的科学分析

哈　恩

## 引　言

文化遗产的研究通常涉及来源、年代，或工匠、作坊的归属等问题。一般来讲，将风格、艺术史研究与科技论文及间接文献研究相结合，是回答诸多问题的便捷方法。然而，对物理性能和化学成分的分析，为不能单独通过风格和艺术史方法回答的文化历史问题提供了重要信息[1]。科技考古与保护修复研究具有密切联系。可逆性修复或保护概念的发展，仍需要关于文物材料成分和老化现象的信息。本文尝试分析高昌故城的数件彩绘木构件和柏孜克里克的一件彩绘木构件（III 8592），旨在为使用多种工具分析文物提供若干见解。

## 技　术

可用于文物研究的技术种类极为广泛，下文列举的仅是其中的几种。传统的技术包括图像处理技术，如显微镜、多光谱成像；X 射线技术，如 X 射线荧光分析；振动光谱技术，如红外光谱和拉曼光谱技术；以及色谱方法，如气相色谱法或高效液相色谱法。

对珍贵历史文物展开研究，最重要的是使用非破坏性或仅需极少采样的技术。在分析之后，未改变的样本应为进一步调查研究更好地所用。因此，首先对样本进行非侵入性分析，这种分析无需为样本做任何特殊准备。使用可见分光光度测定法进行检测（图 1），然后以移动设备做 X 射线荧光分析（图 2）。第二步，以衰减全反射—傅里叶变换红外光谱和拉曼光谱分析小样本（图 3 a-c），验证无损测量结果。最后，使用扫描电子显微镜结合能量弥散 X 射线光谱技术进行层位分析（图 4）。

## 可见分光光度测定法

可见分光光度测定法是一种对颜料及染料进行分类的便捷工具。本次分析使用颜色光谱仪 SPM 100（戈莱泰格银成像法，雷根斯多夫，瑞士），测量可见光的反射（380—730 nm）且有一个

[1] Hahn, 2013, p. 545.

1 | 可见分光光度测定法，该仪器显示了反射曲线。

2 | 样本的 X 射线荧光分析。

直径 3 毫米的测量点。用一个 2 W 灯泡照亮样本半秒钟（图 1），探针在样本表面移动，然后测量并存储样本特有的反射光谱。比较这一特有光谱与数据库，可识别出大多数颜料——无论是有机材料抑或是无机材料[1]。不过，此方法仅能对表层颜料进行分析，不适用于区分不同的铜绿色颜料[2]，且腐蚀过程会妨碍分析。

## 移动设备 X 射线荧光分析

X 射线荧光分析是获取多种材料的定性及半定性信息最恰当的方法之一[3]。然而，由于 X 射线荧光分析是分析无机化合物的便捷技术，故通常不适合测定有机材料。有机材料的特性会产生诸多问题，影响对分析结果的解释。即使是绘画之类的二维对象，通常亦是不“理想的”，具有复杂的形状及非均质成分，且包含数层（支撑层及颜色层），表面也可能发生改变。

使用可移动的能量色散 X 射线光谱仪 artTAX®（布鲁克，柏林，德国）进行分析，包含气冷式低功率钼管、X 光透镜（测量光斑直径为 70 微米）、电热冷却 X 光探测器、位于样品位置的 CDD 摄像头。所有测量均使用 30 W、50 kV、600 μA 的低功率钼管，数据采集时间为 12 秒（活动时间），以使对样品的损坏降低至最小。

X 射线荧光的穿透深度在 $10^{-6}$—$10^{-1}$ 厘米之间，取决于激发能与基质，而信息深度则由样品的成分决定。如果样品中含有高浓度的铅原子（如铅白色），其他，尤其是浅色元素，发出的含大量

[1] Fuchs and Oltrogge, 1994.
[2] Fuchs, 1988, p. 20；Hahn et al., 2004, p. 273.
[3] Schreiner und Mantler, 1994, p. 221; Mantler and Schreiner, 2000, p. 3; Mommsen et al., 1996, p. 347; Klockenkämper, 1997; Vandenabeele et al., 2000, p. 3315; Hahn et al., 2006, p. 687.

辐射的 X 射线荧光会被吸收。特别是对多层绘画而言，无损分析亦无法区分哪一绘画发出的 X 射线荧光辐射到达探测器，从而会影响对测量结果的定性评估。

## 振动光谱（衰减全反射—傅里叶变换红外光谱与拉曼光谱）

红外反射光谱和拉曼光谱技术是揭示未知样品化学成分的常用方法。对前者而言，特定频率的部分红外线光会被吸收，可据此识别出相应的分子。对以发现者的名字命名的拉曼光谱而言，部分紫外线光、可见光、近红外线光亦会被吸收，可用以收集类似的信息。傅里叶变换红外光谱分析法已有 80 余年的历史，对样本的测定常使用传统的方式，这意味着不得不在文物上取下一小块样本。近期发展出无损方法对多种物体的表面进行分析。微型红外光源和探测器使发展新一代便携式光谱仪成为可能，该仪器可以手持，以漫反射或衰减全反射模式进行检测[1]。在衰减全反射—傅里叶变换红外光谱模式中，Exoscan 光谱仪（A2 技术）可收集傅里叶变换红外光谱。测量涵盖的光谱范围在 600—4000 $cm^{-1}$ 之间，光谱分辨率为 4 $cm^{-1}$，每一光谱经过 500 次扫描。

拉曼光谱是分析颜料和矿物的便捷工具[2]。拉曼光谱仪（BWTec）特别适用于对文化遗产领域中相关对象的研究，常配备有光纤探针而非显微镜，探针分别与 785 nm 的激光器相连。探针与摄影机连接以放置样品，也与 CDD 摄像头相连以进行信号配准。测量的输出电量是 30 mW，光谱范围为 100—3000 $cm^{-1}$，光谱分辨率为 4 $cm^{-1}$，曝光时间为 1000 秒。

## 扫描电子显微镜或能量弥散 X 射线光谱

对绘画层级结构（层位学）的研究，使用的是扫描电子显微镜或能量弥散 X 射线光谱。测定时，以小电子束打入样品表面，激发电子与样品表面的相互作用。可通过扫描电镜分析不同类型的信号，包括二次电子、反散射电子、特性 X 射线、光（阴极发光）、样品电流、透射电子等。该测定技术可以生成分辨率极高的样本表面图片，揭示出样本低于 1 nm 的细节[3]。环境扫描电子显微镜是传统扫描电子显微镜的进一步发展，它与传统扫描电子显微镜的区别在于，其减少了细胞通道腔的空气（增加压力）。

[1] Marengo et al., 2005, p, 225.
[2] Clark, 1995, p. 187; Lewis and Edwards, 2001.
[3] Goldstein, 2003.

（a）

（b）

（c）

3 |（a）便携式傅里叶变换红外光谱仪器；（b）衰减全反射探头；（c）以便携式拉曼光谱仪进行分析。

4 | 扫描光谱仪（德国联邦材料研究与测试研究所）。

# 结 果

表 1 呈现出以可见分光光度法和 X 射线荧光分析的不同着色剂。着色主要依靠无机成分。基于颜料中特定的构成元素（图 5、6），以及它们在电磁光谱的可见范围内的反射率曲线特征（图 7），我们用 X 射线荧光分析法分辨出不同的颜料。蓝色区域由靛蓝及青金石着色；红色区域使用朱砂、赤赭石、铅丹以及一种有机染料（胭脂虫）；绿色区域通常包含一种铜绿色颜料（与氯一起）；黄色颜料为雌黄；而铅白用于白色颜料。

**表 1　颜料分类**

| | 颜料 / 染料 | 化学式 / 染料植物 | | 颜料 / 染料 | 化学式 / 染料植物 |
|---|---|---|---|---|---|
| 白 | 铅 白<br>生石膏 | $Pb(OH)_2$ x $PbCO_3$<br>$CaSO_4$ x $2H_2O$ | 绿 | 铜 绿 | 氯铜矿 $Cu_2Cl(OH)_3$ |
| 蓝 | 青金石<br>靛　蓝 | $Na_{8-10}Al_6Si_6O_{24}S_{2-4}$<br>$C_{16}H_{10}N_2O_2$ | 黄 | 雄 黄 | $As_4S_6$ |
| 红 | 朱 砂<br>铅 丹<br>赤赭石<br>深红 / 胭脂 | HgS<br>$Pb_3O_4$<br>$Fe_2O_3$<br>胭脂红酸 | | | |

为评估不同元素的存在，我们进行了线性扫描。例如图 6 呈现出由于距离而产生的净峰强度。测量始于一处染色的红色区域，其他颜色区域的测量依次进行，最后在白色区域内结束线性扫描。显然，红色区域包含钾（K）、铁（Fe）、铜（Cu）等微量元素，而白色区域主要包含铅（Pb）和微量铜（Cu）。

为详细说明铜绿色颜料并描述颜料的层位结构，我们进行了进一步的分析（图 8）。拉曼光谱鉴定铜绿色颜料为氯铜矿。红外光谱和拉曼光谱传递了关于化学成分的信息。这两种技术均利用了分子中黏合在一起的原子与红外光谱中特定频率的光的相互作用。

不同的红外测量显示出石膏是该颜料的主要成分（图 9）。该颜料是作为填充色还是作为底色施用的?

对层状结构的分析必须通过横截面和环境扫描电子显微镜结合 X 射线荧光分析（图 10）。环境扫描电子显微镜图像显示了三层结构。在底部的厚层显示出包含有不同的石膏团聚体的不均匀成分。在此层下部，较大颗粒占主导地位。越向上，颗粒变得越小。在扫描电子图像中，第二层看起来非常明亮，表明存在重元素。能量弥散 X 射线光谱仪分析证实，该层主要包括铅（如铅白色或铅红色）。最上层看起来很暗，表明存在轻元素。该层可能包含高分子聚合物，或许是在修复过程中局部施用的。

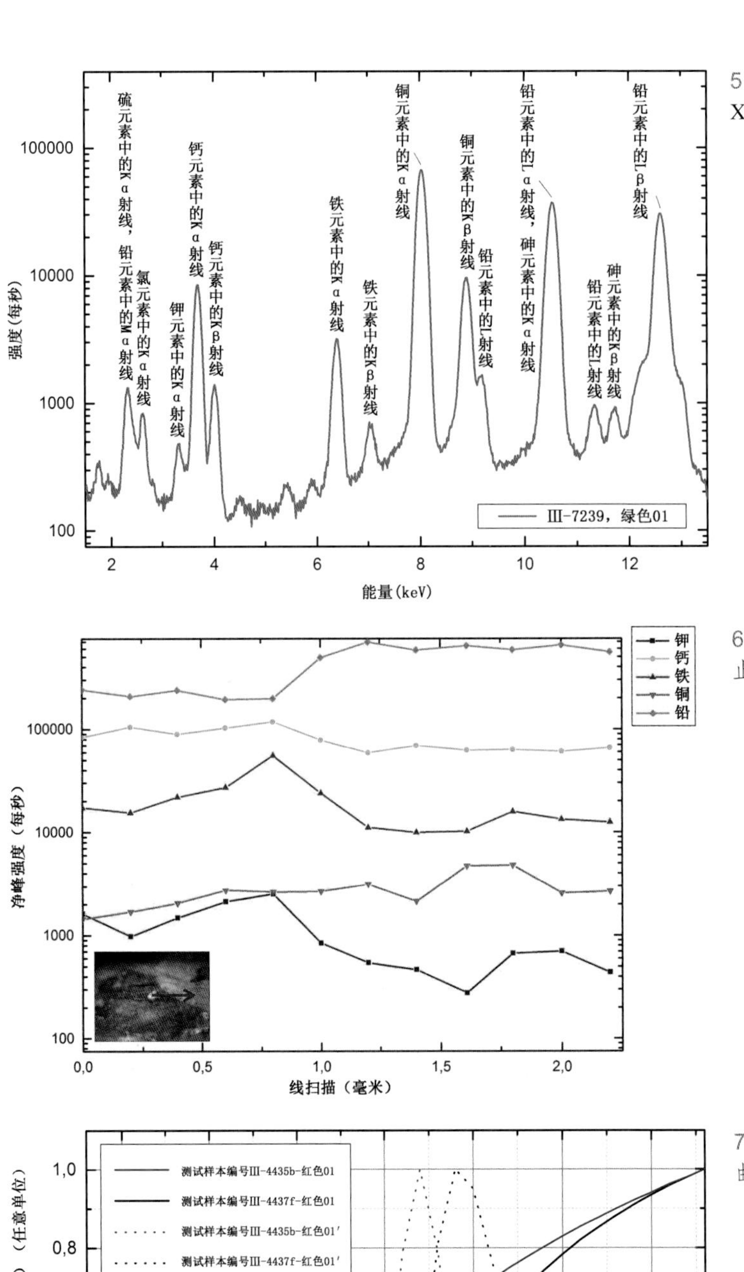


5 | 以铜绿（Cu）为主要成分的典型X射线荧光光谱。

6 | X射线荧光扫描，始于红色区域止于白色区域。

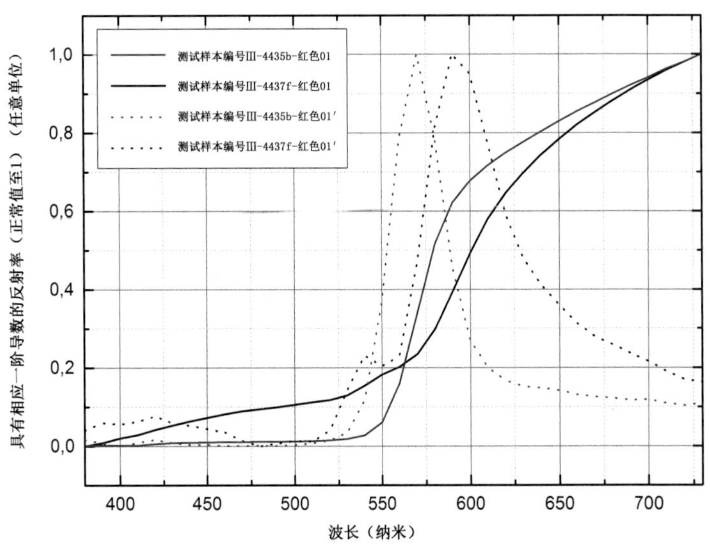


7 | 红色颜料的典型可见光谱（红色曲线：铅丹色；黑色曲线：胭脂色）。

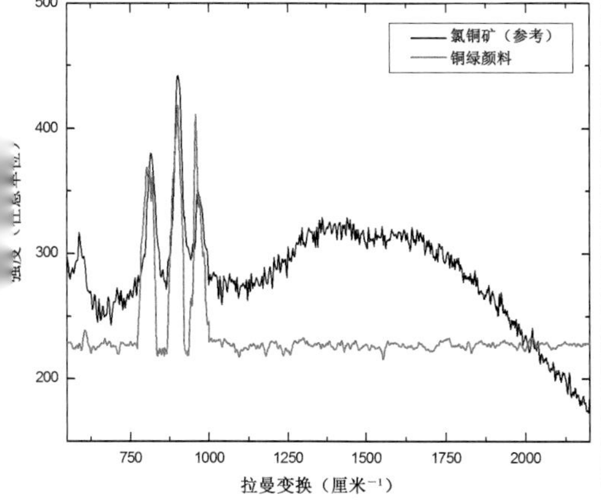


8 | 铜绿颜料的拉曼光谱与作为参考的氯铜矿的拉曼光谱（矿物拉曼光谱、X 射线衍射和化学数据综合数据库样本数据）。

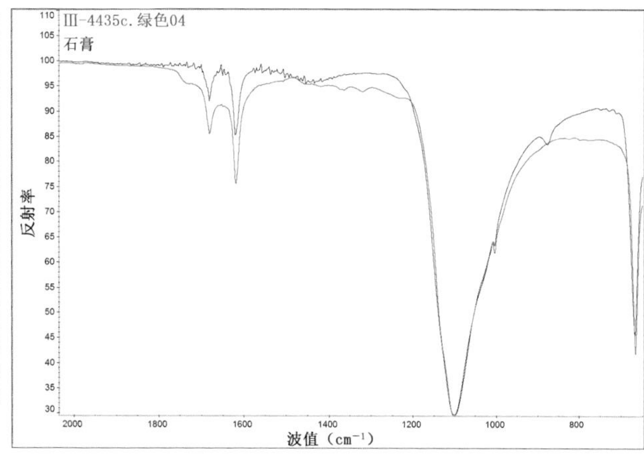


9 | 粉红色样本的衰减全反射傅里叶变换红外光谱分析法测定。该样本主要包含石膏。

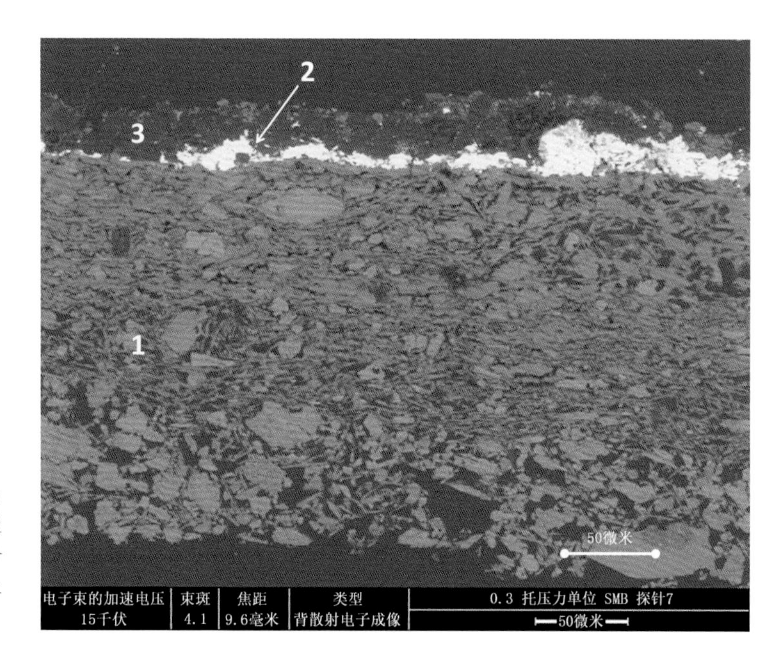


10 | 背散射电子图像呈现三层结构：（1）底部厚层揭示了由不同石膏团聚体组成的不均匀成分；（2）第二层含有铅（例如铅白色或铅红色）；（3）上层极暗，表明轻元素的存在。

## 结　论

上述分析揭示了木构件上彩画层的清晰结构。第一层，主要包含石膏，用于底色。底色层的底部区域由较大颗粒组成，而上部区域包含较小颗粒。颜料形成了薄薄的第二层。用于着色的颜料主要为无机成分，例如铅白、雄黄、青金石、氯铜矿，以及不同的红色颜料，如铅丹、赤赭石和朱砂。有机颜料为炭黑、靛蓝以及胭脂色。在修复过程中，可能已经在颜料层上覆盖了一层聚合物。

这一发现符合对龟兹壁画[1]以及巴米扬彩绘佛像的分析。施密特等人的著作中总结了在新疆的数次实地考察[2]，包括克孜尔[3]和库车[4]的考察。其他调查在阿富汗的巴米扬展开[5]。与本文使用的分析技术类似，研究者使用了偏光显微镜、X 射线荧光、X 射线衍射、环境扫描电子显微镜以及傅里叶变换红外光谱和拉曼光谱等分析技术，显示出它们以石膏或硬石膏和铅白作为白色颜料；青金石和靛蓝作为蓝色；红色颜料与染料有多种，如朱砂、铅丹、赤赭石、红砷硫化物以及可能的藤黄、胭脂与深红色颜料；最后，以氯铜矿和孔雀石作为绿色颜料。最近的研究显示，在壁画装饰及木构件彩绘中，使用的是相同颜料。

本文简要概述了使用不同的科学方法对颜料进行分析。通过 X 荧光射线对无机成分的测定，提供了肉眼观察不出区别的材料间的不同元素指纹。此外，对颜色材料的描述可用可见光谱进行。拉曼光谱提供了不同颜料的化学成分信息。这一可移动的、非侵入性技术容许扩大样本集，且提供更好的统计数据。第二步，以小样本为检测对象的衰减全反射红外光谱，能够通过测定样本的化学成分来鉴定不同的材料。使用扫描电子显微镜，结合 X 射线荧光对样本的横截面分析，可对颜料层的结构展开研究。

## 致　谢

感谢柏林亚洲艺术博物馆毕丽兰、尕普史的合作，以及费尔德曼（联邦材料研究与测试研究所 4.2 部门）以环境扫描电子显微镜进行的测量、拉宾（联邦材料研究与测试研究所 4.5 部门）以拉曼光谱进行的测量。

[1] Schmidt et al., 2015, p. 1.
[2] Riederer, 1977, p. 353.
[3] Riederer, 1977, p. 353；李最雄，2010，第 46 页。
[4] Kossolapov and Kalinina, 2007, p. 89.
[5] Cotte et al., 2008, p. 820; Blänsdorf et al., 2009, p. 237.

表 2　测试样本（图片，检测点）

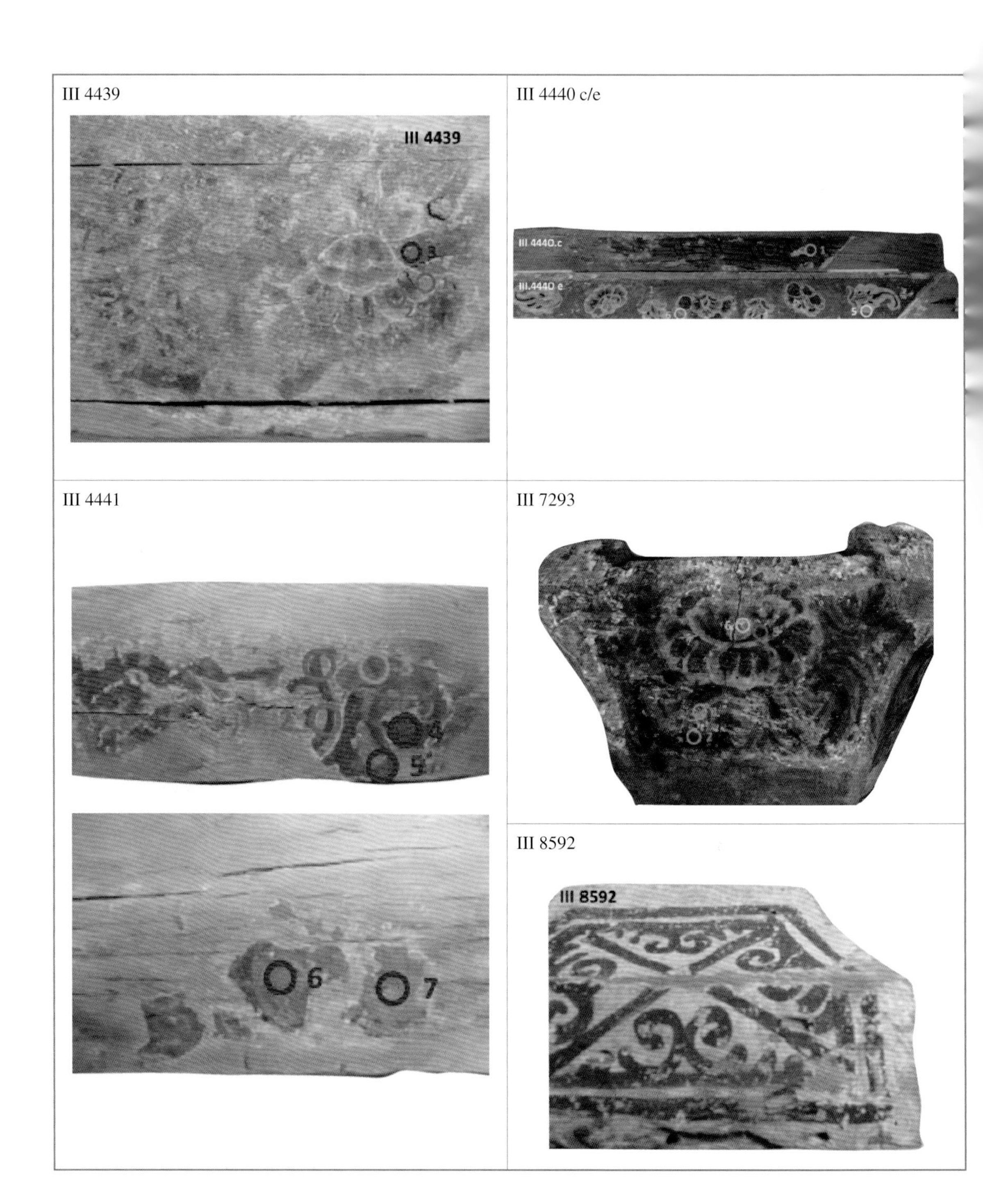
III 4439
III 4439
III 4440 c/e
III.4440.c
III.4440 e
III 4441
6
7
III 7293
III 8592
III 8592

# 木构件的检查与修复

伦 格[1]

## 引 言

为了本研究项目，我们加固了一组木制建筑构件，并且确定了进一步保护措施的优先次序。研究中所有的木构件均为杨木。一组木构件上装饰有彩画，另一组木构件为素面。风格上，木构件上的可见绘画层可追溯至公元10—11世纪。研究中所有的木构件均已损坏，且已可见碎裂之处。若干木构件上显示出腐烂的痕迹，有些在横向和纵向上均已彻底开裂。所有木构件均以多种方式被污染。绘画表面亟需修复。我们以中间色缓和了绘画层内的小缺损和地仗层上可见的白色遗痕，使其不明显，但并未以新的材料进一步修补或修整该木构件，亦未清除任何早期重绘。下面是完整的对该木构件的材料分析和绘画技术的检测。

## 木构件检查

研究项目包括柏林亚洲艺术博物馆藏品中的一组木制建筑构件，共53件，来自丝绸之路北道上的高昌故城。其中35件饰有彩绘，18件为素面。若干木构件有丰富的装饰性雕刻，而其他木构件呈现出一种朴素的、功能性设计。

其中有用作屋顶木梁或柱子的构件，例如柱础或柱头。

藏品中还包含若干雕刻嵌板。其中最大的木构件是重达23.5千克的柱头（III 1044），出自高昌故城K寺院遗址。

有彩画装饰的木构件属于屋顶建筑构件。该组中大约三分之二的木构件，可推测为出自高昌故城Q寺院遗址的屋顶木梁建筑（参见鲁克斯文章，第134页，图17）。根据碳十四测年，这些木构件均可追溯至公元8—10世纪[2]。可见彩画层的风格可能出现于公元10—11世纪。

[1] 本文原由伦格以德文写作，由B. 施密特和鲁克斯译成英文。
[2] 弗里德里希和林道尔（海德堡大学克劳斯西拉考古学研究中心），碳十四测年，来自2014年4月30日报告。

研究和处理的所有木构件均由杨木制成。有装饰性雕刻的大多数木构件上未见彩画装饰痕迹。在若干雕刻木构件上可见一层仅用红色颜料绘制而成的图案。这一绘画层直接施于木质支撑层上，表面未使用底漆。然而，红色层仅在 III 1044 柱头雕刻的凹陷处呈完全不透明状。在另一件设计更为简洁的 III 308 料上，红色层看上去较为光滑透明，似乎是擦入木构件表面的。III 315 构件是一块木板，在若干残留的绘画层上显现出少量的镀金痕迹。III 307 也是一块装饰朴素的木板，原在两边均装饰有彩画，木板内还嵌有一个金属环（该木构件参见拉施曼文章，第 35—42 页）。

高昌故城彩绘木构件上彩画层的顺序是一致的，具体如下：最下是以稀释的胶水形成的透明底层，其上施一层薄薄的白色地仗。地仗上预绘设计图案，如花瓣、缠枝纹等。然后将图案填绘色彩。赋色的绘画为单独一层。在若干木构件中可见白色区域，就是存留下来的地仗。最后，以轮廓线与补充色块等进行修整，创造出丰富多样的图案。需要指出的是，最后的白色轮廓线以铅白色勾勒（图 1a）[1]。

出自柏孜克里克的 III 8592 料上的彩画层，遵循了一种严格且相似的绘画技术：无底色；以刷子和黑色材料直接在木头上绘制草图；然后填以所需色块。与来自高昌故城的木构件一样，绘画为单层。主要和次要的图案线形成了颜色区域。最后，亦施白色轮廓线（图 1b）。

在高昌故城 Q 寺院遗址屋顶梁架结构的若干特殊木构件上，可见第二绘画层。第一与第二绘画层之间隔以黏土和稻草混合而成的薄层。

在 III 4439 木构件区域的微距影像中，可轻易地识别出层位序列。第一绘画层的明亮红色上覆盖了一层黏土。在黏土层表面是深红色的第二绘画层（图 2）。

1a | III 4435 b 木构件（高昌故城 Q 寺院遗址）。修复时，彩画层的层位清晰可见 © 伦格。

1b | III 8592 木构件（柏孜克里克石窟寺，料）。修复后，彩画层的层位清晰可见 © 伦格。

[1] 哈恩（联邦材料研究与测试研究所 4.5 分部：文物与文化资产分析）木制品绘画层调查，来自 2015 年 2 月 12 日状况报告。

2 | III 4439 木构件（高昌故城 Q 寺院遗址）：修复后。深红色是黏土隔层之上的第二层，其下的一层鲜红色层（第一层）和白色地仗可见，底部左侧的木销可见 © 伦格。

3a | III 4440 d 木构件（高昌故城 Q 寺院遗址）：修复后。图像左区呈现的是第一层：深红色底上绘有勾白色轮廓线的绿色和粉红色植物图案；图像右区呈现的是之后绘制的第二层，暗红色中未见任何图案 © 伦格。

3b | III 4440 f 木构件（高昌故城 Q 寺院遗址）：修复后。在第二层带有黑色花纹的蓝色表面之下，显现花纹图案装饰的浅蓝色层（可能是第一层）© 伦格。

编号 III 4440 a-h 的一组横梁中的若干木构件，亦显示出随后施用的第二绘画层。III 4440 d 和 III 4440 k 两件木梁上，原有以勾绘白色轮廓线的粉色与绿色花纹装饰的绯红色区域，其上覆盖了一种单纯的深红色（图 3a）。

第二层上可能有线条装饰，但艺术性不如第一层原有的彩色花卉与卷草纹图案。III 4440 f 木梁的原初蓝色彩画层上，装饰有较浅颜色的花卉图案。类似于第一层原初蓝色彩画层，第二层仅简单施用蓝色和黑色图案线条装饰（图 3b）。黑色图案线条亦可见于另一根木梁 III 4440 i 的第二层红色表面，构成的图案较为生硬。

有时，这种重新加工仅施以一层含有稻草的黏土。目前尚不清楚该层是一种重新装饰，抑或是简单的修复，或是一种偶然的污染。例如，编号 III 4435 b 木梁的题记部分被一层黏土涂层覆盖。

4 | III 4435 d 木构件（高昌故城 Q 寺院遗址）：修复后的情况。在绿色枝蔓区域的木构件变色清晰可见，可能由黏合剂引起 © 伦格。

5 | III 4435 f 木构件（高昌故城 Q 寺院遗址）：表面清理后的情况，工具痕迹清晰可见 © 伦格。

编号 III 4439 的木构件是一个特例。德国联邦材料研究与测试研究所对该木构件上的彩画层进行了科学检测研究，结果表明，蓝色使用的是青金石，红色使用的是朱砂。在其他被检测的大多数绘画层上[1]，蓝色区域可识别为靛蓝，而红色颜料主要是铅丹，有时混以赤赭石及胭脂红。从风格上看，III 4439 木构件的花卉图案与 III 7293 料有关，在后者的蓝色区域亦可检测出青金石。

现已裸露的木材中的若干区域，显示出绿色变色的绘画迹象，这种现象可能较为广泛，且为先前绿色颜料彩绘的遗痕。此种变色的产生是由彩色颜料（推测为绿色）的黏合剂引起的（图 4）。

总之，在第一绘画层内，红色和蓝色区域的表面可观察到偶尔的颜色改变。原初的红色色调从明亮变为深红，原初的蓝色色调变成了淡灰色。原初颜色的强度和明度，在这两种情况下均有减损。在所有木梁的蓝色区域均可见花卉装饰的线性轮廓。线条为黄色，现今已几乎辨识不出。同样，无论位于何处，在花瓣的全部黄色区域均可观察到变色。正黄色的变色在全部着色部位中很明显。

关于不同的绘画层，可总结如下：

大多数木构件上，原初绘画层依然可见。仅个别木梁的侧面会绘制第二绘画层。其他木梁上的小区域，仅以一层黏土涂层覆盖。在保护过程中，我们以拍照方式记录了绘画层和黏土涂层，并记录在书面报告中。关于原初绘画层、第二绘画层和黏土涂层的技术分析，需要进一步研究。

## 技术解释

木梁和木板被锯成成型尺寸，之后磨平。木工工具的痕迹随处可见（图 5）。

绘画区的结构线和边界线以墨斗——一种类似墨线的工具绘制：将一根浸在墨水中的绳子在木块上拉紧绷直，然后松开，形成一条直线。为了连接木构件，使用了榫卯结构和木销。

[1] 如上文引用哈恩报告。

## 情况报告：支撑层和绘画层

对木构件的调查揭示了不同的损伤。所有木构件皆有表面污染与灰尘沉积的问题，并且可观察到若干根深蒂固的水垢，这对裸露的木雕构件的影响尤为严重。

木构件上的裂痕显示出严重的损伤，有时若干部分到了几近分崩离析、碎裂成纤维的程度（图 6）。

彩画木构件与素面木构件的边缘均有破损和碎裂的区域。部分彩绘木构件上残余有早期修复处理使用的部分黏合剂。部分素面木构件表面可见水渍。木构件上未观察到活的木蛀虫或真菌感染。木构件中现有虫眼，可根据形状推断出有两种不同的木蛀虫。

去除彩画层上的灰尘沉积后，单独黏结在其上的污垢斑点变得清晰。地仗层不再与表面连接的区域能辨认出水泡。

地仗层内黏合剂的降解发生于较晚阶段。主要在边缘区域，地仗几乎呈粉末状。降解的地仗在边缘处清晰可见。除若干很小的与主体分开的区域，表面的彩画层未丧失力学强度，看上去颇为稳定（图 7）。

6 | III 7288 木构件（柱头）：加固前，由多次开裂和腐烂造成损坏 © 伦格。

7 | 顶部木梁建筑的不同构件（高昌故城 Q 寺院遗址）：修复前。由于黏合剂的高度退化而造成损坏；地仗层呈粉状且在支撑层上附着力不足 © 伦格。

## 修复处理中的措施

### （一）支撑层与绘画层的表面清洁

在进行稳定处理之前，应仔细除去表面的灰尘沉积。素面木构件表面上的污垢和黏合剂残留物，可通过湿润的工具轻擦去除。清洗用水中未加入溶剂或表面活性剂（图 8 a-b 和图 9 a-b）。

尽管进行了数次清洗尝试，但根深蒂固的污垢和水渍仍无法溶解且依然可见。不过，污垢和水渍突出的存在感已降低，且不再干扰视觉外观。未移除重绘层或黏土涂层。

8a | III 5024 木构件（雕花板）：表面清理前。损害：黏结的污垢与斑点 © 伦格。

8b | III 5024 木构件（雕花板）：表面清理后 © 伦格。

9a | III 4440 e 木构件（高昌故城 Q 寺院遗址）：表面清理前。损害：水渍。结构线可见（墨线）© 伦格。

9b | III 4440 e 木构件（高昌故城 Q 寺院遗址）：表面清理后 © 伦格。

### （二）支撑层加固

以愈合剂羟丙基纤维素 E（5%）、非离子纤维素醚、乙醇，处理部分破碎为纤维或在横向和纵向上彻底开裂的木构件。

用固体含量 45% 的鱼胶，对破碎的木构件进行重新黏结修复（图 10）。

III 1044 和 III 7288 两根木构件的底部因腐烂而处于退化和不稳定状态。由于木质大量损坏，以 15% 的乳胶黏合剂 *B-72*，即一种溶解在乙酸乙酯中的热塑性树脂来固定该区域。

10 | III 4438 a 木构件（高昌故城 Q 寺院遗址）：处理时。以黏合剂黏结修复。结构线（墨线）、裂缝和矩形榫眼可见 © 伦格。

11a | III 1044 木构件（柱头）：处理时。在木结构中黏合碎片。请注意插入了木制的加固物 © 伦格。

11b | III 1044 木构件（柱头）：完全修复后 © 伦格。

III 1044 柱头的情况异常堪忧。该柱头由两部分组成，通过两个呈直角的木榫连接。虽已分离，但通过修复原始木榫可以重新连接。由于整个木构件均很脆弱，以巴尔杉木填满并楔入空的榫眼区域。未在适当之处使用胶水，在任何时候皆可移除（图 11 a 和图 11 b）。

### （三）绘画层修复

在乙醇中施用了 2% 的羟丙基纤维素 E，作为分离的地仗边界与着色表面的防腐剂。由于黏合剂的降解，严重受损的地仗和之上覆盖的脱落彩画层很容易吸收防腐剂而未留下任何残留物。采用 *Aqua Sporca* 技术，对地仗的白色显著边缘进行了修整与重组。使用这一简单的、对色彩区域的可视化修补，原初颜色和图案重新可见（图 12 a 和 12 b）。

12a | III 4435 c 木构件（高昌故城Q寺院遗址）：初步修复后。请注意受损的表面颜料中暴露出的白色地仗层 © 伦格。

12b | III 4435 c 木构件（高昌故城Q寺院遗址）：修复过程完成后。暴露的白色地仗层在视觉上的软化（*Aqua Sporca*）© 伦格。

13 | III 5024 木构件（雕刻板背面）：处理后。请注意嵌入的贝壳和搭接处 © 伦格。

## 特殊性能

在 III 5024 木构件的背面似乎嵌入了某种贝壳（大约长 10 毫米）。

# 遗存的重构

毕丽兰

本书呈现了两年以来的项目成果。“高昌遗珍——古代丝绸之路上的木构建筑寻踪”，系首次在考古学语境中呈现“吐鲁番藏品”的展览。柏林亚洲艺术博物馆收藏有众多出自高昌故城，尤其是K寺院遗址的重要遗物，如果空间、资金和时间允许，想必可以筹办一次更大的展览，希望届时能够展示新的成果。

“高昌遗珍”展览持续至2017年1月8日。随着展览的结束，柏林亚洲艺术博物馆与柏林民族学博物馆闭馆修整。为将展览搬至洪堡论坛且重新开放而做的准备工作已持续了数年，目前进入冲刺阶段。继续评估这些研究成果将作为博物馆实际工作的一部分。目前，已将所有相关文物录入了数据库，其中挑选的最为重要的木制建筑构件以及有关本次展览的相关资料，将在本书下编中列

1 | 展览现场，鲁克斯复原的木构件 © 利佩。

出。大量的新成果已对洪堡论坛的展陈产生了影响。鲁克斯复原的彩绘木构件，将在“城市宫”中“穹顶屋”的常设陈列中展出。我们在探索如何将所有木构件置于相应位置以及如何呈现复原的全套木构件（此次展览，若干木构件不得不放在地板上展示，图 1）。

以下是未来相关项目的初步规划。

第一，2017 年至今的首要任务是为洪堡论坛做准备，包括大量壁画藏品的保护与研究。颜料分析与碳十四测年将会继续，当然该任务受制于资金和时间。

第二，将继续研究本书呈现的碳十四结果。目前来看，公元 8 世纪，在高昌故城中似乎共存有不同类型的建筑。当然，碳十四测年的不可靠性应得到重视，特别是要考虑到文物在过去的一百年中以杀虫剂做了处理。故而，从不同类型建筑构件得到的相似年代，值得更进一步的关注。

第三，存留的木制建筑构件亦将呈现于常设展厅附近的“立方体屋”中。在大型展柜中，计划按照材料或主题安排密集展示，这样可以向公众呈现比达勒姆博物馆更多的内容。因为新展厅具备“研究室”的特征，所以将有可能展示正在进行的研究成果。定期更换有展览说明的陈列品以及围绕在装有木构件的大型展柜周围的媒体区触摸屏，亦在考虑之中。本项目及未来项目的成果将在此呈现（图 2）。

第四，对遗址的研究清晰显示出，馆藏品中有更多的成组文物应被调查研究。在该项目过程中，已经辨认出更多的 Q 寺院遗址题记残片，远远超出了最初预期。由于数量巨大，现阶段无法将之纳入展览。题记残片大多为吐火罗语，少数为草写回鹘文。希望在后续的项目中可以音译、转写和解释这些文本。目前，拉施曼发表了进一步的题记释读。

第五，笔者完成并且出版了关于高昌故城三处遗址及其中发掘品的艺术史研究成果。笔者已经得到英国学院斯坦因—阿诺德基金的小额资助，以研究唐与回鹘时期龟兹与吐鲁番艺术（2015—2017 年）。对部分材料的持续研究，将构成高昌后续项目的内容。

第六，计划继续并扩大对档案材料的研究（同样受制于资金）。此次展览已经表明，对地图和老照片的研究会揭示出重要的新信息。第一展厅集中展示高昌故城 β 寺院遗址的中心展品，是在一张大型展桌上的格伦威德尔绘制的高昌故城地图，四周环绕从四个方向拍摄的老照片（图 3）。希望继续对高昌故城其他遗址展开研究工作。

第七，通过本项目，我们增进了与吐鲁番学研究院的合作。双方计划在研究和保护领域进行长期合作，且亦计划联合出版物。

2016 年 12 月，举办了一次后续研讨会，并邀请了若干在 2015 年 5 月参加圆桌讨论的相同专家来研讨项目进展和未来研究。非常感谢格达·汉高基金会和德国外交部的支持，此次研讨会邀请了来自中国新疆文物局、吐鲁番学研究院与龟兹研究院以及印度新德里国家博物馆的与会者，扩大了国际合作与信息交流。

本项目将为智能手机应用程序和正在为洪堡论坛准备的媒体岛提供若干内容。为了开发该内容并准备未来出版物，我们将继续作为一个团队来解释和分析馆藏重要且独有的文物。该计划中的项目及从其生发出的其他项目，将会使我们更加深入地认知高昌的历史、宗教与文化。

2 | 展览现场，第一展厅（β 寺院遗址）© 利佩。

3 | 展览现场，第一展厅以中心展桌呈现高昌故城地图（β 寺院遗址）© 利佩。

# 下　编

## 高昌故城之木构件

雕花枓，高昌故城未知遗址出土

# 藏品历史

## 柏林亚洲艺术博物馆之木构件

孔扎克-纳格

本书讨论的若干木构件为首次发表。它们在帕塔卡娅1977年出版的关于柏林木构件藏品的书籍中未被收录，因为在第二次世界大战的余波中，苏联红军将木构件带至前苏联，且于20世纪90年代初才送回柏林。因此，似乎有必要对来自柏林亚洲艺术博物馆的木构件的历史做简要介绍。

柏林亚洲艺术博物馆的中亚藏品主要来自德国吐鲁番探险队四次探险活动的发现（1902—1914年），且最初安置在柏林皇家民族学博物馆。第一次世界大战之后的20世纪20年代初，皇家民族学博物馆中的藏品进行了重新划分：公开展出的常设藏品以及不向公众开放的研究藏品两大类[1]。

此次重组可追溯至1912年，最初打算为每个部门建立单独的博物馆，因此柏林-达勒姆亚洲艺术博物馆在1914年4月开始建造[2]。然而，由于战争期间资金的匮乏，该建筑仅为临时完工，并于1923年成为柏林民族学博物馆所有部门放置藏品的仓库[3]。常设藏品仍储藏在今柏林市中心施特雷泽曼街[4]的柏林民族学博物馆。无迹象表明本书中讨论的木构件曾在那里展览。这些木构件既未记录于1926年和1929年柏林国家博物馆的目录[5]，亦未见于陈列室的老照片。因此，它们应该是在藏品重新划分后储藏于达勒姆的。

第二次世界大战期间，储藏于达勒姆的藏品于1943年底才开始进行疏散。疏散工作处于最困难的条件下且几乎直至战争结束，由一群女学生和四个法国战俘将藏品装箱运往不同的矿山，安全地储藏起来[6]。但由于疏散较晚，1945年5月1日，苏联红军到达柏林之后，大量藏品中的部分虽已装箱，但仍然滞留于达勒姆[7]。作为战争赔款的一部分，柏林博物馆的藏品于1945年5月7日开始被苏联红军运送至前苏联。6月的前两周，今施特雷泽曼街[8]的柏林民族学博物馆和达勒姆储藏

[1] Hoffmann, 2012, p. 100.
[2] Preuss, 1926, p. 69; Westphal-Hellbusch, 1973, p. 32.
[3] Westphal-Hellbusch，1973, p. 32.
[4] 施特雷泽曼街当时名叫赫拉德茨克拉洛韦街。
[5] Staatliche Museen zu Berlin，1926, 1929.
[6] Höpfner, 1992, p. 159.
[7] Westphal-Hellbusch, 1973, p. 50.
[8] 现在施特雷泽曼街仍然名叫萨尔兰街。

室已经被完全搬空[1]。自 1945 年 9 月起，由于莫斯科的储存容量已被耗尽，来自柏林藏品的文物被运往列宁格勒民族学博物馆[2]。1945 年后，来自中亚的木构件保存于列宁格勒民族学博物馆。

前苏联与德意志民主共和国谈判后，于 1975 年 8 月 6 日通过了一项决议，将在列宁格勒民族学博物馆的藏品送往莱比锡民族学博物馆（格拉西博物馆的一部分）[3]。1977 年或 1978 年，这些藏品被装箱，且以 12 辆卡车和拖车运往莱比锡[4]。

在莱比锡民族学博物馆中仅有约 5% 的箱体被拆封，该包装箱需要返还给列宁格勒民族学博物馆，其余 95% 的箱体未拆封[5]。东、西德于 1989 年重新统一，关于归还柏林藏品的讨论始于 1990 年 1 月 31 日[6]。对样品的检测证实，封箱 12 余年中，未曾动过的箱体中的部分文物遭遇了虫害；很明显必须尽快对其进行修复处理[7]。

文物的归还工作自 1990 年 8 月 22 日开始至 1992 年 7 月 1 日结束[8]。最后一批文物在 1993 年 1 月才被送回位于达勒姆的柏林印度艺术博物馆[9]收藏。共有 226 件文物登记为“莱比锡送回品”[10]，其中数件即为本书所讨论[11]。

[1] Kühnel-Kunze, 1984, p. 71.

[2] Akinscha and Koslow, 1995, p. 209.

[3][4] Höpfner, 1992, p. 161.

[5] 柏林民族学博物馆档案文件；1990 年 2 月 5 日关于从列宁格勒民族学博物馆到莱比锡民族学博物馆的归还清单目录报告（Rückführung von kriegsbedingt verlagerten Ethnographica-Beständen des MV von Leningrad nach Leipzig）。

[6][7] Höpfner, 1992, p. 163.

[8] Höpfner, 1992, p. 168.

[9] 译者注：自 1963 年 1 月始，二战后幸存的文物归入柏林印度艺术博物馆收藏。2006 年柏林印度艺术博物馆与柏林东亚艺术博物馆合并，成立柏林亚洲艺术博物馆。

[10] Höpfner, 1992, p. 170.

[11] 从莱比锡运回柏林的木构件分别来自高昌故城 β 寺院遗址：编号 III 5016、III 5022、III 5023、III 5024、III 6763、III 6764、III 7287；高昌故城 K 寺院遗址：编号 III 1044；高昌故城 Q 寺院遗址：编号 III 4435 e、III 4437 a, e, f, h、III 4440 e；高昌故城 μ 寺院遗址：编号 III 4613；高昌故城 α 寺院遗址：编号 III 7291、III 7292、III 7293；高昌故城未知遗址：编号 III 5025；图木舒克：编号 III 8114；胜金口：编号 III 7294；柏孜克里克：编号 III 8592。

# 藏品图录[1]

## 高昌故城之木构件

[1] 除非有其他说明，图录中照片©柏林亚洲艺术博物馆/埃贝勒和艾斯费尔德。

**雕花柱头**

高昌故城β寺院遗址
高：20，宽：30.5，纵深：32.5厘米
年代：C14测年878–982年（2015-2-23）
未出版；1992-12-21从莱比锡送回，编号 44704

**雕花枓（中亚风格）**

高昌故城β寺院遗址
高：7.8，宽：18.4，纵深：17.4厘米
年代：C14测年777–940年（2015-2-23）
出版：Bhattacharya, 1977, no. 439

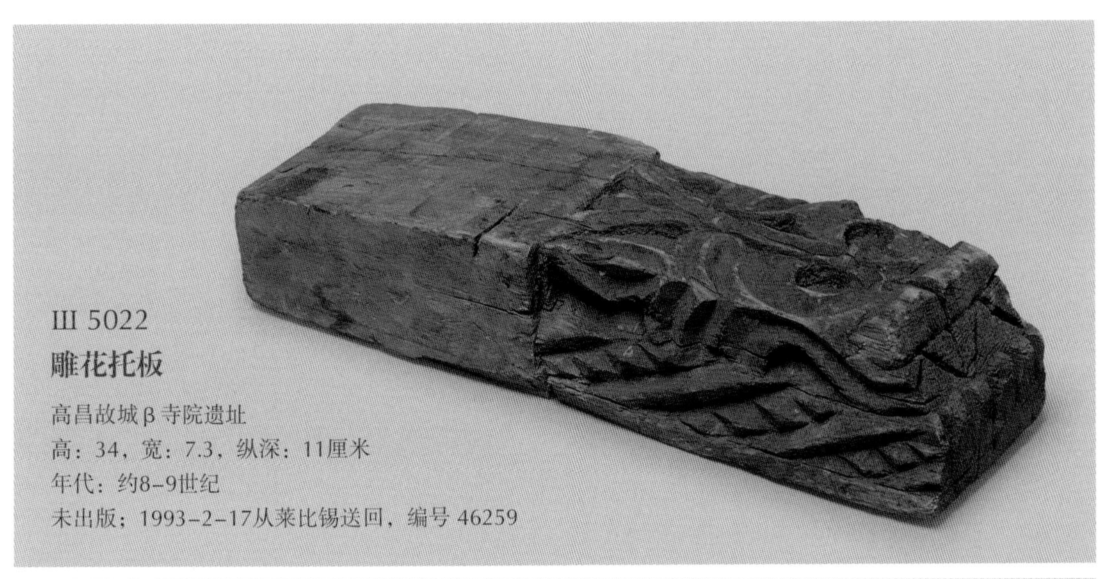

III 5022

**雕花托板**

高昌故城β寺院遗址
高：34，宽：7.3，纵深：11厘米
年代：约8–9世纪
未出版；1993–2–17从莱比锡送回，编号 46259

III 5023

**雕花托板**

高昌故城β寺院遗址
高：39.9，宽：7，纵深：10.1厘米
年代：约8–9世纪
未出版；1992–5–19从莱比锡送回，编号 29264

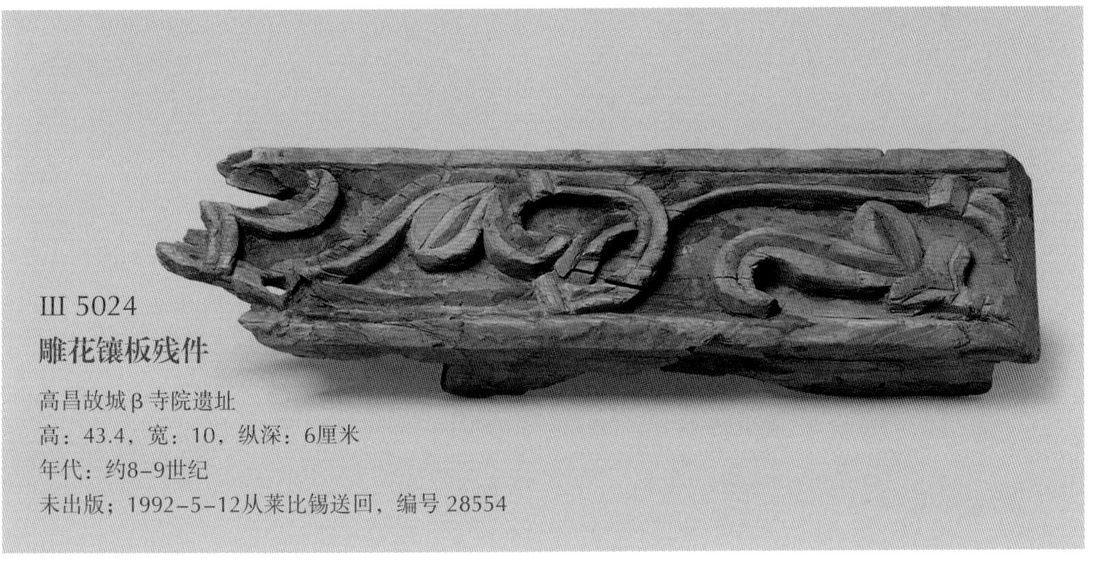

III 5024

**雕花镶板残件**

高昌故城β寺院遗址
高：43.4，宽：10，纵深：6厘米
年代：约8–9世纪
未出版；1992–5–12从莱比锡送回，编号 28554

III 5026

**实心木块**

高昌故城β寺院遗址
高：40.8，宽：35.5，纵深：17.5厘米
年代：约8-9世纪
出版：Bhattacharya, 1977, no. 495

III 6763

**雕花镶板残件**

高昌故城β寺院遗址
高：27，宽：14，纵深：4厘米
年代：约8-9世纪
出版：Le Coq, 1913, pl. 62 f
1992-5-12从莱比锡送回，编号 44704

III 6764

**葡萄纹雕花镶板残件**

高昌故城β寺院遗址
高：30.5，宽：18，纵深：2厘米
年代：C14测年785-975年（2015-2-23）
未出版；1992-5-12从莱比锡送回，编号 28569

III 7287

**带榫雕花料（中亚风格）**

高昌故城β寺院遗址
高：26.5，宽：17.7，纵深：8.5厘米
年代：约8-9世纪
出版：Le Coq, 1913, pl. 62 d
1992-5-19从莱比锡送回，编号 29265

## K 寺院遗址

III 303

**雕刻柱础**

高昌故城K寺院遗址
高：38.7，宽：36.2，纵深：20.1厘米
年代：C14测年899–1024年（2015–2–23）
出版：Le Coq, 1913, pl. 62 k; Bhattacharya, 1977, no. 516

III 1044

**雕花柱头**

高昌故城K寺院遗址
高：25，宽：54.7，纵深：55.5厘米
年代：C14测年777–960年（2014–7–9）
出版：Le Coq, 1913, pls. 61 a, b；1992–5–29从莱比锡送回，编号 030541

III 7288

**雕花柱头（疑似未完成）**

高昌故城K寺院遗址
高：31.5，宽：28.5，纵深：15.3厘米
年代：C14测年1411–1444年（测定年代较晚，疑似污染所致），实际年代约为8–9世纪
出版：Le Coq, 1913, pl. 62 h; Bhattacharya, 1977, no. 496

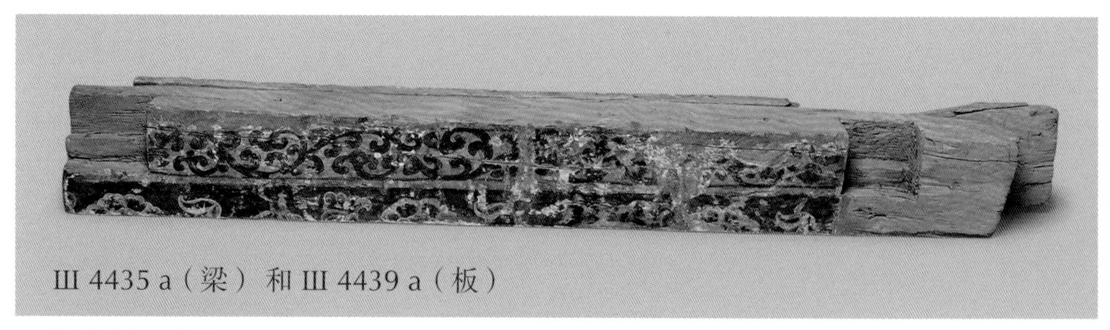
III 4435 a（梁）和 III 4439 a（板）

**梁与板（连接）**

高昌故城Q寺院遗址
高：18，宽：161.9，纵深：15.8厘米（梁与板一起）
年代：约10–11世纪
出版：Bhattacharya, 1977, no. 465

III 4435 b（梁）

**彩绘梁与板（分离）**

高昌故城Q寺院遗址
高：17.5，宽：155.5，纵深：12厘米
年代：C14测年777–887年（2015–2–23）
出版：Bhattacharya, 1977, no. 466

III 4439 b（板）

**彩绘梁与板（分离）**

高昌故城Q寺院遗址
高：15，宽：161，纵深：3.5厘米
年代：约10–11世纪
出版：Bhattacharya, 1977, no. 459

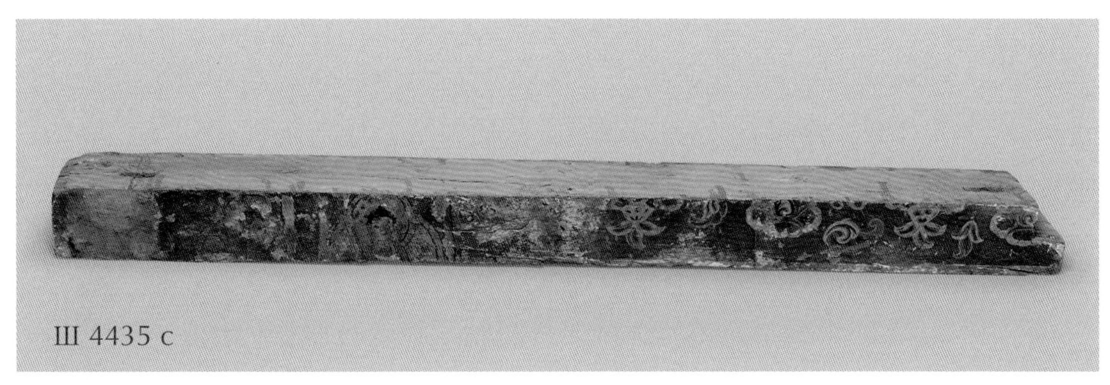

III 4435 c

## 彩绘梁

高昌故城Q寺院遗址
高：12，宽：157.2，纵深：15.2厘米
年代：C14测年775–888年（2015–2–23）
出版：Grünwedel, 1906, p. 35; Bhattacharya, 1977, no. 467

III 4435 f

## 彩绘梁

高昌故城Q寺院遗址
高：12，宽：106，纵深：15厘米
年代：约10–11世纪
出版：Bhattacharya, 1977, no. 469（错误编号为Ⅲ 4435 e）

III 4435 d

## 彩绘替木

高昌故城Q寺院遗址
高：12，宽：106，纵深：15厘米
年代：约10–11世纪
出版：Bhattacharya, 1977, no. 468

III 4435 e

## 彩绘梁

高昌故城Q寺院遗址
高：10，宽：135.3，纵深：15.4厘米
年代：约10–11世纪
未出版；1992–11–11从莱比锡送回，编号 40340

III 4436 a

## 彩绘枓

高昌故城Q寺院遗址
高：13.6，宽：22，纵深：22厘米
年代：约10–11世纪；C14测年260–414年
（2015–2–23）
（如果测年结果正确，当为老旧木料回收利用）
出版：Bhattacharya, 1977, no. 501

III 4436 b

## 半块彩绘枓

高昌故城Q寺院遗址
高：13，宽：23，纵深：11厘米
年代：约10–11世纪
出版：Bhattacharya, 1977, no. 502

III 4437 a

**彩绘雕刻托板**

高昌故城Q寺院遗址
高：6.4，宽：28.9，纵深：10.4厘米
年代：约10–11世纪
未出版；1993–1–13从莱比锡送回，编号 044957

III 4437 b

**彩绘雕刻托板**

高昌故城Q寺院遗址
高：6.3，宽：26，纵深：9.8厘米
年代：约10–11世纪
出版：Bhattacharya, 1977, no. 470

III 4437 d

**彩绘雕刻托板**

高昌故城Q寺院遗址
高：6.3，宽：30，纵深：10.6厘米
年代：约10–11世纪
出版：Bhattacharya, 1977, no. 471

III 4437 e

**彩绘雕刻托板**

高昌故城Q寺院遗址
高：6，宽：27.2，纵深：10.3厘米
年代：约10–11世纪
未出版；1993–1–13从莱比锡送回，编号 028573

III 4437 f

**彩绘雕刻托板**

高昌故城Q寺院遗址
高：5.8，宽：26，纵深：9.7厘米
年代：约10–11世纪
未出版；1993-1-13从莱比锡送回，编号 028568

III 4437 g

**彩绘雕刻托板（斜接）**

高昌故城Q寺院遗址
高：5.9，宽：28，纵深：10厘米
年代：约10–11世纪
出版：Bhattacharya, 1977, no. 472

III 4437 h

**彩绘雕刻托板**

高昌故城Q寺院遗址
高：5.5，宽：26.2，纵深：9.9厘米
年代：约10–11世纪
未出版；1992-6-5从莱比锡送回，编号 031597

III 4438 a

## 彩绘栱

高昌故城Q寺院遗址
高：22，宽：77.5，纵深：13厘米
年代：C14测年888–982年（2015–2–23）
出版：Bhattacharya, 1977, no. 440

III 4438 b

## 彩绘栱

高昌故城Q寺院遗址
高：22.6，宽：72.3，纵深：13.1厘米
年代：约10–11世纪
出版：Bhattacharya, 1977, no. 441

III 4440 c

## 彩绘梁

高昌故城Q寺院遗址
高：9.3，宽：109.6，纵深：11厘米
年代：约10–11世纪
出版：Bhattacharya, 1977, no. 475

III 4440 d

## 彩绘梁

高昌故城Q寺院遗址
高：9.3，宽：103，纵深：10.2厘米
年代：约10–11世纪
出版：Bhattacharya, 1977, no. 476

**彩绘梁**

高昌故城Q寺院遗址
高：9.3，宽：97.3，纵深：10.5厘米
年代：约10–11世纪
未出版；1993–1–13从莱比锡送回，编号 44958

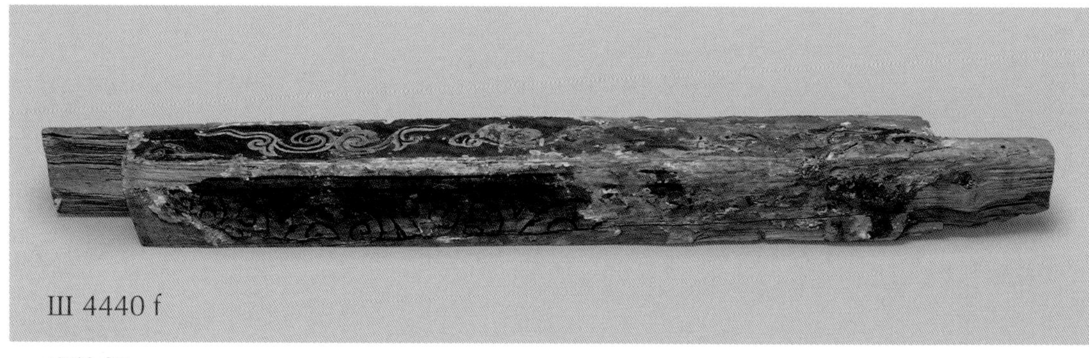


**彩绘梁**

高昌故城Q寺院遗址
高：8.8，宽：104.4，纵深：9.9厘米
年代：约10–11世纪
出版：Bhattacharya, 1977, no. 477

**彩绘梁**

高昌故城Q寺院遗址
高：8厘米，宽：93.6，纵深：8.9厘米
年代：约10–11世纪
出版：Bhattacharya, 1977, no. 478

III 4440 i

## 彩绘梁

高昌故城Q寺院遗址
高：8.4，宽：92.6，纵深：9.1厘米
年代：约10–11世纪
出版：Bhattacharya, 1977, no. 479

III 4440 n

## 彩绘梁

高昌故城Q寺院遗址
高：7.8，宽：93.7，纵深：9.2厘米
年代：约10–11世纪
出版：Bhattacharya, 1977, no. 483

III 4440 a

## 彩绘梁

高昌故城Q寺院遗址
高：8.2，宽：86，纵深：9.3厘米
年代：约10–11世纪
出版：Bhattacharya, 1977, no. 473

## 彩绘梁

高昌故城Q寺院遗址
高：7.6，宽：73.5，纵深：9.3厘米
年代：约10–11世纪
出版：Bhattacharya, 1977, no. 474

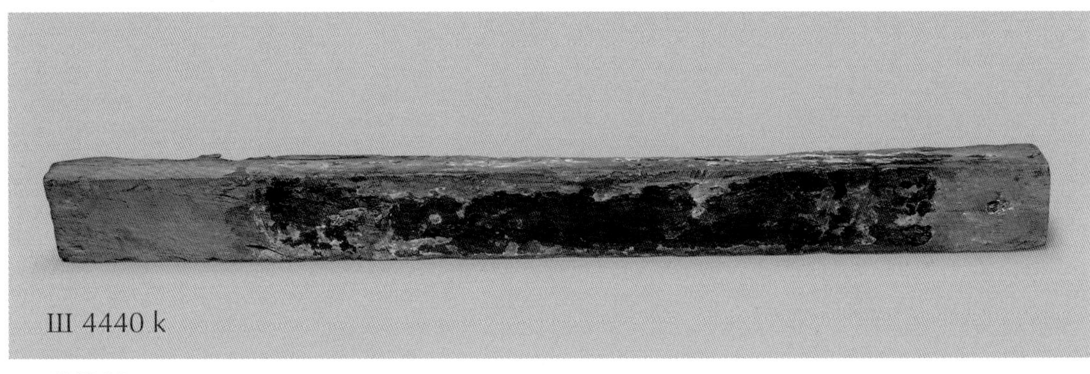


## 彩绘梁

高昌故城Q寺院遗址
高：7.1，宽：113.6，纵深：10.4厘米
年代：约10–11世纪
出版：Bhattacharya, 1977, no. 480

## 彩绘梁

高昌故城Q寺院遗址
高：10.4，宽：135，纵深：10厘米
年代：约10–11世纪
出版：Bhattacharya, 1977, no. 481

III 4440 m

**彩绘梁**

高昌故城Q寺院遗址
高：8.2，宽：114，纵深：6.3厘米
年代：约10–11世纪
出版：Bhattacharya, 1977, no. 482

III 4441

**彩绘替木**

高昌故城Q寺院遗址
高：9.2，宽：92.9，纵深：15厘米
年代：约10–11世纪
出版：Bhattacharya, 1977, no. 460

III 4442

**彩绘梁**

高昌故城Q寺院遗址
高：6.5，宽：111.5，纵深：4.1厘米
年代：约10–11世纪
出版：Bhattacharya, 1977, no. 461

## 高昌故城其他遗址

III 4613

### 框架残件

高昌故城μ寺院遗址
高：10.4，宽：36.5，纵深：4.5厘米
年代：约8–9世纪
未出版；1992–5–12从莱比锡送回，编号 28561
布什曼摄影

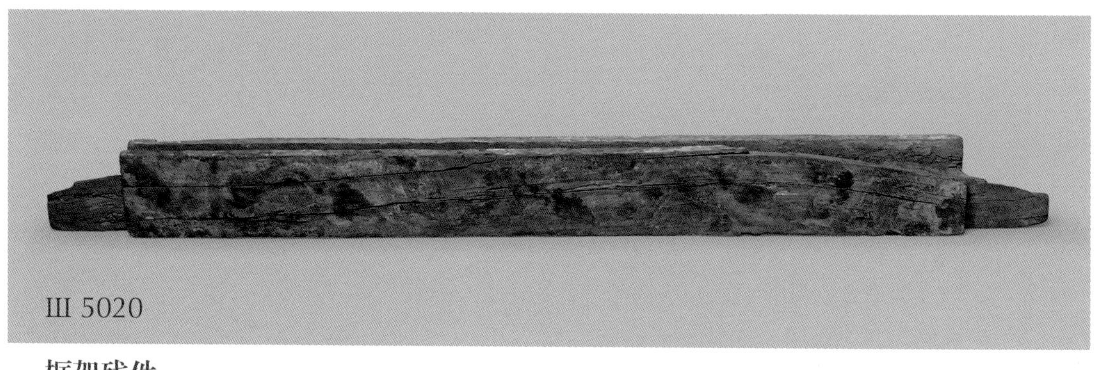

III 5020

### 框架残件

高昌故城μ寺院遗址
高：96.4，宽：8.2，纵深：4.3厘米
年代：约8–9世纪
出版：Bhattacharya, 1977, no. 464

III 4632 a

### 彩绘木砖

高昌故城α寺院遗址
高：21.9，宽：21.5，纵深：5.5厘米
年代：约10–11世纪
出版：Le Coq, 1926, pp. 19–20, pl. 21; Härtel et al., 1971, no. 848; Maillard, 1973, no. 12a, pl. 106; Bhattacharya, 1977, p. 124, no. 391; Bhattacharya-Haesner et al., 2003, p. 109, cat. No. 87
利佩摄影

III 4632 b

## 彩绘木砖残件

高昌故城α寺院遗址
高：6.9，宽：9.5，纵深：2.2厘米
年代：约10–11世纪
未出版
利佩摄影

III 4763

## 彩绘木砖

高昌故城H遗址
高：6.3，宽：6.1，纵深：1.5厘米
年代：约10–11世纪
出版：Bhattacharya, 1977, p. 82, no. 89; Härtel and Yaldiz, 1982, p. 198, cat. no. 138; Bhattacharya-Haesner et al., 2003, p. 109, cat. no. 88

III 5025

## 雕花楔形残件

高昌故城，出土位置不明
高：11.7，宽：19，纵深：7.6厘米
年代：约8–9世纪
未出版；1992–5–12从莱比锡送回，编号 28556

III 7291

## 雕花木制镶板残件

高昌故城α寺院遗址
高：25.7，宽：9.7，纵深：2.1厘米
年代：约8–9世纪
未出版；1992–5–12从莱比锡送回，编号 28560

**雕花料（中亚风格）**

高昌故城α寺院遗址
高：7.5，宽：25，纵深：24厘米
年代：约8-9世纪
出版：Le Coq, 1913, pl. 62 a；1992-5-12从莱比锡送回，编号 28570

**雕花料**

高昌故城出土位置不明
高：7.8，宽：25，纵深：24厘米
年代：约10-11世纪
未出版；1992-5-12从莱比锡送回，编号 28563

III 8114

**雕花柱头**

图木舒克
高：24.3，宽：10，纵深：5.5厘米
年代：未确定，8世纪或更早
未出版；1992-5-12从莱比锡送回，编号 28572

III 7294

**彩绘梁残件**

胜金口
高：66，宽：14.5，纵深：6厘米
年代：约10-11世纪
未出版；1992-5-12从莱比锡送回，编号 28553

III 8592

**彩绘枓**

柏孜克里克
高：10.8，宽：17.2，纵深：16.2厘米
年代：约10-11世纪
未出版；1992-5-12从莱比锡送回，编号 28559

# 译名对照表

| 中　文 | 其他语种 |
|---|---|
| 阿不都热西提·亚库甫 | Abdurishid Yakup |
| 阿伦斯 | Arens, Thomas |
| 阿沙·塞利 / 小阿萨古城 | Hassar Shahri |
| 埃贝勒 | Eberle |
| 埃尔贝 | Erber, Ruben |
| 艾斯菲尔德 | Eisfeld |
| 爱登里啰 | Ai Tängridä |
| 安科沃 | Anikovo |
| 奥登堡 | Oldenburg, Sergej Fyodorovich |
| 奥古斯丁，圣·奥勒留 / 希坡的奥古斯丁 | Augustine, Saint Aurelius; Augustine of Hippo |
| 巴尔图斯 | Bartus, Theodor |
| 巴赫尔 | Bahr, Tamim ibn |
| 拔悉密 | Basmil |
| 柏林·布兰登堡科学院 | BBAW = Berlin Brandenburg Akademie der Wissenschaften |
| 柏林皇家民族学博物馆 | Königliches Museum für Völkerkunde zu Berlin = Royal Museum of Ethnography in Berlin |
| 柏林民族学博物馆 | The Ethnologisches Museum zu Berlin |
| 柏林亚洲艺术博物馆 | Museum für Asiatische Kunst Staatliche Museen zu Berlin = Asian Art Museum, National Museums in Berlin |
| 柏林印度艺术博物馆 | Museum für Indische Kunst zu Berlin |
| 柏孜克里克 | Bezeklik |
| 拜马塔瓦 | Baimatowa, Nasiba |

| 中　文 | 其他语种 |
|---|---|
| 拜什塔木 | Beshtam |
| 保利奇 | Paulich, Britta |
| 北本朝展 | Kitamoto Asanobu |
| 贝明 | Peyrot, Michaël |
| 比亚—奈曼 | Biya-Nayman |
| 毕丽兰 | Russell-Smith, Lilla |
| 毕威舍 | Bierwisch, André |
| 别失八里 | Beshbalik |
| 别连尼茨基 | Беленицкий, A.M.; Belenitsky, A.M. |
| 波尔特 | Pohrt, Hermann |
| 伯希和 | Pelliot, Paul |
| 博尔—巴任 | Por-Bajin |
| 布哈林 | Bukharin, Mikhail |
| 布什曼 | Buschmann, Ines |
| 城市宫 | Stadtschloss = City Palace |
| 茨默 | Zieme, Peter |
| 达勒姆 | Dahlem |
| 达内 | Dähne, Burkart |
| 达克雅洛斯城 | Dakianusshahri |
| 德茨马拉克—捷佩 | Dzhumalak-tepe |
| 德国考古学研究所 | DAI = Deutsches Archäologisches Institut = German Archaeological Institute |
| 德国联邦材料研究与测试研究所 | BAM = Bundesanstalt für Materialforschung und-Prüfung = The Federal Institute for Materials Research and Testing |

（续表）

| 中　文 | 其他语种 |
| --- | --- |
| 德国联邦外交部 | Auswärtiges Amt = Federal Foreign Office |
| 德金—迈斯特恩斯特 | Durkin-Meisterernst, Desmond |
| 德雷尔 | Dreyer, Caren |
| 荻原裕敏 | Ogihara Hirotoshi |
| 蒂勒 | Thiele, Henning |
| 杜丁 | ДудинБ, С.М.; Dudin, Samuil |
| 杜松 | *archa* |
| 渡边哲信 | Watanabe Tesshin |
| 鄂尔都八里 | Ordu Balik |
| 鄂尔浑峡谷 | Orkhon Valley |
| 恩斯特—瓦尔德施密特基金会 | Ernst Waldschmidt Stiftung |
| 费尔德曼 | Feldmann, Ines |
| 佛罗伦萨艺术历史研究所 | Kunsthistorisches Institut, Florenz |
| 弗兰肯 | Franken, Christina |
| 弗里德里希 | Friedrich, Ronny |
| 富艾莉 | Forte, Erika |
| 尕普史 | Gabsch, Toralf |
| 甘佳丽 | Ganguli, Indranil |
| 甘奇 | *ganch* |
| 克吕格尔 | Krüger, Günter |
| 高昌 / 高昌城 / 高昌故城 | Kocho; Khočo; Qočo |
| 哥特洛伯 | Gottlöber, Karen |
| 哥廷根驻柏林研究院 | Akademie Göttingen, Arbeitsstelle Berlin |
| 格达·汉高基金会 | Gerda Henkel Stiftung |
| 格伦威德尔 | Grünwedel, Albert |
| 葛逻禄 | Karluks |
| 葛嶷 | Genito, Bruno |
| 贡内拉 | Gonnella, Julia |
| 《工部工程做法》 | Building methods of the Board of Works |

（续表）

| 中　文 | 其他语种 |
| --- | --- |
| 古乐慈 | Gulácsi, Zsuzsanna |
| 骨咄禄毗伽阙可汗 | Kutlug Bilga Kagan |
| 骨力裴罗 | Gur bala |
| 国际敦煌项目—欧亚文化之路 | IDP-CREA = International Dunhuang Project - Cultural Routes of EuraAsia |
| 哈恩 | Hahn, Oliver |
| 哈喇巴尔哈逊 | Karabalgasun |
| 哈密 | Hami |
| 哈土木 | Hatoum, Mareen |
| 海德堡大学克劳斯—西拉考古学研究中心 | Klaus-Tschira-Archäometrie-Zentrum, Universität Heidelberg |
| 赫尔 | Hüttel, Hans-Georg |
| 赫拉德茨克拉洛韦街 | Königgrätzer Straβe |
| 洪堡论坛 | Humboldt Forum |
| 胡特 | Huth, Georg |
| 霍夫曼 | Hoffmann, R. |
| 基利什 | Kirish |
| 基谢廖夫 | Kiselev |
| 吉川小一郎 | Yoshikawa Koichiro |
| 加达尼·希瑟尔 | Gardani Hisor |
| 贾库波夫 | Jakubov, J.J. |
| 接待大厅之柱 | *apadāna* |
| 九姓乌古斯 | Tokuz Oguz |
| 崛贤雄 | Hori Kenyu |
| 喀喇沙尔 / 焉耆 | Karashahr , Qarašähär |
| 喀什噶里 | Kasoqarī, Mahnmd |
| 卡拉—伊·卡赫卡哈 | Kala-i Kahkaha |
| 卡列宁 | Callieri, Pierfrancesco |
| 堪加 | Khanggai |
| 柯兹茨 | Kozicz, Gerald |
| 科尔迈尔 | Kohlmeyer, Kay |
| 科斯特 | Kost, Catrin |

（续表）

| 中 文 | 其他语种 |
| --- | --- |
| 克赫迪・克洛伊 | Khundiin Khooloi |
| 克莱门茨 | Klementz, Dmitri Alexandrowitsch |
| 克吕格尔 | Krüger, Günter |
| 孔雀洞 | Pfauenhöhle = Peacock Cave |
| 孔扎克—纳格 | Konczak-Nagel, Ines |
| 库班诺夫 | Kurbanov, Sharof |
| 库—伊・瑟克哈 | Kuh-i Surkh |
| 库依鲁克贝 | Kuiruktobe |
| 拉宾 | Rabin, Ira |
| 拉德洛夫 | Radloff, Friedrich Wilhelm |
| 拉塞尔—史密斯 | Russell-Smith, William |
| 拉施曼 | Raschmann, Simone-Christiane |
| 腊丝波波娃 | Raspopova,Valentina I. |
| 莱比锡民族学博物馆 | Museum für Völkerkunde zu Leipzig = Museum of Ethnography |
| 兰司铁 | Ramstedt, Gustaf John |
| 劳尔森 | Laursen, Sarah |
| 勒柯克 | Le Coq, Albert von |
| 雷克 | Reck, Christiane |
| 立方体屋 | Kubusraum = Cube Room |
| 利佩 | Liepe, Jürgen |
| 联合国教科文组织 | UNESCO = United Nations Educational, Scientific, and Cultural Organization |
| 撩檐枋 | eave purlin; square longitudinal eaves beams or round purlins |
| 林道尔 | Lindauer, Susanne |
| 龙伯格 | Romberg, B.F. |
| 卢湃沙 | Лурье, Л.Б.; Lurje, Pavel B. |
| 鲁克斯 | Ruitenbeek, Klaas |
| 路德维希—马克西米利安—慕尼黑大学 | Ludwig Maximilian University, Munich |
| 伦格 | Runge, Martina |

（续表）

| 中 文 | 其他语种 |
| --- | --- |
| 率都沙那 | Ustrushana |
| 马尔沙克 | Marshak, B.I.; Маршак, Б.И. |
| 马斯科夫 | Maskov |
| 马雅尔 | Maillard, Monique |
| 梅村坦 | Hiroshi Umemura |
| 梅尔策 | Melzer, Gudrun |
| 蒙古—德国鄂尔浑考察队 | MONDOrEx = Mongolian-German Orkhon Expedition |
| 蒙古国立大学 | National University of Mongolia |
| 蒙古科学院 | Mongolian Acdemy of Science |
| 弭秣贺 | Maymurgh |
| 密特拉神 | Mithra |
| 缪勒 | Müller, Friedrich W.K. |
| 默尔 | Riemer, M. |
| 木头沟 | Murtuk; Murtuq |
| 娜娜女神 | Nanaia |
| 内格马托夫 | Негматов, Н.Н.; Negmatov, N.N. |
| 努埃特 | Nouette, Charles |
| 帕赫萨 | *pakhsa* |
| 帕塔卡娅 | Bhattacharya-Haesner, Chhaya |
| 毗伽可汗 | Bilga Kagan |
| 辟展 | Pichan |
| 片治肯特 | Pandjikent |
| 婆罗谜 | Brāhmī |
| 七康湖 | Chikkan köl |
| 乔那比 | Jonubi |
| 穹顶屋 | Kuppelraum; Cupola Room |
| 琼斯 | Jones, Catherine |
| 国立信息学研究所（日本） | NII = National Institute of Informatics of Japan |
| 撒马尔干 | Samarkand |
| 萨尔兰街 | Saarlandstraße |

（续表）

| 中　文 | 其他语种 |
| --- | --- |
| 桑德 | Sander, Lore |
| 桑德茨尔—莎 | Sandzhar- Shah |
| 赛力海牙 | Sertkaya, Osman F. |
| 森安孝夫 | Moriyasu Takao |
| 森木塞姆 | Simsim |
| 沙赫里斯坦 | Shahristan |
| 申卡 | Shenkar, Michael |
| 申尼迈耶 | Schindelmeier, Andrea |
| 圣彼得堡国立艾尔米塔什博物馆 | State Hermitage Museum in St Petersburg |
| 胜金口 | Siŋgim, Sengim, Sängim |
| 施密特, B. | Schmidt, Birgit |
| 施密特, C. | Schmidt, Christoph |
| 施特雷泽曼街 | Stresemannstraβe |
| 睡美人 | Dornröschen = Sleeping Beauty |
| 硕尔楚克 / 锡克沁 | Shorchuk; Šorčuq |
| 斯奎因 | Schøye, Martin |
| 斯坦因 | Stein, Marc Aurel |
| 松井太 | Matsui Dai |
| 窣堵波 | stūpa |
| 塔林 | 100-stūpa Temple |
| 唐纳森 | Donaldson |
| 图木舒克 | Tumshuk; Tumšuq |
| 图瓦 | Tuva |
| 吐鲁番山脚 | Turfaner Vorberge |
| 吐峪沟 | Tuyok; Tuyuq |
| 瓦霏夫 | Vafeev, R.A. |
| 瓦拉赫沙 | Varakhsha |
| 王国豪 | Arden-Wong, Lyndon A. |
| 韦尔克 | Wewerke, Ulrike |
| 维泰尔桑 | Wittersheim, H.-P |
| 沃尔夫 | Wolff, Gerhard |

（续表）

| 中　文 | 其他语种 |
| --- | --- |
| 沃尔夫林 | Wölfflin, Heinrich |
| 沃罗妮娜 | Воронина, В.Л.; Voronina |
| 沃麦娜 | Wollmeiner, Sigrid |
| 乌德犍山 | *ötükän* |
| 乌尔塔—库尔干 | Urta-Kurgan |
| 西村阳子 | Nishimura Yoko |
| 西格 | Sieg, Emil |
| 西格凌 | Siegling, Wilhelm |
| 西姆斯—威廉姆斯 | Sims-Williams, Nicholas |
| 西胁常记 | Nishiwaki Tsuneki |
| 希索拉克 | Hissorak |
| 希瓦 | Khiva |
| 黠戛斯 | Kyrgyz |
| 夏南悉 | Steinhardt, Nancy Shatzman |
| 小田寿典 | Oda Juten |
| 雅德林采夫 | Jadrincev, Nikolaj M. |
| 雅尔蒂兹 | Yaldiz, Marianne |
| 雅尔和屯 / 交河故城 | Yarkhoto; Yarġol |
| 野村荣三郎 | Nomura Eizaburo |
| 亦都护城 | Idikutshahri |
| 英国学院斯坦因—阿诺德基金 | Stein-Arnold Fund of the British Academy |
| 《营造法式》 | Standard Methods of Construction |
| 韦尼克 | Wernicke, Juliane |
| 在博物馆中联接艺术史 | CAHIM = Connecting Art Histories in the Museum |
| 套斗顶 / 方井 | Lantern cassettes; lantern roof; lantern ceiling |
| 泽拉夫善河 | Zarafshan River |
| 知维 | Gervais, Maria |
| 朱丽娜 | Zhulina, Daria |
| 庄垣内正弘 | Masahiro Shōgaito |
| 宗德曼 | Sundermann, Werner |

# 参考文献

## 中文部分

曹洪勇：《试析吐鲁番出土的一件木建筑构件——斗栱》，《新疆文物》1998年第3期，第86—88页。

黄文弼：《吐鲁番考古记》，北京：中国科学院出版社，1954年。

黄文弼：《塔里木盆地考古记》，北京：科学出版社，1958年。

［宋］李诫：《营造法式》，上海：商务印书馆，1925年。

李肖：《交河故城形制布局》，北京：文物出版社，2003年。

李军：《高昌故城考古学研究》，北京大学考古文博学院博士学位论文，2006年（未出版）。

李路珂：《〈营造法式〉彩画研究》，南京：东南大学出版社，2011年。

联合国教科文组织驻中国代表处、新疆文物事业管理局、新疆文物考古研究所编著：《交河故城——1993、1994年度考古发掘报告》，北京：东方出版社，1998年。

梁思成：《营造法式注释》，北京：中国建筑工业出版社，1983年。

梁匡一、徐佑成：《高昌古城水系分布图》，《吐鲁番学研究》2010年第2期。

刘建国：《新疆高昌、北庭古城的遥感探查》，《考古》1995年第8期，第748—753页。

鲁克斯（Ruitenbeek, Klaas），《柏林亚洲艺术博物馆藏吐鲁番和克孜尔木头建筑构件》[“Wooden architectural parts from Kizil and Turfan: the Berlin collection”]，载王赞、徐永明主编：《丝路·思路：2015年克孜尔石窟壁画国际学术研讨会论文集》，石家庄：河北美术出版社，2005年，第100—111页。

毛筱霏、刘玉茜、张卫喜：《高昌故城遗址构筑技法及土体特性研究》，《建筑科学》2012年第1期，第45—48页。

孟凡人：《高昌城形制初探》，《中亚学刊》2000年第5期，第37—61页。

蒲契林、荻原裕敏、庆昭蓉：《高昌故城“寺院遗址Q”出土的壁面墨书龟兹语题记》，载朱玉麒主编：《西域文史》（第十一辑），北京：科学出版社，2017年，第123—140页。

苏天钧等：《北京西郊发现汉代石阙清理简报》，《文物》1964年第11期，第13—22页。

吐鲁番地区文物管理所：《柏孜克里克千佛洞遗址清理简记》，《文物》1985年第8期，第49—65页。

吐鲁番学研究院：《新疆吐鲁番阿斯塔那墓地西区2004年发掘简报》，《文物》2014年第7期，第31—53页。

王璞子：《工程做法注释》，北京：中国建筑工业出版社，1995年。

西村阳子、北本朝展：《和田古代遗址的重新定位——斯坦因地图与卫星图像的勘定与解读》，载《唐研究》第十六卷，北京：北京大学出版社，2010年，第169—223页。

西村阳子、富艾莉、北本朝展、张勇撰，刘子凡译：《古代城市遗址高昌的遗构比定——基于地图史料批判的丝绸之路探险队考察报告整合》，载朱玉麒主编：《西域文史》第九辑，北京：科学出版社，2014年，第155—202页。

西村阳子、富艾莉、北本朝展、张勇撰，刘子凡译：《高昌故城遗址诸遗迹的比定——基于地图史料批判的丝绸之路探险队考察报告整合》，载［德］阿尔伯特·格伦威德尔著，管平译，新疆文物考古研究所、吐鲁番学研究院编著：《高昌故城及其周边地区的考古工作报告（1902～1903年冬季）》附录5，北京：文物出版社，2015年，第197—245页。

解耀华等：《交河故城保护与研究》，乌鲁木齐：新疆人民出版社，1999 年。
新疆文物考古研究所：《2006 年度高昌故城发掘简报》，《新疆文物》2008 年第 3—4 期，第 15—32 页。
新疆文物考古研究所：《高昌故城第二次考古发掘报告》，《新疆文物》2011 年第 2 期，第 1—29 页。
新疆文物考古研究所：《高昌故城第三次考古发掘报告》，《新疆文物》2011 年第 2 期，第 29—40 页。
新疆文物考古研究所：《高昌故城第四次考古发掘报告》，《新疆文物》2011 年第 2 期，第 41—63 页。
新疆文物考古研究所：《高昌故城第五次考古发掘报告》，《新疆文物》2012 年第 3—4 期，第 4—41 页。
阎文儒：《吐鲁番的高昌故城》，《文物》1962 年第 7—8 期，第 28—32 页。
张卫喜、陈平、赵冬、毛筱霏：《高昌故城西南大佛寺结构病害分析与加固》，《工业建筑》2007 年第 8 期，第 86—106 页。
赵莉著，中国新疆龟兹研究院、德国柏林亚洲艺术博物馆、俄罗斯国立艾尔米塔什博物馆编：《克孜尔石窟壁画复原研究》，上海：上海书画出版社，2020 年。
《世博会文物：重绘高昌城下盛世唐朝》，《中国广播报》2010 年 7 月 19 日。

## 日文部分

西胁常记：《ドイツ將來のトルファン漢語文書》，京都：京都大学学术出版会，2002 年。
西村阳子、北本朝展：《スタイン地圖と衛星畫像を用いたタリム盆地の遺跡同定手法と探險隊考古調查地の解明》，敦煌写本研究年报第四号，2010 年，第 209—245 页。

## 西文部分

Akinscha, Konstantin und Grigori Koslow, *Beutekunst: Auf Schatzsuche in russischen Geheimdepots*, München: Deutscher Taschenbuch Verlag, 1995.
Alfimov, G.L., G.V. Nosyrev and V. Panin et al., "The Application of Cliff Degradation Models for Estimation of the Initial Height of Rammed-Earth Walls (Por-Bajin Fortress, Southern Siberia, Russia)", *Archaeometry,* 2013. 55, pp. 958-973.
Arden-Wong, Lyndon A., "The Architectural Relationship between Tang and Eastern Uighur Imperial Cities", *Frontiers and Boundaries. Encounters on China's margins*, edd. Ildikó Bellér-Hann and Zsombor Rajkai, Wiesbaden: Harrassowitz, 2012, pp. 11-48.
Aržanceva, Irina, Heinrich Härke and Helge Arno Schubert, "PorBažyn: Eine: 'Verbotene Stadt' des Uiguren-Reiches in Südsibirien", *Antike Welt,* 2012. 3, pp. 36-44.
Baimatova, Nasiba, *Die Kunst des Wölbens in Mittelasien. Lehmziegelgewölbe. (4.-3.Jh. v. Chr. - 8.Jh. n. Chr.),* Dissertation, Freie Universität Berlin，2002.
Baimatowa, Nasiba S., *5000 Jahre Architektur in Mittelasien: Lehmziegelgewölbe vom 4. / 3. Jh. v. Chr. bis zum Ende des 8. Jhs. n. Chr.*, Mainz: Philipp von Zabern, 2008.
Байпаков (Baypakov), K.M., *Средневековая городская культура Южного Казахстана и Семиречья (VI - начало XIII в.)* [*Medieval Urban Culture of Southern Kazakhstan and Semirechie* (6th to 13th *centuries*)], Alma-Ata: Bylim, 1986.
Беленицкий (Belenitsky), A.M., "Работы Пенджикентского отряда [Works of Pandjikent Detachment]", *Археологические работы в Таджикистане. Вып*, 1964. 9, pp. 53-75.
Belenitsky, A.M., *Mittelasien. Kunst der Sogden*, Leipzig: Seemann, 1980.

Bhattacharya, Chhaya, *Art of Central Asia: with Special Reference to Wooden Objects from the Northern Silk Route*, Delhi: Agam Prakashan, 1977.（中译本：［印］查娅·帕塔卡娅著，许建英译：《中亚艺术（附丝路北道木器参考）》，载许建英、何汉民编译：《中亚佛教艺术》，乌鲁木齐：新疆美术摄影出版社，1992 年）

Bhattacharya-Haesner, Chhaya, *Central Asian Temple Banners in the Turfan Collection of the Museum für Indische Kunst, Berlin*, Monographien zur indischen, Archäologie, Kunst and Philologie 15, Berlin: Reimer, 2003.

Bhattacharya-Haesner, Chhaya, Doris Gröpper, Ines Konczak, Gertrud Platz and Marianne Yaldiz, *Kunst an der Seidenstraße: Faszination Buddha*, Ostfildern-Ruit: Hatje Cantz Verlag, 2003.

Blänsdorf, Catharina, Stephanie Pfeffer and Edmund Melzl, "The Polychromy of the Giant Buddha Statues in Bamiyan", *The Giant Buddhas of Bamiyan: Safeguarding the Remains*, ed. Michael Petzet, International Council on Monuments and Sites (ICOMOS), Berlin: Bäßler, 2009, pp. 237-264.

Bobomulloev, Saidmurod and Kazuya Yamauchi eds., *Plans and Artifacts (Pottery and Wood Carving) of Kakhkakha Sites* ("The conservation of culture heritage in Central Asia" 9; "Japan-Tajikistan joint research of cultural heritage" 7, Tokyo: Japan Center for International Cooperation in Conservation, National Research Institute for Cultural Properties, 2011).

Brentjes, Burchard, "Narrative Holzpaneele aus Mittelasien", *Central Asiatic Journal,* 2004. 48, pp. 170-184.

Bronk, Heike, Stefan Röhrs, Alexej Bjeoumikhov, Norbert Langhoff, Günther Schmalz, Rainer Wedell, Hans-Eberhart Gorny, Andreas Herold and Ulrich Waldschläger, "ArtTAX®: A new Mobile Spectrometer for Energy Dispersive micro X-Ray Fluorescence Spectrometry on Art and Archaeological Objects", *Fresenius' Joumal of Analytical Chemistry,* 2001. 371, pp. 307-316.

Clark, Robin J.H., "Raman Microscopy: Application to the Identification of Pigments on Medieval Manuscripts", *Chemical Society Reviews*, 1995. 24, pp. 187-196.

Cotte, Marine, Jean Susini, Vincente Armando Solé, Yoko Taniguchi, Javier Chilida, Emilie Checroum and Philippe Walter, "Applications of Synchrotron-based Micro-imaging Techniques to the Chemical Analysis of Ancient Pigments", *Journal of Analytical Atomic Spectrometry,* 2008. 23, pp. 820-828.

Dagens, Bruno（tr.）, *Mayamata: An Indian Treatise on Housing Architecture and Iconography*, New Delhi: Sitaram Bhartia Institute of Scientific Research, 1985.

Danilov, Sergey V., *Goroda v kočevych obščestvach Central'noj Azii* [Cities in nomadic societies of Central Asia], Ulan-Ude: Izdat. Burjatskogo Naučnogo Centra SO RAN, 2004.

Dähne, Burkart and Ulambayar Erdenebat, "Archaeological Excavations in Karabalgasun by K. Maskov During Kotwicz's Expedition of 1912. A New Contribution to the Research History of the Capital of the Eastern Uighur Khaganate", *The Heart of Mongolia. 100th Anniversary of W. Kotwicz's Expedition to Mongolia in 1912. Studies and selected Source Materials,* edd. Jerzy Tulisow and Osamu Inoue and Agata Bareja-Starzyńska et al., Cracow: Polish Academy of Arts and Sciences, 2012, pp. 245- 264.

Dähne, Burkart, *Die archäologischen Ausgrabungen der uigurischen Hauptstadt Karabalgasun im Kontext der Siedlungsforschung spätnomadischer Stämme im östlichen Zentralasien*. Dissertation, Leipzig, 2016, http://nbn-resolving.de/urn:nbn:de:bsz:15 qucosa-198280 [18th October 2016].

Donaldson, Thomas, "Doorframes on the Earliest Orissan Temples", *Artibus Asiae*, 1976. 38/2-3, pp. 189-218.

Dreyer, Caren, Lore Sander and Friederike Weis eds., *Staatliche Museen zu Berlin: Dokumentation der Verluste. Band III: Museum für Indische Kunst,* Berlin: Staatliche Museen, Preußischer Kulturbesitz, 2002.

Dreyer, Caren, *Abenteuer Seidenstraße: Die Berliner Turfan-Expeditionen 1902-1914*, Leipzig: E. A. Seemann Verlag, 2015.（中译本：［德］卡恩·德雷尔著，陈婷婷译：《丝路探险：1902 ～ 1914 年德国考察队吐鲁番行记》，上海：上海古籍出版社，2020 年）

Drompp, Michael R., *Tang China and the Collapse of the Uighur Empire. A Documentary History*, Leiden-Boston: Brill, 2005.

Falconer, John, *Points of View: Capturing the $19^{th}$ Century in Photographs*, London: British Library, 2009.

Fischer, Klaus, *Dächer, Decken und Gewölbe indischer Kulstätten und Nutzbauten,* Wiesbaden: Steiner, 1974.

Franken, Christina, Ulambayar Erdenebat and Tumurochir Batbayar, "Erste Ergebnisse der Grabungen des Jahres 2013 in Karabalgasun und Karakorum/Mongolei", *Zeitschrift für Archäologie Außereuropäischer Kulturen,* 2014. 6, pp. 355-367.

Franz, Heinrich Gerhard, "Chotscho and Yar-Khoto, Die beiden Ruinenstädte der Turfan-Oase als Zentren buddhistischer Kunst", Appendix to the reprint of Albert von Le Coq, *Chotscho*, Graz: Akademische Druck-und Verlagsanstalt, 1979.

Fuchs, Robert, "Farbmittel in der mittelalterlichen Buchmalerei-Untersuchungen zur Konservierung geschädigter Handschriften", *Praxis der Naturwissenschaften, Chemie Köln*, 1988. 8 (37), pp. 20-29.

Fuchs, Robert and Doris Oltrogge, "Painting Materials and Painting Technique in the Book of Kells", *The Book of Kells: Proceedings of a Conference at Trinity College Dublin* (1992. 9), ed. Felicity O'Mahony, Aldershot, Hants: Scolar Press, 1994, pp. 133-171, 147-191, 603.

Gabain, Annemarie von, "Inhalt und magische Bedeutung der alttürkischen Inschriften", *Anthropos,* 1953. 48/3-4, pp. 537-556.

Gabsch, Toralf ed., *Auf Grünwedels Spuren: Restaurierung und Forschung an zentralasiatischen Wandmalereien*, Leipzig: Koehler & Amelang, 2012.

Ghirshman, Roman, *Iran: Parthes et Sassanides,* Paris: Gallimard, 1962.

Glahn, Else, "On the Transmission of the Ying-tsao fa-shih", *T'oung-pao,* 1975. 61, pp. 232-265.

Goldstein, Joseph I., Dale E. Newbury, David C. Joy, Charles E. Lyman, et al., *Scanning Electron Microscopy and X-ray Microanalysis*, New York, NY：Springer science + business media, 2003.

Grünwedel, Albert, *Bericht über archäologische Arbeiten in Idikutschari und Umgebung im Winter 1902-1903*, München: Bayerische Akademie der Wissenschaft, 1906.（中译本：［德］阿尔伯特·格伦威德尔著，管平译：《高昌故城及其周边地区的考古工作报告（1902 ～ 1903 年）》，北京：文物出版社，2015 年）

Gulácsi, Zsuzsanna, *Manichaean Art in Berlin Collections: A Comprehensive Catalogue*, Turnhout: Brepols, 2001.

Gulácsi, Zsuzsanna, *Mediaeval Manichaean Book Art: A Codicological Study of Iranian and Cursive Illuminated Book Fragments from $8^{th}$-$11^{th}$ Century East Central Asia*, Leiden-Boston: Brill, 2005.

Gulácsi, Zsuzsanna, *The Didactic Images of the Manichaeans from Sasanian Mesopotamia to Uygur Central Asia and Tang-Ming China*，Leiden-Boston: Brill, 2015.

Guo, Qinghua, "Yingzao Fashi: Twelfth-Century Chinese Building Manual", *Architectural History* 1998. 41, pp. 1-13.

Hahn, Oliver, Doris Oltrogge and Holm Bevers, "Coloured Prints of the 16th Century-Non destructive Analyses on Coloured Engravings from Albrecht Dürer and Contemporary Artists", *Archaeometry*, 2004. 46.1, pp. 273-282.

Hahn, Oliver, Ina Reiche and Heike Stege, "Archaeology and Arts", *Handbook of Practical X-Ray Fluorescence Analysis*, eds. Norbert Langhoff, Rainer Wedell, Burkhard Beckhoff, Birgit Kanngießer, Berlin Heidelberg: Springer-Verlag, 2006, pp. 687-700.

Hahn, Oliver, "Diagnostics in Art and Culture", *Handbook of Technical Diagnostics: Fundamentals and Application to Structures and Systems,* ed. Horst Czichos, Berlin and Heidelberg: Springer, 2013, pp. 545-558.

Hansen, Valerie, "The Impact of the Silk Road Trade on a Local Community: The Turfan Oasis, A. D. 500-800", *Les Sogdiens en Chine, edd. Étienne de la Vaissière and Éric Trombert* ("Études thématiques" 17, Paris: Éeole frarnçaise d'Extrême-Orient, 2005), pp. 283-310.

Härtel, Herbert et al., *Museum für Indische Kunst* [*Katalog*], Berlin: Staatliche Museen Preußischer Kulturbesitz, 1971 (later editions 1976, 1986).

Härtel, Herbert and Marianne Yaldiz, *Along the Ancient Silk Routes: Central Asian Art from the West Berlin State*

*Museums*, New York: Metropolitan Museum, 1982.
Härtel, Herbert und Marianne Yaldiz, *Die Seidenstraße: Malereien und Plastiken aus buddhistischen Höhlentempeln*, Berlin: Staatliche Museen Preußischer Kulturbesitz, 1987.
Härtel, Herbert und Marianne Yaldiz, "Die Geschichte der deutschen 'Turfan'-Expeditionen (1902-1914)", *Die Seidenstraße: Malereien und Plastiken aus buddhistischen Höhlentempeln—aus der Sammlung des Museums für indische Kunst Berlin*, eds. Herbert Härtel und Marianne Yaldiz, Berlin: Reimer, 1987, pp. 12-31.
Hamilton, James, "Les titres *šäli* et *tutung* en *ouïgour*", *Journal Asiatique,* 1984. 272, pp. 425-437.
Hayashi Toshio, "Karabalgasun", *Encyclopaedia Iranica*, ed. Ilḥsān Yāršātir, London: Routledge & Kegan Paul, 2009, pp. 529-530.
Higuchi Takayasu and Gina L. Barnes, "Bamiyan: Buddhist Cave Temples in Afghanistan", *World Archaeology,* 1995. *27/2*, pp. 282-302.
Hoffmann, Beatrix, *Das Museumsobjekt als Tausch- und Handelsgegenstand: Zum Bedeutungswandel musealer Objekte im Kontext der Veräußerungen aus dem Sammlungsbestand des Museums für Völkerkunde Berlin*, Berlin: Lit, 2012.
Höpfner, Gerd, "Die Rückführung der 'Leningrad-Sammlung' des Museums für Völkerkunde" , *Jahrbuch Preussischer Kulturbesitz*, 1992. 29, pp. 157-171.
Hüttel, Hans-Georg, "Jahresberichte: Ausgrabungen und Forschungen des DAI und der Mongolischen Akademie der Wissenschaften im Orchon-Tal, Mongolei, 2007-2008, Karabalgasun", *Zeitschrift für Archäologie Außereuropäischer Kulturen,* 2010. 3, pp. 279-287.
Hüttel, Hans-Georg and Ulambayar Erdenebat, *Karabalgasun und Karakorum—Zwei spätnomadische Stadtsiedlungen im Orchon-Tal. Ausgrabungen und Forschungen des Deutschen Archäologischen Instituts und der Mongolischen Akademie der Wissenschaften 2000-2009,* Ulaanbaatar, 2010.
Hüttel, Hans-Georg and Burkart Dähne, "Ausgrabungen in Karabalgasun 2009 und 2010", *Zeitschrift für Archäologie Außereuropäischer Kulturen,* 2012. 4, pp. 419-432.
Hüttel, Hans-Georg and Ulambayar Erdenebat, *Karabalgasun und Karakorum, zwei spätnomadische Stadtsiedlungen im Orchon-Tal*, Ulaanbaatar: Botschaft der Bundesrepublik Deutschland, 2011, 2 ed.
Hüttel, Hans-Georg and Burkart Dähne, "Die Ausgrabungen in Harbalgas/Karabalgasun 2011", *Zeitschrift für Archäologie Außereuropäischer Kulturen*, 2013. 5, pp. 341-358.
Jadrincev, Nikolaj. M., "Otčet' ekspedicii na Orchon', soveršennoj v' 1889 godu dejstvitel' nym' členom' Vostočno-Sibirskago Obščestva N.M. Jadrincevym' po poručeniju Otdela", *Predvaritel'nyj octet a rezultatach snarjazhennoj s'vysočajšago soizvolenija imperatorskoju akademiju nauk' ekspedicii dlja archeologičeskago issledovanija bassejna reki Orchona. Sbornik trudov ochonskoj ekspedicii 1*, ed. Vasilij V. Radlov, St Petersburg 1892, pp. 51-113.
Якубов (Jakubov), Ю.Я., *Раннесредневековые сельские поселения Горного Согда* [*Early Medieval Rural Settlements in the Highlands of Sogdiana*] , Dushanbe: Donish, 1988.
Якубов(Jakubov), Ю.Я., *Религии древнего Согда* [*Religions of Ancient Sogdiana*], Dushanbe: Donish, 1996.
Якубовский(Jakubovskij), А.Ю., А.М. Беленицкий (Belenickij), М.М. Дьяконов (D'jakonov), *Живопись Древнего Пенджикента* [*Painting of Ancient Pandjikent*], Moskva: Izdatel'stvo Akademii Nauk SSSR, 1954.
Karlsson, Kim and Alexandra von Przychowski eds., *Magie der Zeichen. 3000 Jahre chinesische Schriftkunst*, Zürich, Museum Rietberg/Scheidegger&Spiess, 2016.
Kim Haewon ed., *Central Asian Religious Painting in the National Museum of Korea*, Seoul: National Museum of Korea, 2013.
Klementz, Dmitri A., " Turfan und seine Altertümer", *Nachrichten über die von der Kaiserlichen Akademie der Wissenschaften zu St Petersburg im Jahre 1898 ausgerüstete Expedition nach Turfan, Heft 1. St Petersburg:*

*Commissionnaires de l'Académie impériale des sciences* 1899. 1, pp. 1-54, pls. 51-57.
Klimkeit, Hans-Joachim, *Manichaean Art and Calligraphy*, Leiden: Brill, 1982.
Klockenkämper, Reinhold, *Total-Reflection X-Ray Fluorescence Analysis*, New York, NY: Wiley, 1997.
Knapp, Ronald G., *China's old dwellings*, Honolulu: University: Hawai'i Press, 2000.
Konczak, Ines, *Praṇidhi-Darstellungen an der Nördlichen Seidenstraße: Das Bildmotiv der Prophezeiung der Buddhaschaft Śākyamunis in den Malereien Xinjiangs*, München: Ludwig-Maximilians-Universität, Dissertation, 2014.
Kossolapov, Alexander and Kamilla Kalinina, "The Scientific Study of Binding Media and Pigments of Mural Paintings from Central Asia" , *Mural Paintings of the Silk Road—Cultural Exchanges between East and West: Proceedings of the 29th Annual International Symposium on the Conservation and Restoration of Cultural Properties, Tokyo*, *January 2006,*ed. Kazuya Yamauchi, London: Archetype, 2007, pp. 89-92.
Kozicz, Gerald, "The '100-Stūpa Temple of Yarkhoto': A Comparative Study of the Architecture and its Symbolism", *Along the Great Wall-Architecture and Identity in China and Mongolia, Proceedings of the Symposium 'Entlang der großen Mauer: Architektur und Identität in China und der Mongolei', Mai 2009*, edd, Erich Lehner and Alexandra Harrer, Wien: University of Technology, 2014, pp. 143-150.
Kühnel-Kunze, Irene, *Bergung - Evakuierung - Rückführung: Die Berliner Museen in den Jahren 1939-1959*, Berlin: Mann, 1984.
Kyzlasov, Leonid R., *Istorija Tuvy v srednie veka* [*History of Tuva in Medieval times*], Moskva: Izdat. Moskovskogo Universiteta, 1969.
Lane Fox, Robin, *Augustine: Conversions and Confessions,* London: Allen Lane, 2015.
Le, Huu Phuoc, *Buddhist Architecture,* Lakeville, MN: Grafikol, 2011.
Le Coq, Albert von, *Chotscho: Facsimile-Wiedergaben der wichtigeren Funde der Ersten Königlich Preussischen Expedition nach Turfan in Ost-turkistan*, Berlin: Reimer, 1913.（中译本：［德］勒柯克著，赵崇民译：《高昌——吐鲁番古代艺术珍品》，乌鲁木齐：新疆人民出版社，1998 年）
Le Coq, Albert von, *Die Buddhistische Spätantike in Mittelasien V: Neue Bildwerke* [*Ergebnisse der Kgl. Preussischen Turfan-Expeditionen*], Berlin: Dietrich Reimer / Ernst Vohsen, 1926.（中译本：［德］阿尔伯特・冯・勒柯克、恩斯特・瓦尔德施密特著，管平、巫新华译：《新疆佛教艺术》，乌鲁木齐：新疆教育出版社，2006 年）
Lewis, Ian R. and Howell Edwards ed., *Handbook of Raman Spectroscopy*, "Practical spectroskopy", New York: Marcel Dekker, 2001.
Lévi, Sylvain, "Le 'tokharien B', langue de Koutcha", *Journal Asiatique* 11e série, 1913. 2, pp. 311–380.（中译本：［法］列维：《所谓乙种吐火罗语即龟兹语考》，载［法］伯希和、列维著，冯承钧译：《吐火罗语考》，北京：中华书局，1957 年，第 11-42 页）
Li Zuixiong（李最雄）, "Deterioration and Treatment of Wall Paintings in Grottoes along the Silk Roads" , *Conservation of Ancient Sites on the Silk Road: Proceedings of the Second International Conference on the Conservation of Grotto Sites, Mogao Grottoes, Dunhuang, People's Republicof China, June 28 - July 3*, 2004, ed. Neville Agnew, Los Angeles, CA: Getty Conservation Institute, 2010, pp. 46-55.
Лурье (ред) (Lurje), П. Б., *Материалы Пенджикентской археологической экспедиции,* Вып. XV [Materials of the Pandjikent Archaeological Expedition, fasc. XV], St Petersburg: Izdatel'stvo Gosudartsvennogo Ermitazha, 2013.
Лурье (ред) (Lurje), П. Б., "Еще раз о 'капеллах' Пенджикента и Верхнего Зеравшана" [Once More on the "chapels" of Pandjikent and Upper Zeravshan], *Российская Археология* [*Russian Archaeology*], 2014. 1, pp. 88-99.
Лурье (ред) (Lurje), П. Б., *Материалы Пенджикентской археологической экспедиции,* вып. XVIII [Materials of

the Pandjikent Archaeological Expedition, fasc. XVIII], St Petersburg: Gosudartsvenniy Ermitazh, 2015.

Mackerras, Colin ed., *The Uighur Empire: According to the T'ang Dynastic Histories; a Study in Sino—Uighur Relations*, 744-840, Canberra: Australian National Univ. Pr., 1972, 2. ed.

Maillard, Monique, "Essai sur la vie matérielle dans l'oasis deTourfan pendant le haut moyen âge" , *Art Asiatique,* 1973. 29.（中译本：［法］莫尼克・马雅尔著，耿昇译：《古代高昌王国物质文明史》，北京：中华书局，1995年）

Maillard, Monique, *Grottes et Monuments d'Asie Centrale,* Paris: Librarie d'Amérique et d'Orient, 1983.

Mantler, Michael and Manfred Schreiner, "X-Ray Fluorescence Spectrometry in Art and Archaeology", *X-Ray Spectrometry*, 2000. 29/1, pp. 3-17.

Marengo, Emilio, Maria C. Liparota, Elisa Robotti, and Marco Bobba, "Monitoring of Paintings under Exposure to UV Light by ATRFTIR Spectroscopy and Multivariate Control Charts", *Vibrational Spectroscopy,* 2005. 40, pp. 225-234.

Маршак (Marshak), Б.И., "Восточные аналогии зданиям типа вписанного креста. Пенджикент и Бамиан, V - VIII вв [Oriental analogies to the buildings of integrated cross-type. Pandjikent and Bamian]", *Probleme der Architektur des Orients* ed. Burchard Brentjes, "Wissenschftliche Beiträge", 1983/26 (1 21), Halle(Saale): Martin-Luther-Universität Halle-Wittenberg, 1983, pp. 53-64.

Marshak, Boris I. and Valentina I. Raspopova, "Cultes communautaires et cultes privés en Sogdiane", *Histoire et cultes de l'Asie centrale préislamique,* ed. Fr. Grenet, Paris: Éditions du CNRS, 1991, pp. 187-195, pls. LXXIII-LXXVII.

Marshak, Boris I. and Valentina I. Raspopova, "Reconstructing a Town on the Silk Road", *Hermitage Magazine 2*, 2003-2004, pp. 65-68.

Matsui Dai, Review of Raschmann 1995, *Nairiku Ajia gengo no kenkyū. Studies on the Inner Asian Languages*, 1997. 12, pp. 99-116.

Matsui Dai, "Ning-rong 宁戎 Bezeklik in Old Uighur texts", *Nairiku Ajia gengo no kenkyū. Studies on the Inner Asian Languages*, 2011. 26, pp. 141-175.

Melzer, Gudrun, in collaboration with Lore Sander, "A Copper Scroll Inscription from the Time of the Alchon Huns", *Manuscripts in the Schøyen Collection, Buddhist Manuscripts, Volumn 3*, edd. Jens Braarvig, Paul Harrison, Jens-Uwe Hartmann, Kazunobu Matsuda, Lore Sander, Oslo: Hermes, 2006, pp. 251-278.

Melzer, Gudrun, "Sanskrit sources corresponding to the Caityapradakṣiṇagāthā inscription in Alchi", *Berliner Indologische Studien*, 2010. 19, pp. 54-70.

Minorsky, Vladimir F., "Tamīm ibn Baḥr's Journey to the Uyghurs", *Bulletin of the School of Oriental and African Studies,* 1948. 12/2, pp. 275-305.

Mitschke, Angela, *Fragment einer buddhistischen Wandmalerei aus der Tempelruine α in Chotscho, Xinjiang, China aus dem 10./11. Jahrhundet. Bestands*-und *Zustandserfassung, Untersuchungen zur Kunsttechnologie und Erstellung eines Konservierungs*- und *Restaurierungskonzeptes. Erarbeitung eines Fragenkataloges zur weiterführenden Untersuchung der Kunsttechnologie des Wandmalereibestandes von Tempel α.* Unpublished "Diplomarbeit", Hochschule für Bildende Künste Dresden, 2014.

Mommsen, Hans, Thorsten Beier, Heiko Dittmann, Dieter Heimermann, Anno Hein, Achim Rosenberg and Martin Boghardt, "X-Ray Fluorescence Analysis with Synchroton Radiation on the Inks and Papers of Incunabula", *Archaeometry,* 1996. 38, pp. 347-357.

Moriyasu Takao, "From Silk, Cotton and Copper Coin to Silver. Transition of the Currency Used by the Uighurs during the Period from the 8th to the 14th Centuries", *Turfan Revisited—The first Century of Research into the Arts and Cultures of the Silk Road*, edd. Desmond Durkin-Meisterernst, Simone-Christiane Raschmann, Jens Wilkens,

Marianne Yaldiz, Peter Zieme, Berlin: Reimer Verlag, 2004, pp. 228-239.

Негматов (Negmatov), Н.Н., "Резное панно дворца афшинов Уструшаны [Carved Panel of the Palace of Afshins of Ustrushana]", *Памятники культурыё. Новые открытия 1976*, Moskva: Nauka, 1977, pp. 395-362.

Negmatov, N.N., "Ustrushana, Ferghana, Chach and Ilak", *History of Civilization of Central Asia*, Vol. III: The crossroads of Civilizations, A.D. 250 to 750, edd. B.A. Litvinsky, Zhang Guang-da, R. Shabani Samghabadi, Paris: UNESCO Publishing, 1996, pp. 259-280.

Негматов (Negmatov), Н.Н., У.П. Пулатов, С.Г. Хмелъницкий, *Уртакурган и Тирмизактепа* [*Urtakurgan and Tirmizaktepa*], Dushanbe: Donish, 1973.

Нильсен (Nil'sen), В.А., *Становление феодальной архитектуры Средней Азии (V-VIII вв)* [Formation of Feudal Architecture in Middle Asia (5th-8th centuries CE)], Tashkent: Nauka, 1966.

Nishimura, Yoko and Erika Forte, "Connecting maps, Photographs and satellite images. Methodology for a new documentation of Karakhoja site", Paper presented at the Collegium Turfanicum 69, Berlin: Berlin-Brandenburgische Akademie der Wissenschaften, 16th December 2013.

Ochir, Ayudai, Tserendorj Odbaatar, Batsuuri Ankhbayar and Lhagwasüren Erdenebold, "Ancient Uighur Mausolea discovered in Mongolia", *The Silk Road*, 2010. 8, pp. 16-26.

Oda Juten, "Uiguru no shōgō tutung to sono shūhen", *Tōyō-shi kenkyū,* 1987. 46-1, pp. 57-86.

Ogihara, Hirotoshi, "Fragments of secular documents in Tocharian A", *Tocharian and Indo-European Studies*, 2014. 15, pp. 103–129.

Oldenburg, Sergej F., *Russkaja Turkestanskaja Ekspedicija 1909-1910 goda*, Sanktpeterburg: Imperatorskoj Akademii Nauk, 1914.

Palitza, Ulf, *Mit Plinius auf der Seidenstraße. Studien zur Farbenfabrikation und Maltechnik der Antike*, Leipzig: E. A. Seemann Verlag, 2017.

Pelliot, Paul, *Carnets de route 1906-1908*. Transcriptions du manuscript original établies par Esclarmonde Monteil pour le francais, Huei Chung Tsao pour le chinois, Ingrid Ghesquière pour le russe, révision et advertissement de Francis Macouin, coordination par Jérome Ghesquière, Paris: Les Indes Savantes, 2008.

Perlee, Khodoo, *Mongol Ard Ulsyn ert dundad üeijn hot suuriny tovčoon* [A brief history of ancient and medieval period settlements in the Mongolian People's Republic], Ulaanbaatar: Academy of Sciences, 1961.

Peyrot, Michaël, *Variation and change in Tocharian B*, Leiden Studies in Indo-European 15, Amsterdam—New York: Rodopi, 2008.

Popova, Irina F., "S.F. Oldenburg's Second Russian Turkestan Expedition (1914-1915)", *Russian Expeditions to Central Asia at the Turn of the 20th Century*, ed. Irina F. Popova, Sankt Petersburg: Slavia Publishing House, 2008, pp. 158-175.

Preuss, K.Th., "Die Neuaufstellung des Museums für Völkerkunde: Allgemeine Bemerkungen" , *Berliner Museen*, 1926. 47/1, pp. 67-72.

Radloff, Wilhelm, *Atlas der Alterthümer der Mongolei. Arbeiten der Orchon-Expedition,* St Petersburg: Akademie der Wissenschaften, 1892.

Raschmann, Simone-Christiane, *Baumwolle im türkischen Zentralasien,* "Veröffentlichungen der Societas Uralo-Altaica" 44, Wiesbaden: Harrassowitz Verlag, 1995.

Raschmann, Simone-Christiane, *Alttürkische Handschriften. Teil 13:* Dokumente. Teil 1, "Verzeichnis der Orientalischen Handschriften in Deutschland" 13, 21, Stuttgart: Franz Steiner Verlag, 2007.

Raschmann, Simone-Christiane, *Alttürkische Handschriften. Teil 14:* Dokumente. Teil 2, "Verzeichnis der Orientalischen Handschriften in Deutschland" 13, 22, Stuttgart: Franz Steiner Verlag, 2009.

Raschmann, Simone-Christiane and Osman Fikri Sertkaya, Alttürkische Handschriften. Teil 20: *Alttürkische Texte aus der Berliner Turfansammlung im Nachlass Reşid Rahmeti Arat*, "Verzeichnis der Orientalischen Handschriften in Deutschland" 13, 28, Stuttgart: Franz Steiner Verlag, 2016.

Распопова (Raspopova), В.И., "Здание VII века в Пенджикенте [Buildings of the 7th century in Pandjikent]", *Записки Института истории материальной культуры Российской Академии Наук* [Transactions of the Institute for the History of Material Culture] 9, St Petersburg: Dmitriy Bulanin, 2014, pp. 141-151.

Regel, Alfred, "Turfan", *Petermann's Mitteilungen*, 1880. 6, pp. 205-210.

Regel, Alfred, "Reise Bericht nach Turfan", *Petermann's Mitteilungen*, 1881. 10, pp. 380-391.

Riederer, Josef, "Technik und Farbstoffe der frühmittelalterlichen Wandmalereien Ostturkestans", *Beiträge zur Indienforschung: Ernst Waldschmidt zum 80. Geburtstag gewidmet*, ed. Herbert Härtel, Berlin: Museum für indische Kunst, 1977, pp. 353-423.

Röhrborn, Klaus, *Die alttürkische Xuanzang-Biographie VII. Nach der Handschrift von Leningrad, Paris und Peking sowie nach dem Transkript von A. von Gabain hrsg., übersetzt und kommentiert,* Xuanzangs Leben und Werk 3, "Veröffentlichungen der Societas Uralo-Altaica" 34 Wiesbaden: Harrassowitz Verlag, 1991.

Ruitenbeek, Klaas, *Carpentry and Building in Late Imperial China. A Study of the Fifteenth-Century Carpenter's Manual Lu Banjing,* Leiden-Boston: Brill, 1993, 2nd ed. 1996.

Russell-Smith, Lilla, *Uygur Patronage in Dunhuang: Regional Art Centres on the Northern Silk Road in the Tenth and Eleventh Centuries*, Leiden: Brill, 2005.

Russell-Smith, Lilla, "Wooden structures in the architecture of Khocho in the Asian Art Museum, Berlin", Unpublished conference paper, "Uyghur Archaeology", University of Pennsylvania, May 2009.

Russell-Smith, Lilla, "The formation of Uygur Buddhist Art: Some Remarks on Work in Progress", *Buddhism and Art in Turfan: From the Perspective of Uyghur Buddhism,* eds. Akira Miyaji and Takashi Irisawa (International Symposium: Buddhist Culture along the Silk Road: Gandhara, Kucha, and Turfan, 2012.11.3-5, Ryukoku University, Proceeding 2. 2012), Kyoto: Research Center for Buddhist Culture in Asia, Ryukoku University, 2013.

Sander, Lore, *Paläographisches zu den Sanskrithandschriften der Berliner Turfansammlung*, Verzeichnis der Orientalischen Handschriften in Deutschland, Supplementband 8, Wiesbaden: Steiner, 1968.

Schmidt, Birgit A., Martin A. Ziemann, Simone Pentzien, Toralf Gabsch and Jörg Krüger, "Technical Analysis of a Central Asian Wall Painting Detached from a Buddhist Cave Temple on the Northern Silk Road", *Studies in Conservation,* 2015. 60, pp. 1-10.

Schreiner, Manfred and Michael Mantler, *Proceedings of the 4th International Conference on Non-destructive Testing of Museum Objects*, Berlin: 1994, pp. 221-230.

Семенов (Semenov), Н.В., "Дверная конструкция с цитадели городища Хисорак [Door Construction from the Citadel of Hisorak Site]", *Бухарский оазис и его соседи в древности и средневековье, ред.* ed. A. V. Omel'chenko Trudi Gosudarstvennovo Ermitazha 75, St Petersburg: Izdatel'stvo Gosudarstvennogo" LXXV , St Petersburg: Dmitriy Bulanin, 2015, pp. 188-201.

Sertkaya, Osman Fikri, "Uygur alfabeleri hakkinda", *Orta Asya'dan Anadolu'ya alfabeler. 29-30 mayıs 2007, Eskişehir. Bildiriler.* "Türk Dilleri Araştırmaları Dizisi" 62, İstanbul: Eren, 2011, pp. 29-41.

Shenkar, Michael and Sharof Kurbanov, *Sanjar-shah Excavations 2014, Tajikistan.* http://www.exploration-eurasia.com/EurAsia/inhalt_english/frameset_projekt_5.html [18th February, 2016].

Shōgaito Masahiro, *Uighur Manuscripts in St Petersburg: Chinese Texts in Uighur Script and Buddhist Texts* ( "Studies in Old Eurasian languages" 1, Kyoto: Nukanishi Printing, 2003).

Shōgaito Masahiro, "Studies on Uighur fragments preserved in Russia", *Kyoto University Linguistic Research*, 2004. 23, pp. 191-209.

Shōgaito Masahiro, "Uigurskii fragment pod shifrom SI Kr. IV 260 iz sobraniia Instituta Vostochnykh Rukopisei

RAN", *Pis'mennye pamiatniki Vostoka*, 2008. 1, pp. 177-186.

Shōgaito Masahiro and Abdurishid Yakup, "Four Uyghur fragments of the Qian-zi-wen 'Thousand Character Essay'", *Turkic languages*, 2001. 5, pp. 3-28.

SHT *Sanskrithandschriften aus den Turfanfunden*. edd. Ernst Waldscmidt et al., Wiesbaden: Steiner, from 1965 onwards, "Verzeichnis der Orientalischen Handschriften in Deutschland" X.

Sieg, Emil and Wilhelm Siegling, *Tocharische Sprachreste*, I. Band. Die Texte. A. Transcription, Berlin—Leipzig: de Gruyter, 1921.

Sieg, Emil and Wilhelm Siegling, *Tocharische Sprachreste*, Sprache B, Heft 1, Die Udānālaṅkāra-Fragmente, Gottingen: Vandenhoeck & Ruprecht, 1949.

Sieg, Emil and Wilhelm Siegling, *Tocharische Sprachreste*. Sprache B, Heft 2. Fragmente Nr. 71-633, Göttingen: Vandenhoeck & Ruprecht, 1953.

Sims-Williams, Nicholas, "The Sogdian Sound-System and the Origins of the Uyghur Script", *Journal Asiatique*, 1981. 269, pp. 347- 360.

Sinor, Denis, "The Uighur Empire of Mongolia", *History of the Turkic People of the Pre-Islamic Period*, edd. Hans R. Roemer and Wolfgang-Ekkehard Scharlipp, "Philologiae et historiae Turcicae fundamenta", 1, Berlin: Klaus Schwarz Verlag, 2000, pp. 187-204.

Шкода (Shkoda), В. Г., *Храмы Пенджикента и проблемы религии Согда (V-VIII вв)* [The Temples of Pendjikent and the Problems of Sogdian Religion (5th-8th centuries)], St Petersburg: Izdatel'stvo Gosudarstvennogo Ermitazha, 2009.

Staatliche Museen zu Berlin ed., *Vorläufiger Führer durch das Museum für Völkerkunde: Schausammlung*, Berlin and Leipzig: de Gruyter, 1926.

Staatliche Museen zu Berlin ed., *Führer durch das Museum für Vökerkunde. 1: Schausammlung*, Berlin and Leipzig: de Gruyter, 1929.

Stein, Aurel, *Serindia: Detailed Report of Explorations in Central Asia an Westernmost China*, 4 Volumes, Oxford: Clarendon Press, 1921.

Stein, Marc A., *Innermost Asia. Detailed Report of Explorations in Central Asia, Kan-su, and Eastern Īrān*. 4 vols, Oxford: Clarendon Press, 1928.

Steinhardt, Nancy Shatzman, "Beiting: City and Ritual Complex", *Silk Road Art and Archaeology*, 2001.7, pp. 223-262.

Sundermann, Werner, "BĒMA, the chief festival of the Manicheans", Encyclopedia Iranica Vol. IV, Fasc. 2., ed. Ehsan Yarshater, London: Routledge & Kegan Paul, 1990, pp. 136-137.

Thilo, Thomas, *Klassische chinesische Baukunst. Strukturprinzipien und soziale Funktion*, Zürich: Koehler & Amelang, 1978.

Цветкова (Tsvetkova), Т. Г., "Резной ганч Варахши: опыт классификации и общие композиционные приемы [Carved Gypsum from Varakhsha: an attempt to classification and common compositional skills]", *Scripta Antiqua*, the Almanac III (2013), pp. 657-715.

Turfanforschung, Broschüre der Berlin-Brandenburgischen Akademie der Wissenschaften Berlin, 2007. http://turfan.bbaw.de/.

TA = Turfan Archivalia, Museum of Asian Art, Berlin. / Turfan Archivalia, Museum für Asiatische Kunst, Berlin.

Turfan Studies = Berlin-Brandenburg Academy of Sciences and Humanities, Turfan Studies, Berlin, 2007.

Umemura Hiroshi and Peter Zieme, "A Further Fragment of the Old Uighur Qianziwen", *Written Monuments of the Orient*, 2015. 2, pp. 3-13.

Vandenabeele, Peter, Alex van Bohlen, Luc Moens, Reinhold Klockenkämper, FreyaJoukes and Georges Dewispelaere,

"Spectroscopic examination of two Egyptian masks—a combined method approach", *Analytical Letters,* 2000. 33/15, pp. 3315-3332.

Воронина (Voronina), В.Л., "Архитектурный орнамент древнего Пянджикента [Architectural Ornaments of Ancient Pandjikent]", *Скульптура и живопись Древнего Пянджикента* [Sculpture and Painting of Ancient Pandjikent], eds. A.M. Belenickij, B.B. Protrovskij, Moskva: Izdatel'stvo Akademii Nauk, 1959, pp. 88-138.

Westphal-Hellbusch, Sigrid, "Zur Geschichte des Museums", *BaesslerArchiv* N.F. 21 "100 Jahre Museum für Völkerkunde Berlin", 1973, pp. 1-99.

Yaldiz, Marianne, *Archäologie und Kunstgeschichte Chinesisch-Zentralasiens (Xinjiang)*, Leiden: Brill, 1987.

Yaldiz, Marianne, Raffael Dedo Gadebusch, Regina Hickmann, Friederike Weiss and Rajeshwari Ghose, *Magische Götterwelten: Werke aus dem Museum für Indische Kunst, Berlin,* Berlin: Staatliche Museen zu Berlin, 2000.

Yaldiz, Marianne, "The History of the Turfan Collection in the Museum of Indian Art", *Orientations*, 31/9 (Nov. 2000), pp. 75-82.

Zhang Guangda ( 张广达 ) and Rong Xinjiang ( 荣新江 ), "A Concise History of the Turfan Oasis and Its Exploration", *Asia Major*, Third Series, vol. XI, Part 2. 1998, pp. 13-36.

Zieme, Peter, *Buddhistische Stabreimdichtungen der Uiguren*, "Berliner Turfantexte" 13, Berlin: Akademie Verlag, 1985.

Zieme, Peter, "Sur quelques titres et noms des bouddhistes turcs", *L'Asie Centrale et ses voisins*. Influences réciproques, ed. Rémy Dor, Paris: Inalco, 1990, pp. 131-139.

Zieme, Peter, "Das Qiānzìwén bei den alten Uiguren", *Writing in the Altaic World, edd.Juha Jahunen and Volker Rybatzki* ("Studia Orientalia" 87, Helsinki: Finnish Oriental Society), 1999, pp. 321-326.

Zieme, Peter, "A Brāhmaṇa Painting from Bäzäklik in the Hermitage of St Petersburg and Its Inscriptions", in: edd. Tatiana Pang, Simone-Christiane Raschmann and Gerd Winkelhane. *Unknown Treasures of the Altaic World in Libraries, Archives and Museums*. 53rd Annual Meeting of the Permanent International Altaistic Conference, Institute of Oriental Manuscripts, R[ussian] A[cademy of] S[ciences] St Petersburg, July 25-30, 2010, "Studien zur Sprache, Geschichte und Kultur der Turkvölker" 13, Berlin: Klaus Schwarz Verlag, 2013, pp. 181-195.

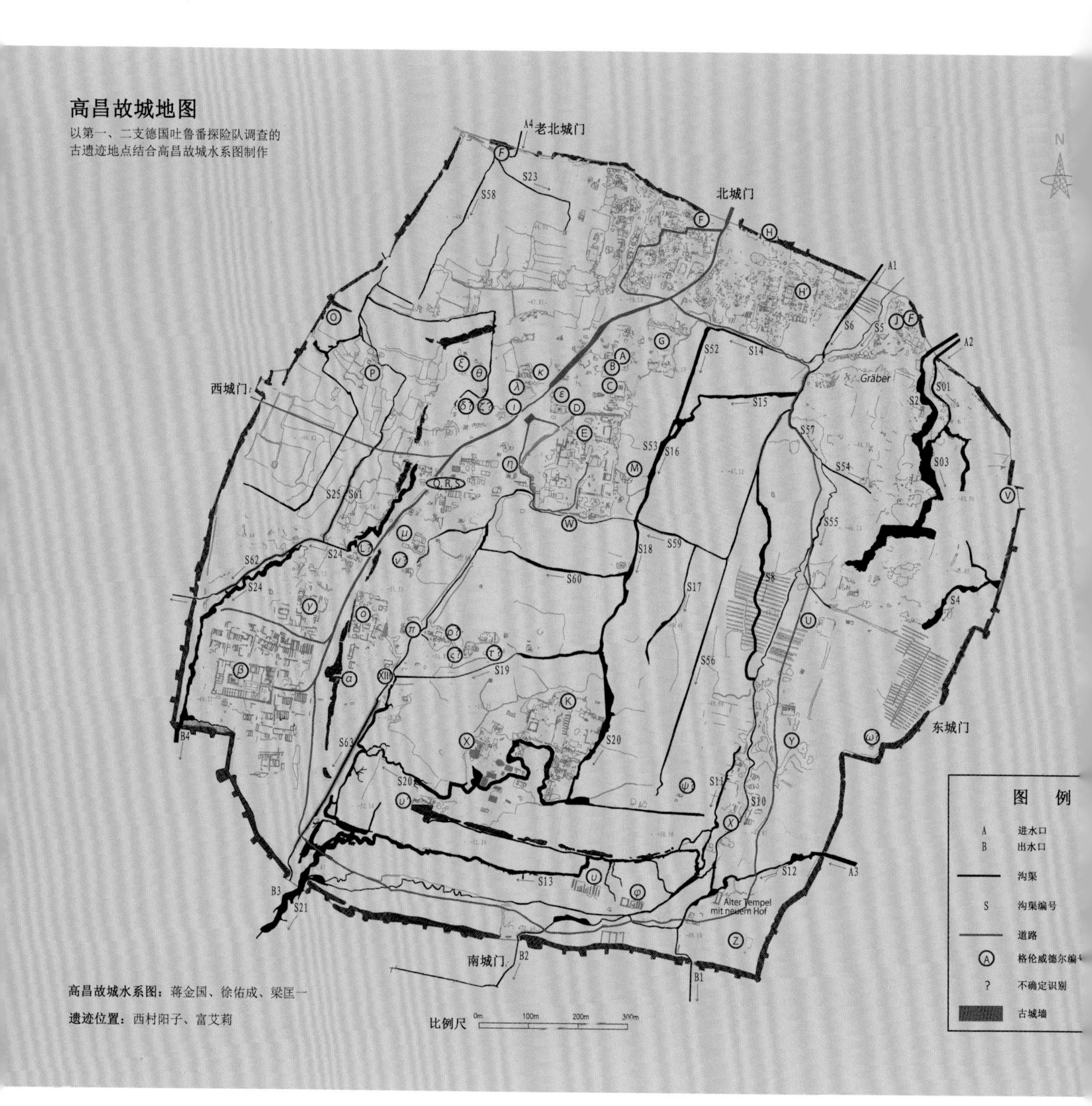


西村阳子和富艾莉于2012年调查后制作的高昌故城新地图 © 高昌故城水系图：蒋金国、徐佑成、梁匡一；遗迹位置：西村阳子、富艾莉。

高昌故城是古代丝绸之路上重要的绿洲城市。一百年前，世界各国探险队竞相对城址展开发掘。一大批中世纪早期木构件被德国吐鲁番探险队（1902-1914 年）带至柏林，使其幸免在寒冷的冬季被当地人用作薪柴。

柏林亚洲艺术博物馆主持的国际项目（2014-2015 年）对数百年前遗留在沙土之下且从未被扰动的稀有木构件进行了研究。其中，首次展出了使人联想到古罗马和拜占庭建筑的精美木制雕花柱头和镶板；重组了赋有丰富彩绘的梁架，成为公元 11 世纪建筑规范中描述的中国传统技艺的精确例证；以历史与现今照片考证了木构件的原址。

本书及与之相伴的展览呈现了研究项目成果。

封面：高昌故城 K 寺院遗址区域以北，1906 年波尔特摄影 © 柏林亚洲艺术博物馆。

封底：高昌故城 α 寺院遗址出土木砖，11 世纪，III 4632 a © 柏林亚洲艺术博物馆 / 利佩。

**图书在版编目(CIP)数据**

高昌遗珍：古代丝绸之路上的木构建筑寻踪/(匈)毕丽兰,(德)孔扎克-纳格主编;刘韬,方笑天,王倩--上海：上海古籍出版社,2021.8
(亚欧丛书)
ISBN 978-7-5325-9738-3

Ⅰ.①高… Ⅱ.①毕… ②孔… ③刘… ④方… ⑤王… Ⅲ.①高昌(历史地名)-木结构-古建筑-研究 Ⅳ.①TU-092

中国版本图书馆 CIP 数据核字(2020)第 165996 号


Project funded by the Gerda Henkel Stiftung.

亚欧丛书
**高昌遗珍**
古代丝绸之路上的木构建筑寻踪

［匈］毕丽兰
［德］孔扎克—纳格 主编
刘韬 译 王倩 方笑天 审校

上海古籍出版社出版发行
(上海瑞金二路 272 号 邮政编码 200020)
(1) 网址：www.guji.com.cn
(2) E-mail：guji1@guji.com.cn
(3) 易文网网址：www.ewen.co
上海雅昌艺术印刷有限公司印刷
开本 787×1092 1/16 印张 15.75 插页 4 字数 308,000
2021 年 8 月第 1 版 2021 年 8 月第 1 次印刷
ISBN 978-7-5325-9738-3/K·2898
审图号:GS(2020)5103 号 定价:158.00 元
如有质量问题,请与承印公司联系